"十三五"职业教育
国家规划教材

国家职业教育网络技术专业
教学资源库配套教材

计算机网络技术基础

（第3版）

▶主　编　徐　红　曲文尧
▶副主编　杜玉霞　王　晨
　　　　　李宪东

U0306760

高等教育出版社·北京

内容提要

　　本教材第 2 版曾获首届全国教材建设奖全国优秀教材二等奖。本教材为"十三五"职业教育国家规划教材，同时为国家职业教育网络技术专业教学资源库配套教材。

　　本教材系统地介绍了计算机网络的相关知识，共分为 8 个单元，主要内容包括计算机网络概述、网络数据通信基础、网络体系结构与协议、组建局域网、组建无线局域网、广域网和接入 Internet、Internet 服务与应用、网络安全与网络管理。

　　本教材作为国家职业教育网络技术专业教学资源库的配套教材，提供了微课视频、动画、图片、文档等丰富的学习资源，方便读者学习。本教材以"基础理论＋实用技术＋实训"为主线，每章都配有大量的习题及技能实训、知识拓展等模块，以帮助读者掌握本章的重点知识，提高实践能力。本教材概念简洁、结构清晰、图文并茂、由浅入深、易学易用、实用性强。通过对本教材的学习，读者可以较系统地掌握计算机网络技术的基础知识和基本技能。

　　本教材配有 59 个微课视频、课程标准、教学设计、授课用 PPT、案例素材、习题答案、模拟试卷、实训与学习指导书等丰富的数字化学习资源。与本教材配套的数字课程"计算机网络技术基础"在"智慧职教"平台（www.icve.com.cn）上线，学习者可以登录平台进行在线学习及资源下载，授课教师可以调用本课程构建符合自身教学特色的 SPOC 课程，详见"智慧职教"服务指南。教师也可发邮件至编辑邮箱 1548103297@qq.com 获取相关资源。

　　本教材可作为高等职业院校计算机类专业"计算机网络技术"课程的教材，也可作为相关培训机构的教材和网络技术爱好者的参考用书。

图书在版编目（ＣＩＰ）数据

　　计算机网络技术基础 / 徐红，曲文尧主编. --3 版
. --北京：高等教育出版社，2021.9
　　ISBN 978-7-04-056238-5

　　Ⅰ. ①计… Ⅱ. ①徐… ②曲… Ⅲ. ①计算机网络-高等职业教育-教材 Ⅳ. ①TP393

　　中国版本图书馆 CIP 数据核字（2021）第 112545 号

| 策划编辑 | 吴鸣飞 | 责任编辑 | 吴鸣飞 | 封面设计 | 张　志 | 版式设计 | 杜微言 |
| 插图绘制 | 于　博 | 责任校对 | 窦丽娜 | 责任印制 | 赵　振 | | |

Jisuanji Wangluo Jishu Jichu

出版发行	高等教育出版社	网　　址	http://www.hep.edu.cn
社　　址	北京市西城区德外大街 4 号		http://www.hep.com.cn
邮政编码	100120	网上订购	http://www.hepmall.com.cn
印　　刷	高教社（天津）印务有限公司		http://www.hepmall.com
开　　本	787mm×1092mm　1/16		http://www.hepmall.cn
印　　张	21.25	版　　次	2015 年 4 月第 1 版
字　　数	400 千字		2021 年 9 月第 3 版
购书热线	010-58581118	印　　次	2021 年 12 月第 2 次印刷
咨询电话	400-810-0598	定　　价	55.00 元

本书如有缺页、倒页、脱页等质量问题，请到所购图书销售部门联系调换
版权所有　侵权必究
物 料 号　56238-A0

"智慧职教"服务指南

"智慧职教"是由高等教育出版社建设和运营的职业教育数字教学资源共建共享平台和在线课程教学服务平台，包括职业教育数字化学习中心平台（www.icve.com.cn）、职教云平台（zjy2.icve.com.cn）和云课堂智慧职教 App。用户在以下任一平台注册账号，均可登录并使用各个平台。

● 职业教育数字化学习中心平台（www.icve.com.cn）：为学习者提供本教材配套课程及资源的浏览服务。

登录中心平台，在首页搜索框中搜索"计算机网络技术基础"，找到对应作者主持的课程，加入课程参加学习，即可浏览课程资源。

● 职教云（zjy2.icve.com.cn）：帮助任课教师对本教材配套课程进行引用、修改，再发布为个性化课程（SPOC）。

1. 登录职教云，在首页单击"申请教材配套课程服务"按钮，在弹出的申请页面填写相关真实信息，申请开通教材配套课程的调用权限。

2. 开通权限后，单击"新增课程"按钮，根据提示设置要构建的个性化课程的基本信息。

3. 进入个性化课程编辑页面，在"课程设计"中"导入"教材配套课程，并根据教学需要进行修改，再发布为个性化课程。

● 云课堂智慧职教 App：帮助任课教师和学生基于新构建的个性化课程开展线上线下混合式、智能化教与学。

1. 在安卓或苹果应用市场，搜索"云课堂智慧职教"App，下载安装。

2. 登录 App，任课教师指导学生加入个性化课程，并利用 App 提供的各类功能，开展课前、课中、课后的教学互动，构建智慧课堂。

"智慧职教"使用帮助及常见问题解答请访问 help.icve.com.cn。

编写委员会

顾　问：张乃通院士
主　任：张基宏　梁永生
委　员：

深圳信息职业技术学院：张平安　秦　文　张建辉
江苏经贸职业技术学院：李　畅　吴洪贵
湖南铁道职业技术学院：姚和芳　陈承欢
黄冈职业技术学院：陈年友　罗幼平
湖南工业职业技术学院：胡汉辉　李　健　谭爱平
深圳职业技术学院：马晓明　梁广民　王隆杰
重庆电子工程职业学院：龚小勇　武春岭　鲁先志
广东轻工职业技术学院：李　洛　古凌岚　石　硕
广东科学技术职业学院：余爱民　陈　剑
长春职业技术学院：姜惠民　迟恩宇
山东商业职业技术学院：徐　红　曲文尧
北京工业职业技术学院：朱元忠　方　园
芜湖职业技术学院：钱　峰　许　斗
思科系统（中国）网络技术有限公司：韩　江

秘书长：杨欣斌　洪国芬

总　　序

　　国家职业教育专业教学资源库是教育部、财政部为深化高职院校教育教学改革，加强专业与课程建设，推动优质教学资源共建共享，提高人才培养质量而启动的国家级建设项目。2011 年，网络技术专业被教育部确定为国家职业教育专业教学资源库立项建设专业，由深圳信息职业技术学院主持建设网络技术专业教学资源库。

　　2012 年年初，网络技术专业教学资源库建设项目正式启动建设。按照教育部提出的建设要求，建设项目组聘请了哈尔滨工业大学张乃通院士担任资源库建设总顾问，确定了深圳信息职业技术学院、江苏经贸职业技术学院、湖南铁道职业技术学院、黄冈职业技术学院、湖南工业职业技术学院、深圳职业技术学院、重庆电子工程职业学院、广东轻工职业技术学院、广东科学技术职业学院、长春职业技术学院、山东商业职业技术学院、北京工业职业技术学院和芜湖职业技术学院等 30 余所院校以及思科系统（中国）网络技术有限公司、英特尔（中国）有限公司、杭州 H3C 通信技术有限公司等 28 家企事业单位作为联合建设单位，形成了一支学校、企业、行业紧密结合的建设团队。建设团队以"合作共建、协同发展"理念为指导，整合全国院校和相关国内外顶尖企业的优秀教学资源、工程项目资源和人力资源，以用户需求为中心，构建资源库架构，融学校教学、企业发展和个人成长需求为一体，倾心打造面向用户的应用学习型网络技术专业教学资源库，圆满完成了资源库建设任务。

　　本套教材是国家职业教育网络技术专业教学资源库的重要成果之一，也是资源库课程开发成果和资源整合应用实践的重要载体。教材体例新颖，具有以下鲜明特色。

　　第一，以网络工程生命周期为主线，构建网络技术专业教学资源库的课程体系与教材体系。项目组按行业和应用两个类别对企业职业岗位进行调研并分析归纳出网络技术专业职业岗位的典型工作任务，开发了"网络工程规划与设计""网络设备安装与调试"等课程的教学资源及配套教材。

　　第二，在突出网络技术专业核心技能——网络设备配置与管理重要性的基础上，强化网络工程项目的设计与管理能力的培养。在教材编写体例上增加了项目设计和工程文档编写等方面的内容，使得对学生专业核心能力的培养更加全面和有效。

　　第三，传统的教材固化了教学内容，不断更新的网络技术专业教学资源库提供了丰富鲜活的教学内容。本套教材创造性地使相对固定的职业核心技能的培养与鲜活的教学内容"琴瑟和鸣"，实现了教学内容"固定"与"变化"的有机统一，极大地丰富了课堂教学内容和教学模式，使得课堂的教学活动更加生动有趣，极大地提高了教学效果和教学质量。同时也对广大高职网络技术专业教师的教学技能水平提出了更高的要求。

　　第四，有效地整合了教材内容与海量的网络技术专业教学资源，着力打造立体化、自主学习式的新形态一体化教材。教材创新采用辅学资源标注，通过图标形象地提示读者本教学内容所配备的资源类型、内容和用途，从而将教材内容和教学资源有机整合，浑然一体。通过对"知识点"提供与之对应的微课视频二维码,让读者以纸质教材为核心,通过互联网尤其是移动互联网,将多媒体的教学资源与纸质教材有机融合,实现"线上线下互动,新旧媒体融合",称为"互联网+"时代教材功能升级和形式创新的成果。

第五,受传统教材篇幅以及课堂教学学时限制,学生在校期间职业核心能力的培养一直是短板,本套教材借助资源库的优势在这方面也有所突破。在教师有针对性的引导下,学生可以通过自主学习企业真实的工作场景、往届学生的顶岗实习案例以及企业一线工作人员的工作视频等资源,潜移默化地培养自主学习能力和对工作环境的自适应能力等诸多的职业核心能力。

第六,本套教材装帧精美,采用双色印刷,并以新颖的版式设计突出直观的视觉效果,搭建知识、技能、素质三者之间的架构,给人耳目一新的感觉。

本套教材是在第 2 版基础上,几经修改,既具积累之深厚,又具改革之创新,是全国 30 余所院校和 28 家企事业单位的 300 余名教师、工程师的心血与智慧的结晶,也是网络技术专业教学资源库三年建设成果的集中体现。我们相信,随着网络技术专业教学资源库的应用与推广,本套教材将会成为网络技术专业学生、教师和相关企业员工立体化学习平台中的重要支撑。

国家职业教育网络技术专业教学资源库项目组

2015 年 1 月

第 3 版前言

一、起源

当今社会是一个数字化、网络化、信息化的社会，Internet/Intranet（因特网/企业内部网）在世界范围内迅速普及，电子商务的热潮急剧升温，社会信息化、数据的分布式处理、各种计算机资源的共享等应用需求推动着计算机网络迅速发展。政府上网、企业上网、家庭上网等一系列信息高速公路建设的实施，都急需大量掌握计算机网络基础知识和应用技术的专门人才。基于此背景，本书编者在总结多年从事计算机网络教学与研究经验的基础上，编写了这本适合高等职业院校学生使用的计算机网络技术基础教材。

本书层次清楚、概念准确、深入浅出、通俗易懂。全书坚持实用技术和实践相结合的原则，侧重理论联系实际，结合高等职业院校教学的特点，注重基本能力和基本技能的培养，注重针对性和实用性，使学生"学得快，用得上，记得牢"。

二、结构

全书共分 8 个单元，单元 1 计算机网络概述，主要向读者介绍计算机网络的基本定义、网络的组成与网络拓扑结构、计算机网络的功能和应用以及对等网络和客户机/服务器网络两种网络类型；单元 2 网络数据通信基础，主要介绍数据通信的基本概念、性能指标的基本知识、数据在通信网络中传输的形式和传输的过程、多路复用技术、差错控制技术等；单元 3 网络体系结构与协议，主要介绍 OSI 参考模型和 TCP/IP 模型、网络层协议和传输层协议等；单元 4 组建局域网，主要介绍局域网的基本概念、局域网 IEEE 802 模型、介质访问控制方法、以太网帧的基本知识、常见传输介质及其使用、组网硬件设备以及组网方法；单元 5 组建无线局域网，主要介绍无线组网设备和组建无线局域网的方法；单元 6 广域网和接入 Internet，主要介绍广域网的基本概念、广域网技术、接入网技术和常见的接入方式；单元 7 Internet 服务与应用，主要介绍 Internet 的基本情况和常见的 Internet 服务；单元 8 网络安全与网络管理，主要介绍网络安全、网络管理和网络故障排除的基本知识，以及简单网络故障的诊断和排除操作。

三、特点

本书作为职业教育国家规划教材，编者在编写教材的过程中，力求突出以下特色。

1. 引入"基础理论 + 实用技术 + 实训"思想，提高学习主动性

本书在体系结构上进行了改革，重点突出实际动手能力和解决实际问题能力的培养，强化职业技能训练。在理论"够用"的基础上，更注重应用技术能力的培养与训练。

2. 紧跟行业技术发展，创新教材内容

本书注重新知识、新技术、新内容、新工艺的讲解，吸收了具有丰富实践经验的企业技术人员参与教材的编写过程，与企业行业密切联系，保证教材内容紧跟行业技术最新发展动态。

3. 突出实践教学，强化能力培养

本书注重体现高职教育特色，加强了实训教学的内容，教材中设置了技能实训模块和大量的操作练习，旨在激发学生学习本课程的积极性，有针对性地培养学生的实践动手能力。

4. 注重现代教学手段，建设立体化教材体系

本书注重现代教学手段的应用，开发了具有动态演示功能的多媒体教学课件，努力建设立体化教材体系，方便教师教授与学生学习，并可提高学生学习本课程的兴趣。

四、资源

本课程作为国家职业教育网络技术专业教学资源库建设课程之一，开发了丰富的数字化教学资源，如下表所示。

序号	资源名称	表现形式与内涵
1	课程标准	包含教学目标要求、教材目录、学时分配建议等内容，可供教师备课时使用
2	授课计划	教师组织教学的实施计划表，包括具体教学进程、授课内容及时间、课外作业、授课方式等
3	教学设计	教师对教学如何实施的设计方案，包括教学目标、重点难点、教学环节、时间分配等
4	PPT 课件	提供 PowerPoint 格式，可以直接使用，也可供教师根据具体需要加以修改
5	微课	MP4 视频文件，可通过扫描书中二维码观看教学视频
6	题库	用于学生上机操作训练，教师可用其测试考查学生
7	拓展习题	除教材中的课后习题之外，额外提供习题，放在习题文档中，从而增大习题数量，以充分满足教师的需要
8	习题答案	教材与习题文档中全部习题的参考答案
9	模拟试卷	10 套模拟试卷与参考答案，方便教师选用
10	教学录像	包括教师授课录像、实验实训演示录像等原创资源
11	实训指导书	针对课程中的典型实践环节，提供正规操作的指导手册
12	学习指导书	教师对学生学好本门课程的建议与指导
13	典型案例库	课内教学用、课外学生训练用的组网典型案例及配套文档

上述资源的开发，可以弥补单一纸质教材的不足，有利于教师利用现代教育技术手段完成教学任务；同时也提高了教材的适用性与普及性，特别是部分教学条件较弱或教学条件较强但学生接受能力较弱的学校，教师利用资源结合教材，可更好地组织教学活动。

本书配有 59 个微课视频、课程标准、教学设计、授课用 PPT、案例素材、习题答案、模拟试卷、实训与学习指导书等丰富的数字化学习资源。与本书配套的数字课程"计算机网络技术基础"在"智慧职教"平台（www.icve.com.cn）上线，学习者可以登录平台进行在线学习及资源下载，授课教师可以调用本课程构建符合自身教学特色的 SPOC 课程，详见"智慧职教"服务指南。教师也可发邮件至编辑邮箱 1548103297@qq.com 索取相关资源。

五、致谢

本书由山东商业职业技术学院徐红、曲文尧任主编，杜玉霞、王晨、李宪东任副主编，全书由徐红、曲文尧统稿。在本书的编写过程中，华三公司山东培训中心杨军总经理、济南博赛网络公司董良总经理等提出了很多建议，在此表示感谢。

本书可作为高等职业院校计算机类专业"计算机网络技术"课程的教材，也可作为相关培训机构的教材或网络技术爱好者的参考用书。

由于编者水平有限，书中难免存在疏漏之处，欢迎广大读者提出宝贵意见。

编 者

2021 年 7 月

目　　录

单元 1

计算机网络概述

学习目标

【知识目标】

- 掌握计算机网络基本定义。
- 掌握计算机网络的组成与拓扑结构。
- 掌握计算机网络的功能。
- 掌握对等网络和客户机/服务器网络两种网络类型。

【技能目标】

- 认识身边的常用计算机网络。
- 具备使用计算机网络的能力。

【素养目标】

- 使用计算机网络解决实际问题的能力。
- 团结协作的精神。
- 自学探索的能力。

 **引例描述**

随着互联网的发展，网络在人们的日常生活、学习和工作中所起的作用越来越重要，小凡觉得以后工作和生活中肯定会用到计算机网络，他想了解一下什么是计算机网络，计算机网络到底有哪些应用，以及如何组建网络。那么，下面就来充一下电吧。

 基础知识

1.1　认识计算机网络

计算机网络是计算机技术和通信技术相互结合、相互渗透而形成的一门学科，它的发展经历了从简单到复杂、从单一到综合的过程，融合了信息采集技术、信息处理技术、信息存储技术、信息传输技术等各种先进的信息技术，以网络为基础的信息处理已经开始成为信息工业的发展主流。

1.1.1　计算机网络的基本概念

计算机网络是计算机技术和通信技术相结合的产物，目前它仍然处在迅速发展的过程中，作为一个技术术语，很难像数学概念那样进行严格的定义，国内外各种文献资料上的说法也不尽一致。

一般来说，现代计算机网络是自主计算机的互连集合。这些计算机各自是独立的，地位是平等的，它们通过有线或无线的传输介质连接起来，在计算机之间遵守统一的通信协议实现通信。不同的计算机网络可以采用网络互连设备实现互连，构成更大范围的互连网络。在计算机网络上可以实现信息的高速传送，计算机的协同工作以及硬件、软件和信息资源的共享。

这个定义说明以下几方面的问题：

第一，一个网络中一定包含多台具有自主功能的计算机。所谓具有自主功能，是指这些计算机离开了网络也能独立运行和工作。

第二，这些计算机之间是相互连接的，所使用的通信手段可以形式各异，距离可远可近，连接所使用的介质可以是双绞线、同轴电缆、光纤等各种有线传输介质或卫星、微波等各种无线传输介质。

第三，相互通信的计算机之间必须遵守相应的协议，按照共同的标准完成数据的传输。

第四，计算机之间相互连接的主要目的是为了进行信息交换、资源共享或协同工作。

1.1.2　计算机网络的演变和发展

计算机网络出现的历史并不长，但发展非常迅速，主要经历了以下几个阶段：具有远程通信功能的单主机系统，具有远程通信功能的多主机系统，具有统一的网络体系结构、遵循标准化协议的计算机网络。

1. 具有远程通信功能的单主机系统

这一阶段的网络系统由一台中心计算机和其外围连接的多个远程或本地终端组成，除中心计算机外，所有的终端都不具备数据处理功能。中心计算机完成计算和通信任务（以批处理为运行特征），多台终端完成用户交互（即输入和输出），所有终端共享中心计算机提供的资源。虽然历史上也把这一阶段的网络系统称为计算机网络，但为了与后来真正意义的计算机网络区别，把这一阶段称为面向终端的计算机网络。

20 世纪 60 年代初期，美国航空公司投入使用的由一台中心计算机和全美范围内 2000 多个终端组成的飞机票预定系统（图 1-1）是这一阶段网络系统的典型代表。

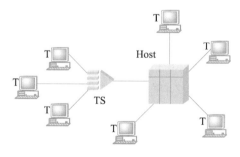

图 1-1　飞机票预定系统

2. 具有远程通信功能的多主机系统

这一阶段的网络是通过通信线路将多台主机连接起来为用户提供服务，即主机—主机网络，与第一阶段网络的显著区别在于：多台主机都具有自主处理能力，它们之间不存在主从关系，所有主机都提供可由其他主机共享的资源。

这一阶段网络系统的典型代表是因特网的前身——ARPAnet。20 世纪 60

笔 记

年代后期，美国国防部高级研究计划署提供经费给美国许多大学和公司，以促进多台自主计算机互连网络的研究。最终，一个 4 个节点的实验性网络开始运行并投入使用，到 20 世纪 70 年代发展到 60 多个节点，地理范围跨越了半个地球。

3. 具有统一的网络体系结构、遵循标准化协议的计算机网络

随着计算机的普及，各种局域网的硬件和软件技术都得到了迅速发展。由于各生产厂家的计算机和网络产品在技术、结构等方面存在着很大的差异，没有统一的标准，不同厂家的计算机和网络很难互连，这给用户带来了很多麻烦。

针对上述情况，20 世纪 70 年代后期，业界提出了计算机网络的国际标准化问题。许多国际组织，如国际标准化组织（ISO）、国际电报电话咨询委员会（CCITT）、电气电子工程师协会（IEEE）等都成立了专门的研究机构，研究计算机系统的互连、计算机网络协议标准化等问题。1984 年，ISO 正式颁布了一个将各种计算机互连成网的标准框架——开放系统互连参考模型（Open System Interconnection Reference Model，OSI/RM 或 OSI），该模型被国际社会普遍接受，并被公认为新一代网络体系结构的基础。OSI 标准确保了各厂家生产的计算机和网络产品之间的互连，推动了网络技术的应用和发展。

这一阶段网络系统的典型代表是因特网（Internet），它是在原 ARPAnet 基础上经过改造而逐步发展起来的，对任何计算机系统都进行开放。

1.1.3 Internet 的产生和发展

Internet 起源于 ARPAnet。1974 年，由 ARPAnet 研究而产生的一项非常重要的成果就是开发了一种新的网络协议，即 TCP/IP 协议，使得连接到网上的所有计算机都能够相互交流信息。20 世纪 80 年代，ARPA 开始了一个称为 Internet 的研究计划，研究如何把各种局域网（LAN）和广域网（WAN）连接起来。1981 年建立了以 ARPAnet 为主干网的 Internet，1983 年 Internet 已经开始由一个实验型网络转变成为一个实用型网络。

1986 年建立的美国国家科学基金会网络 NFSnet 是 Internet 的一个里程碑。它先把全美的 5 个超级计算机中心连接起来，该网络使用了 TCP/IP 协议，并和 Internet 相连接，随后又把连接大学和学术团体的地区网络与全美学术网络实现连接，成为全国性的学术研究和教学网络。到 1988 年 NFSnet 已接替原有的 ARPAnet 成为 Internet 的主干。1990 年 ARPAnet 正式宣布停止运行。

Internet 历史上的第二次大发展应当归功于 Internet 的商业化。20 世纪 90 年代以前，Internet 的使用仅限于军事、教育和学术研究领域，商业性机构一直受到许多限制。到了 20 世纪 90 年代初，NFSnet 已经意识到单靠美国政府已经很难负担整个 Internet 的费用，于是出现了一些私人公司的投资。1992 年，专为 NFSnet 建立高速通信线路的公司 ANS 建立了一个传输速率为 NFSnet 30 倍的商业化的 Internet 骨干通道——ANSnet，自此，Internet 的主干网络由 NFSnet 转为 ANSnet。这是 Internet 向商业化过渡的关键一步，

一些公司开始利用 Internet 提供服务，收集资料与信息，发布商业广告，探索新的经营之道。接着还出现了许多专为个人或公司接入 Internet 提供产品和服务的公司——互联网服务提供商（ISP）。1995 年 4 月，在 Internet 发展中起过重要作用的 NFSnet 正式宣布关闭。

1.1.4　计算机网络的组成

根据网络的定义，一个典型的计算机网络主要由计算机系统、数据通信系统、网络软件及协议三大部分组成。

1. 计算机系统

计算机系统主要完成数据信息的收集、存储、处理和输出任务，并提供各种网络资源。根据用途可以分为两类：服务器和工作站。

微课　计算机网络
的组成

笔记

（1）服务器

服务器通常由性能较高的高档计算机担当，它能向其他网络用户提供服务，并负责对网络资源的管理，是网络系统中的核心部分。一个网络中通常可有多台服务器。

服务器的主要功能是：为工作站的用户提供各种共享资源（包括软件资源、硬件资源和数据资源等）、管理网络文件系统、提供网络打印服务、处理网络通信、响应工作站的请求等。

常用的网络服务器有：文件服务器、通信服务器、计算服务器、打印服务器等。

（2）工作站

工作站是普通的计算机，保持原有计算机的功能，可作为独立的计算机使用，也可按照被授予的一定权限访问服务器上的资源，各工作站之间可以相互通信，也可以共享网络资源。

2. 数据通信系统

数据通信系统主要由网络接口卡（NIC）、传输介质和网络连接设备等组成。

（1）网络接口卡

网络接口卡简称网卡，又称为网络适配器，主要负责主机与网络之间的信息传输控制，它的主要功能是线路传输控制（如堵塞、冲突等）、差错检测与恢复、代码转换以及数据帧的装配与拆装等。

（2）传输介质

传输介质用于将网络中各种设备连接起来，是传输数据信号的物理通道，有有线传输介质和无线传输介质之分。

（3）网络连接设备

网络连接设备用于实现网络中各计算机之间的连接、网与网之间的互连以及数据信号的变换、路由选择等功能。

3. 网络软件及协议

网络软件是计算机网络中不可缺少的重要组成部分，其主要功能如下：

① 授权用户对网络资源的访问，帮助用户方便、安全地使用网络。

② 管理和调度网络资源，提供网络通信和用户所需要的各种网络服务。

网络软件一般包括网络操作系统、网络协议和通信软件等，下面主要介绍网络操作系统和网络协议。

（1）网络操作系统

网络操作系统是网络软件的重要组成部分，是进行网络系统管理和通信控制的所有软件的集合，负责整个网络软件、硬件资源的管理以及网络通信和任务的调度，并提供用户与网络之间的接口。

常用的网络操作系统有 Windows、Linux、UNIX、Netware 等。

（2）网络协议

网络协议是实现计算机之间、网络之间相互识别并正确进行通信的一组标准和规则。协议的关键因素是语法、语义和同步。语法定义了所用信号的电平和传送数据的格式；语义是指所包含的用于在网络中的计算机之间实现协调配合和错误处理的控制信息；同步是指速率匹配及数据的排序。

1.1.5 通信子网和资源子网的划分

计算机网络发展到第二阶段，即主机—主机网络时，主机之间并不是通过直接的通信线路互连，而是通过称为通信控制处理机（Communicate Control Processor，CCP）的装置转接后互连的。当某台主机上的用户要通过网络访问另一台远程主机时，用户所在的主机首先将信息送至本地与其直接相连的 CCP，然后通过通信线路沿着适当的路径经过若干 CCP 中途转接后，最终传送到远地的目标 CCP，由该 CCP 转交给所连接的远程主机，即所有的通信任务都是由 CCP 完成的，如图 1-2 所示。

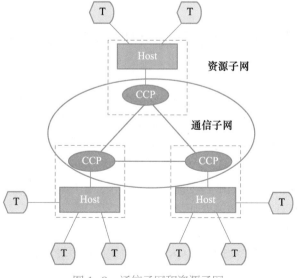

图 1-2 通信子网和资源子网

在图 1-2 中，CCP 和它们之间互连的通信线路一起负责完成主机之间的数据通信任务，构成了通信子网；通过通信子网互连的主机负责运行用户程序，向网络用户提供可共享的软件、硬件资源，它们组成了资源子网。

1.1.6 计算机网络的分类

对计算机网络的分类可以从以下几个不同的角度进行：根据网络的传输技术分类、根据网络覆盖的地理范围分类、根据网络拓扑结构分类等。

1. 根据网络的传输技术分类

网络所采用的传输技术决定了网络的主要技术特点。根据数据传输方式的不同，计算机网络可以分为"广播网络"和"点对点网络"两大类。

广播网络（Broadcasting Network）中的计算机或设备使用一个共享的通信介质进行数据传播，网络中的所有节点都能收到任何节点发出的数据信息。广播网络中的传输方式目前有以下 3 种。

① 单播（Unicast）：发送的信息中包含明确的目的地址，所有节点都检查该地址，如果与自己的地址相同，则处理该信息；如果不同，则忽略。

② 组播（Multicast）：将信息传输给网络中的部分节点。

③ 广播（Broadcast）：在发送的信息中使用一个指定的代码标识目的地址，将信息发送给所有的目标节点。当使用这个指定代码作为目的地址传输信息时，所有节点都接收并处理该信息。

点对点网络（Point to Point Network）中的计算机或设备以点对点的方式进行数据传输，两个节点间可能有多条单独的链路。这种传播方式应用于广域网中。

以太网和令牌环网属于广播网络，而 ADSL（Asymmetric Digital Subscriber Line）属于点对点网络。

2. 根据网络覆盖的地理范围分类

计算机网络按其覆盖的地理范围进行分类，可分为以下 3 类。

① 局域网（Local Area Network，LAN）：分布距离 10～1000m，速率范围为 4Mbit/s～2Gbit/s。一般限制在一个房间、一幢大楼、一个单位内。

② 城域网（Metropolitan Area Network，MAN）：分布距离 10km，速率范围为 50kbit/s～100Mbit/s。

③ 广域网（Wide Area Network，WAN）：分布距离 100km，速率范围为 9.6kbit/s～45Mbit/s。

> 提示：按照地理范围划分网络时，分布距离并不是绝对严格的。

3. 根据网络拓扑结构分类

网络的拓扑定义了计算机、打印机等各种网络设备之间的连接方式，描述了线缆和网络设备的布局以及数据传输时所采用的路径。网络拓扑在很大程度上决定了网络的工作方式。对网络拓扑的描述，通常是抛开网络中的具体设备，

笔记

使用点和线来抽象地表示网络系统的逻辑结构。网络的拓扑结构通常有如下几种：总线型、星型、环型、树型和网状结构，如图 1-3 所示。

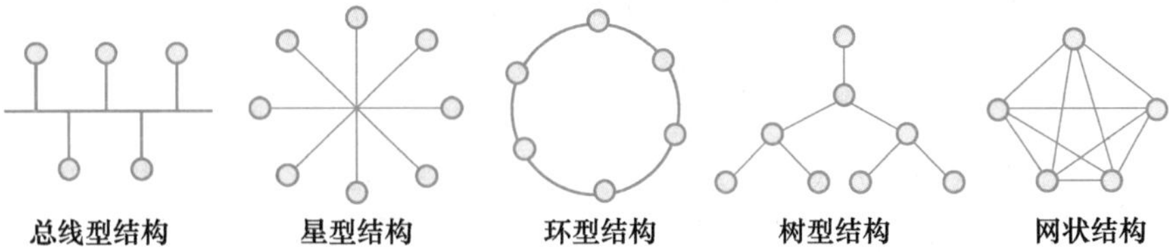

总线型结构　星型结构　环型结构　树型结构　网状结构

图 1-3　各种不同的拓扑结构

（1）总线型结构

总线型结构是将各个节点的设备用一根总线连接起来，网络中的所有节点（包括服务器、工作站和打印机等）都通过这条总线进行信息传输，任何一个节点的信息都可以沿着总线向两个方向传输，并能被总线中所有其他节点接收。总线的负载量是有限的，而且总线的长度也有限制，所以工作站的数量不能任意多，工作站都通过搭线头连到总线上。作为通信主干线路的总线可以使用同轴电缆和光缆等传输介质。总线型结构的示意图如图 1-4 所示。

总线型网络中使用的多是广播式的传输技术。

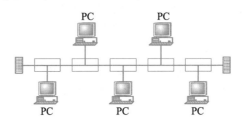

PC　PC

PC　PC　PC

图 1-4　总线型结构

总线型结构的特点如下。

① 总线两端必须有终结器，用于吸收到达总线末端的信号，否则，信号会从总线末端反射回总线中，造成网络传输的误码。

② 在一个时刻只能允许一个用户发送数据，否则会产生冲突。

③ 若总线断裂，整个网络失效。

总线型拓扑结构在早期建成的局域网中应用非常广泛，现在所建成的新的局域网中已经很少使用了。

（2）星型结构

星型结构是以中央节点为中心，把若干外围节点连接起来形成辐射式的互连结构，中央节点对各设备间的通信和信息交换进行集中控制和管理，如图 1-5 所示。

星型网络中使用的传输技术要根据中央节点来决定，若中央节点是交换机，则传输技术为点到点式；若中央节点是共享式 Hub，则传输技术为广播式。

星型结构的特点如下。

① 每台主机都是通过独立的线缆连接到中心设备，线缆成本相对于总线型

结构要高一些，但是任何一条线缆的故障都不会影响其他主机的正常工作。

② 中心节点是整个结构中的关键点，如果出现故障，整个网络都将无法工作。

星型结构是局域网中最常使用的拓扑结构。

（3）环型结构

环型结构是将各节点通过一条首尾相连的通信线路连接起来形成封闭的环，环中信息的流动是单向的，由于多个节点共用一个环，因此必须进行适当的控制，以便决定在某一时刻哪个节点可以将数据放在环上，如图 1-6 所示。

环型网络中使用的传输技术通常是广播式。

环型结构的特点如下。

① 同一时刻只能有一个用户发送数据。

② 环中通常会有令牌用于控制发送数据的用户顺序。

③ 发送出去的数据沿着环路转一圈后会由发送方将其回收。

环型结构在局域网中已经越来越少见。

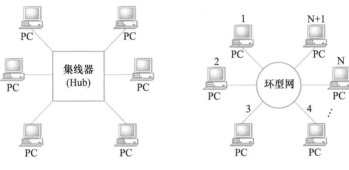

图 1-5　星型结构　　　　　图 1-6　环型结构

（4）树型结构

树型结构从星型结构派生而来，各节点按一定层次连接起来，任意两个节点之间的通路都支持双向传输，网络中存在一个根节点，由该节点引出其他多个节点，形成一种分级管理的集中式网络，越顶层的节点处理能力越强，低层解决不了的问题可以申请高层节点解决，适用于各种管理部门需要进行分级数据传送的场合，如图 1-7 所示。

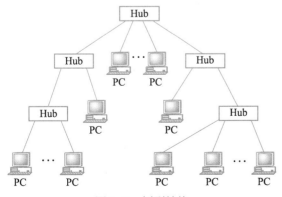

图 1-7　树型结构

笔 记

（5）网状结构

网状结构是从广域网的角度来看的，又有全网状结构和部分网状结构之分。

1）全网状结构

在全网状结构中，所有设备都两两相连以提供冗余性和容错性，如图 1-8 左图所示。

优点：每个节点在物理上都与其他节点相连，如果一条线路出现故障，信息仍然可通过其他多条链路到达目的地。

缺点：当网络节点很多时，链路介质的数量及链路间连接的数量就会非常大，因此实现全网状结构的拓扑非常困难，造价也非常昂贵，通常只在路由器之间采用。

2）部分网状结构

部分网状结构中，至少有一个节点与其他所有节点相连，如图 1-8 右图所示。

优点：网络中的连接仍然具有冗余性，当某条链路不可用时，依然能采用其他链路传递数据。这种结构用于许多通信骨干网及因特网中。

全网状结构　　　　部分网状结构

图 1-8 网状结构

微课 计算机网络的主要性能指标

1.1.7 计算机网络的主要性能指标

影响网络性能的因素有很多，如传输的距离、使用的线路、传输技术、带宽等。对用户而言，则主要体现在所获得的网络速度不同。计算机网络的主要性能指标是指带宽、吞吐量和时延。

1. 带宽

在局域网和广域网中，都使用带宽（Bandwidth）来描述它们的传输容量。带宽本来是指某个信号具有的频带宽度。带宽的单位为 Hz（或 kHz、MHz 等）。

在通信线路上传输模拟信号时，将通信线路允许通过的信号频带范围称为线路的带宽（或通频带）。

在通信线路上传输数字信号时，带宽就等同于数字信道所能传输的"最高数据率"。数字信道传输数字信号的速率称为数据率或比特率。带宽的单位是比特每秒（bit/s），即通信线路每秒所能传输的比特数。例如，以太网的带宽为 10Mbit/s，意味着每秒能传输 10Mbit，传输每比特用 0.1μs。目前以太网的带宽有 10Mbit/s、100Mbit/s、1000Mbit/s、10Gbit/s 等几种类型。

2. 吞吐量

吞吐量（Throughout）是指一组特定的数据在特定的时间段经过特定的路径所传输的信息量的实际测量值。由于诸多原因，使得吞吐量常常远小于所用介质本身可以提供的最大数字带宽。决定吞吐量的因素如下。

① 网络互连设备。

② 所传输的数据类型。

③ 网络的拓扑结构。

④ 网络上的并发用户数量。

⑤ 用户的计算机。

⑥ 服务器。

⑦ 拥塞。

3. 时延

时延（Delay 或 Latency）是指一个报文或分组从一个网络（或一条链路）的一端传输到另一端所需的时间。通常来讲，时延是由以下几个不同的部分组成的。

（1）发送时延

发送时延是节点在发送数据时使数据块从节点进入传输介质所需的时间，也就是从数据块的第一个比特开始发送算起，到最后一个比特发送完毕所需的时间，又称为传输时延。

（2）传播时延

传播时延是电磁波在信道上传播一定的距离所花费的时间。

（3）处理时延

处理时延是指数据在交换节点为存储转发而进行一些必要的处理所花费的时间。

1.1.8 计算机网络的功能和应用

1. 计算机网络的功能

计算机网络技术使计算机的作用范围和其自身的功能有了突破性的发展。计算机网络虽然有各种各样的形式，但都应具有如下功能。

（1）数据通信

数据通信是计算机网络最基本的功能之一，利用这一功能，分散在不同地理位置的计算机就可以相互传输信息。该功能是计算机网络实现其他功能的基础。

（2）计算机系统的资源共享

对于用户所在站点的计算机而言，无论硬件还是软件，性能总是有限的。对于个人计算机的用户，可以通过使用网络中的某一台高性能计算机来处理自己提交的某个大型复杂问题，用户还可以像使用自己的个人计算机一样，使用网络中的一台高速打印机打印报表、文档等。更重要的资源是计算机软件和各

笔记

微课 计算机网络
分配

笔 记

种各样的数据库。用户可以使用网上的大容量磁盘存储器存放自己采集、加工的信息，特别是可以使用网上已有的软件来解决某个问题。网上各种各样的数据库更是取之不尽。随着计算机网络覆盖区域的扩大，信息交流已越来越不受地理位置、时间的限制，使得人们可以将资源互通有无，大大提高了资源的利用率和信息的处理能力。

（3）进行数据信息的集中和综合处理

利用计算机网络可以将分散在各地计算机中的数据资料适时集中或分级管理，并经综合处理后形成各种报表，提供给管理者或决策者分析和参考，如自动订票系统、政府部门的计划统计系统、银行财政及各种金融系统、数据的收集和处理系统、地震资料收集与处理系统、地质资料采集与处理系统等。

（4）均衡负载，相互协作

当某一个计算中心的任务很重时，可通过网络将此任务传递给空闲的计算机去处理，以调节忙闲不均现象。此外，地球上不同区域的时差也为计算机网络带来很大的灵活性，一般白天计算机负荷较重，晚上则负荷较轻，地球的时差正好为我们提供了半个地球的调节余地。

（5）提高了系统的可靠性和可用性

例如，当网络中的某一处理机发生故障时，可由别的路径传输信息或转到别的系统中代为处理，以保证用户的正常操作，不因局部故障而导致系统的瘫痪。又如，某一数据库中的数据因处理机发生故障而消失或遭到破坏时，可从另一台计算机中调出备份数据库来进行处理，并恢复遭破坏的数据库。

（6）进行分布式处理

对于综合性的大型问题可采用合适的算法，将任务分散到网络中不同的计算机上进行分布式处理。特别是对当前流行的局域网更有意义，利用网络技术将微机连成高性能的分布式计算机系统，使它具有解决复杂问题的能力。

以上只是列举了一些计算机网络的常用功能，随着计算机技术的不断发展，计算机网络的功能和提供的服务将会不断增加。

2. 计算机网络的应用

基于计算机网络的各种网络应用信息系统正以不可抗拒之势渗入工业、农业、军事、科技、金融、商贸、教育等各行各业以及人们生活的各个领域，正在深刻影响和改变着人类社会传统的生产、生活和工作方式。下面列举几个计算机网络应用的具体实例，以说明计算机网络对社会信息化的巨大作用和深刻影响。

（1）管理信息化

管理信息系统（MIS）、办公自动化（OA）及决策支持系统（DSS）的应用，将推动一切企事业单位的管理信息化、科学化，提高管理的有效性，这也是社会信息化的基础。

（2）企业生产自动化

计算机集成制造系统（CIMS）的应用，把企业生产管理、生产过程自动化管理及企业 MIS 系统统一在计算机网络平台基础上，推动了企业生产和管理的自动化，可以提高生产效率，降低生产成本，增加企业效益，是企业信息化的基础。企业是"社会的细胞"，企业信息化也是社会信息化的重要一环。

（3）商贸电子化

电子商务、电子数据交换（EDI）等网络应用把商店、银行、运输、海关、保险以及工厂、仓库等各个部门联系起来，实行无纸化、无票据的电子贸易。它可提高商贸，特别是国际商贸的流通速度，降低成本，减少差错，方便客户，提高商业竞争能力，它是全球化经济的体现，是构造全球信息化社会不可缺少的纽带。

（4）公众生活服务信息化

公众生活服务信息化包括以下与公众生活密切相关的网络应用服务。

① 与电子商务有关的网上购物服务。

② 基于信息检索服务（IRS）的各种生活信息服务，如天气预报信息、旅游信息、交通信息、图书资料及出版信息、证券行情信息等。

③ 基于联机事务处理系统（TPS）的各种事务性公共服务，如飞机、火车联网订票系统，银行联网汇总及存取款服务系统，旅店客房预定系统及图书借阅管理系统等。

④ 各种方便、快捷、廉价的网络通信服务，如网络电子邮件、网络电话、网络传真、网络视频会议、网络聊天等。

⑤ 网上广播、电视服务，如网上新闻组、下推式广播服务、交互式视频点播等。

公众是社会的基础，上述直接为公众生活服务的各种网络应用，可使公众最直接地感受到社会信息化的好处，因此也是社会信息化和家庭信息化的重要组成部分。

（5）军事指挥自动化

基于 C^4I 的网络应用系统，把军事情报采集、目标定位、武器控制、战地通信和指挥员决策等环节在计算机网络基础上联系起来，形成各种高速、高效的指挥自动化系统，是现代战争和军队现代化不可缺少的技术支柱。

（6）网络协同工作

基于计算机支持合作工作（CSCW）系统的各种分布式环境协同工作的网络应用，如合作医疗系统、合作著作系统、合作科学研究、合作软件开发以及合作会议、合作办公等，不仅有利于提高工作效率、工作质量，而且还能大量地减少人和物的流动，减少交通能源的压力。

（7）教育现代化

计算机辅助教育系统（CAES）实际上也是一种基于计算机网络的现代教

笔 记

育系统，它更能适应信息社会对教育高效率、高质量、多学制、多学科、个性化、终身化的要求，因此，有人把它看做教育领域中的信息革命，它也是科教兴国的重要措施。

（8）政府上网和电子政府

政府上网可以及时发布政府信息和接收处理公众反馈的信息，增强人民群众和政府领导之间的直接联系和对话，有利于提高政府机关办事效率，提高透明度与领导决策的准确性，有利于民政建设和社会民主建设。政府还是直接领导和规划社会信息化的权力机构，政府上网使政府领导和干部直接置身于信息化的网络环境中，感受社会信息化进程的脉搏，了解社会信息化的问题，对于领导好社会信息化建设也具有特殊的意义。

1.2 选择组网模式

微课 组网模式

笔记

计算机网络按其工作模式主要分为对等模式和客户机/服务器（C/S）模式。在家庭网络中通常采用对等网模式，在企业网络中则通常采用 C/S 模式，因为对等网络注重的是网络的共享功能，而企业网络更注重的是文件资源管理和系统资源安全等方面。对等网络除了应用方面的特点外，更重要的是它的组建方式简单，投资成本低，非常适合于家庭、小型企业选择使用。

1.2.1 对等网络

对等网络也称为工作组网络，在这种网络当中没有专用的服务器，每台计算机既是客户机又是服务器，每台计算机都保存着自己的用户账号信息，用户要访问网络中的计算机，必须在那台计算机上有自己的用户名和密码。

对等网络不要求服务器，每台客户机都可以与其他客户机对话，共享彼此的信息资源和硬件资源，组网的计算机一般类型相同。这种网络方式灵活方便，但是较难实现集中管理与监控，安全性也低，较适合于部门内部协同工作的小型网络。

对等网络具有如下主要特点。

① 网络用户较少，一般在 20 台计算机以内，适合人员少、使用网络较多的中小企业。

② 网络用户都处于同一区域中。

③ 对于网络来说，网络安全不是最重要的问题。

对等网络的主要优点是网络成本低、网络配置和维护简单。缺点也相当明显，主要有网络性能较低、数据保密性差、文件管理分散、计算机资源占用大。

1.2.2 客户机/服务器网络

服务器是指专门提供服务的高性能计算机或专用设备，客户机是用户计算机。客户机/服务器网络是客户机向服务器发出请求并获得服务的一种网络形式，多台客户机可以共享服务器提供的各种资源。这是最常用、最重要的一种网络类型，不仅适合于同类计算机连网，也适合于不同类型的计算机连网，如 PC、MAC 机的混合连网。这种网络安全性容易得到保证，计算机的权限、优先级易于控制，监控容易实现，网络管理能够规范化。这种网络的性能在很大程度上取决于服务器的性能和客户机的数量，针对这种网络有很多优化性能的服务器称为专用服务器。目前互联网中的大多数应用都采用这种类型的网络。

 技能实训

实训报告

PPT 课件

PPT

任务 1　认识计算机机房的网络

【实训目的】

① 整体认识计算机机房中的网络设备，了解各种设备的用途及互连方式。

② 通过观察计算机机房网络，了解机房的网络拓扑结构。

【实训内容】

① 了解各种网络设备的用途。

② 画出机房网络拓扑结构图，了解网络连接情况。

【实训设备】

学校计算机机房网络设备、机房网络设计规划图。

【实训步骤】

① 由指导教师按班级人数进行分组，分成约 6~8 人一组。

② 根据机房大小，每次安排 1~3 组学生，由指导教师对照机房网络，讲解机房组网设备、组网介质、连线拓扑。

③ 学生使用 Word 或 Visio 等工具画出机房网络拓扑结构图，完成实训报告，并思考课后问题。

【问题与思考】

① 机房网络的结构是怎样的？

② 机房网络中使用的传输介质是什么？

③ 机房网络中有哪些网络设备？它们之间的关系是怎样的？

实训报告

PPT 课件

PPT

任务 2　认识校园网络

【实训目的】

① 整体认识校园网中的网络设备，了解各种设备的用途及互连方式。

② 通过参观网络中心，了解校园网的拓扑结构。

③ 通过参观网络中心，了解网络中不同的服务器。

【实训内容】

① 了解各种网络设备的用途。

② 画出校园网络拓扑结构图，了解网络连接情况。

【实训设备】

学校网络管理中心的网络设备、校园网络设计规划图。

【实训步骤】

① 由指导教师按班级人数进行分组，分成约 6~8 人一组。

② 根据校园网情况，由指导教师和校园网管理工程师共同引导学生完成校园网的参观，并在参观过程中对学生进行讲解。参观的内容包括设备间、配线间、网络中心、各种服务器等校园网重要组成部分。讲解时，为保证效果，建议分组进行。

③ 学生使用 Word 或 Visio 等工具画出校园网络拓扑结构图，完成实训报告，并思考课后问题。

【问题与思考】

① 校园网的结构是怎样的？

② 校园网中使用哪几种传输介质？

③ 校园网中主要有哪几种服务器？服务器使用的操作系统是什么？

④ 校园网是如何连接到 Internet 的？带宽是多少？

⑤ 校园网中有哪些网络设备？

⑥ 校园网与计算机机房网络的区别是什么？

单元小结

本单元介绍了计算机网络的基本定义、网络的组成与网络拓扑结构、计算机网络的功能和应用，也简要介绍了对等网络和客户机/服务器网络这两种网络类型。通过本单元的学习，要求初步了解计算机网络，掌握网络中常见的网络设备以及网络的功能和应用。

习题库 case 试题库 case

思考与练习

一、填空题

1. 对计算机网络的分类可以从以下几个不同的角度进行：_____、_____、_____等。

2. 根据网络的传输技术，网络可以分为_____和_____两大类。

3. 根据网络的覆盖范围，网络可以分为_____、_____和_____。

4. 网络拓扑结构的类型有_____拓扑、_____拓扑、_____拓扑、_____拓扑、网状拓扑等。

5. 网络中的主机根据用途可以分为两类：_____和_____。

二、选择题

1. 以下不是计算机网络功能的是（　　）。

    A. 资源共享   B. 数据信息的集中和处理

    C. 分布式处理   D. 规范化信息和数据

2. 以下选项中，哪一项不是带宽的单位。（　　）

    A. bit/s   B. Mbit/s

    C. KB/s   D. Gbit/s

3. 关于对等网的描述，哪一项是不准确的。（　　）

    A. 组网简单，投资低   B. 适合小型企业选择使用

    C. 功能强大，管理完善   D. 容易组建，易于管理

4. 关于计算机网络的描述，不准确的是（　　）。

    A. 计算机网络主要由计算机系统、数据通信系统、网络软件及协议三大部分组成

    B. 组网模式可以选择对等模式或客户机／服务器（C／S）模式

    C. 网络设备、网线、客户机、服务器都是组网必不可少的

    D. 影响网络性能的因素有很多，如传输的距离、使用的线路、传输技术、带宽等

三、名词解释

1. 带宽   2. 吞吐量   3. 时延

4. 客户机   5. 服务器   6. 对等网

四、简答题

1. Internet 发展的各个阶段及相应的应用领域分别是什么？

2. 局域网中常用的拓扑结构有哪些，分别有什么特点？

3. 通信子网和资源子网是如何划分的？各自包含哪些设备？

4. 真正意义的资源共享是从网络发展的哪个阶段开始的？

5. 什么是计算机网络？它有哪些组成部分？

6. 什么是协议？

单元 2

网络数据通信基础

学习目标

【知识目标】

- 理解数据通信的基本概念和技术指标。
- 理解异步通信和同步通信的过程。
- 理解数字（模拟）数据到数字（模拟）信号的编码过程。
- 了解常用的多路复用技术。
- 理解网络噪声干扰与差错控制技术。

【技能目标】

- 能够配置网络终端的基本通信参数。
- 能够测试网络终端的网速状况。
- 能够针对不同的网络需求进行网速优化。

【素养目标】

- 实际了解网络终端的带宽。
- 团结协作的精神。
- 自学探索，解决网络终端的提速问题。

引例描述

通过学习，小凡对网络有了一定的了解，知道网络就是把计算机通过介质连接在一起的一个大系统，计算机与计算机之间通信就如同人与人之间对话一样。不过，他感到疑惑的是，计算机与计算机之间到底是怎样通信的呢？出了错误又该怎么处理呢？他非常想进一步学习一下网络通信的知识。

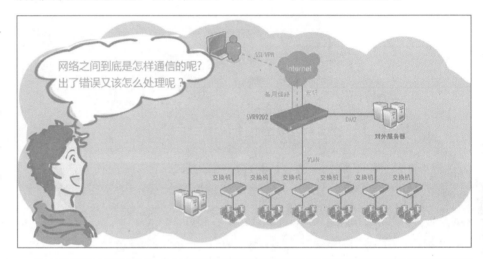

基础知识

2.1 数据通信基础

在计算机网络中要实现资源共享、分布式计算等一系列网络功能，必须使用数据通信技术。本单元将从计算机网络技术的角度介绍一些相关的数据通信基础知识，包括数据通信的基本概念、数据调制与编码、异步与同步通信、多路复用、差错控制校验等。

2.1.1 数据通信的基本概念

人们往往知道计算机网络可以帮助传输数据，但是传输的具体形式平时并没有多少机会可以亲眼目睹。借助于示波器及虚拟化设备，我们采集到了部分数据通信系统中的信号，如图 2-1 所示。由此可以看到，网络中传递的是一连串离散的或者连续的波形，即数据通信中的"信号"。

下面，引用信息论中信息和数据的概念，来说明信息、数据、信号这三者之间的关系。

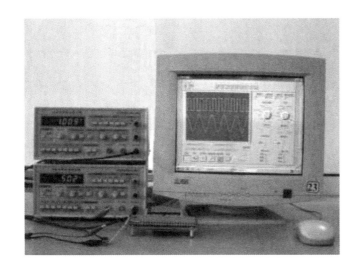

图 2-1　借助仪器采集到的信号

微课　数据通信

✎　笔　记

信息（Information）是人们对现实世界事物存在方式或运动状态的某种认识，它反映了客观事物存在的形式和运动状态。事物的运动状态、结构、温度、颜色等都是不同信息的表现形式；而通信系统中传送的文字、语音、图像、符号、数据等也是一些包含一定信息内容的不同信息形式。由于信息形式和信息内容的对立统一，有时也直接把它们看成一些不同的信息类型，称为文字信息、语音信息、图像信息和数据信息等。

数据（Data）是把事件的某些属性规范化后的表现形式，一般可以理解为"信息的数字化形式"或"数字化的信息形式"。数据能被识别，也可以被描述。例如数字数据、文本数据、图像数据等。数据的概念包括两个方面：其一，数据内容是事物特性的反映或描述；其二，数据以某种媒体作为载体，即数据是存储在媒体上的。

信号（Signal）是数据的具体物理表现，具有确定的物理描述。例如电信号、光信号、脉冲信号、调制信号等。CCITT 在有关信号的定义中也明确指出："信号是以其某种特性参数的变化来代表信息的"。

根据信号使用的特性参数的不同，信号可分为模拟信号和数字信号。

① 模拟信号：当通信中的数据用连续载波表示时，就称为模拟信号，如时间、温度、电波、声音等信号都是模拟信号。这种信号使用的特性参数通常有幅度、频率、相位等。模拟信号如图 2-2（a）所示。

② 数字信号：当通信中的数据用离散的电信号表示时，就称为数字信号。这种信号使用的特性参数通常是不同的物理状态。最简单的离散数字是二进制数字 0 和 1，它分别由信号的两个物理状态（如低电平和高电平）表示。数字信号如图 2-2（b）所示。

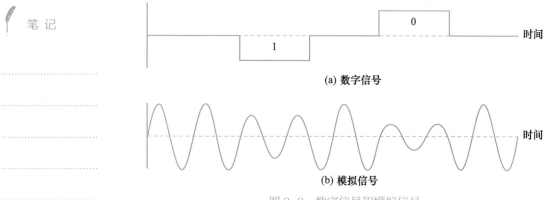

图 2-2 数字信号和模拟信号

信息、数据和信号三者之间是紧密相关的，在数据通信系统中，人们关注更多的是数据和信号。

2.1.2 数据在网络通信中的形式

在现实网络环境中，信号需要通过光信号、电信号等模拟或者数字信号的形式来完成数据的传输，所以把数据传输分成模拟传输和数字传输。

本节将主要介绍在模拟传输和数字传输中使用的重要技术，例如数字编码技术、数据调制与解调技术等。

1. 频带传输和基带传输

频带传输也称为模拟传输，指将数字信号变换成一定频率范围内的模拟信号，在频率为相应范围的信道内传送的方式。由于信息在传输过程中会随着距离的延长而不断衰减、失真，因此在频带传输中，每隔一定的距离就要通过放大器来放大信号的强度，但同时也放大了由噪声引起的信号失真。随着传输距离的延长，多级放大器的串联会引起失真的叠加，从而使信号的失真越来越严重，为保证传输质量，必须限制传输距离。

基带传输也称为数字传输，即传输信道上传输的是数字信号。在数字传输中，每隔一定距离不是采用放大器放大衰减和失真的信号，而是采用转发器，转发器能识别并回复数字信号中原来的 0 和 1 的变化模式，继而重新产生一个衰减和畸变完全消失的信号传输出去。这样，多级转发不会积累噪声引起的失真，保证了在长距离传输中的传输质量。

不论是模拟通信还是数字通信，在通信业务中都得到了广泛应用。但是，近几年来，数字通信发展十分迅速，在大多数通信系统中已经替代模拟通信，成为当代通信系统的主流。这是因为与模拟通信相比，数字通信更能适应通信技术越来越高的要求。数字通信的主要优点如下。

① 抗干扰能力强：是指在远距离传输中，各中继站采用转发器可以对数字信号波形进行整形再生而消除噪声的积累；此外，还可以采用各种差错控制编码方法进一步改善传输质量。

② 便于加密，有利于实现保密通信。

③ 易于实现集成化，使通信设备体积小、功耗低。

④ 数字信号便于存储、处理、交换等。

当然数字通信的许多优点都是用比模拟信号占用更宽的频带来换得的。以电话为例，一路模拟电话通常只占 4kHz 带宽，但一路数字电话却占据 20~60kHz 带宽。随着社会生产力的发展，有待传输的数据量急剧增加，传输可靠性和保密性要求越来越高，所以在实际工程中，宁可牺牲系统频带也要采用数字通信。至于在频带宽裕的场合，如微波通信、光通信等，更是唯一地选择数字通信。

2. 数据到数字信号的编码

在数字传输中，由计算机产生的数字信号并不是直接送入数字信道，而是要经过编码之后才送入数字传输信道进行传输。为什么要进行编码呢？

未经编码的二进制基带数字信号就是高电平和低电平不断交替的信号。至于是用高电平还是用低电平代表 1 或 0 则都是可以的。使用这种基带信号的最大问题是当出现一长串的连续 1 或连续 0 时，在接收端无法从收到的比特流中提取位同步信号，所谓位同步信号是指能够表示出每个数字信号从什么时间开始、持续多长时间的时钟信号。例如，表示 10110001 的矩形波，若把比特持续时间缩短一半，就会读成 1100111100000011，也就是接收方与发送方之间无法做到位同步，如图 2-3 所示。

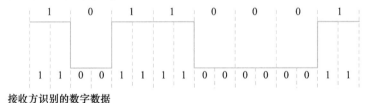

发送方发送的基带数字信号

|1|0|1|1|0|0|0|1|

|1|1|0|0|1|1|1|1|0|0|0|0|0|0|1|1|

接收方识别的数字数据

图 2-3　未经编码的数字信号接收问题

为解决上面的问题，在网络传输中通常使用自同步的编码方法，所谓自同步就是接收方能够从传输的数据流中提取同步时钟，以达到与发送方同步的目的。经常使用的自同步技术有曼彻斯特编码技术和差分曼彻斯特编码技术。

（1）曼彻斯特编码

曼彻斯特编码技术常用于局域网传输，它的编码方式是将每个码元再分成两个相等的间隔。码元 1 是前一个间隔为高电平而后一个间隔为低电平。码元 0 则正好相反，从低电平到高电平变化。这种编码的好处是可以保证在每个码元的正中间时出现一次电平的转换，这次转换既作为时钟信号，也能表示比特是 1 还是 0，如图 2-4 所示。

（2）差分曼彻斯特编码

这种编码技术在每个码元持续时间的中间仍然有一次电平的跳变，但这次跳变仅作为时钟信号，并不能表示相应的比特是 1 还是 0，它是通过在比特持续时间的开始处有无电平的跳变来分别表示 0 和 1，无跳变是 1，有跳变是 0，如图 2-4 所示。

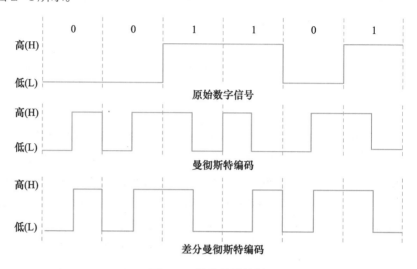

图 2-4 数字编码效果

3. 数据到模拟信号的编码

数字信号与模拟信号之间的相互转换是通过调制与解调的技术来实现的。调制是指将数字信号转换为模拟信号的过程，在调制过程中，载波信号的某些特性参数将根据输入信号的变化而变化，这些特性参数包括幅度、频率和相位等。解调是指将从模拟信道上接收的载波信号还原成数字信息。

一个以位串为输入，以调制后的载波为输出的硬件线路称为调制器（Modulator）；反之，以载波为输入，以重建的调制在载波上的二进制位串为输出的硬件线路称为解调器（Demodulator）；将这两种线路组合在一个设备中，称为调制解调器（Modem），以支持双工通信。

数字设备（如计算机或终端）通过调制解调器接入电话网络进行通信，是利用模拟信道传输数字数据的典型情况。数字信号是通过调制振幅、频率和相位等载波特性或者这些特性的某种组合转换成模拟信号。一般而言，总是使用正弦波的特性参数振幅、频率和相位来调制数字信号。最基本的数字信号到模拟信号的调制方式有以下 3 种。

① 幅移键控方式（Amplitude-Shift Keying，ASK）：载波的振幅随基带数字信号的变化而变化。例如，"0"对应于无载波输出，"1"对应于有载波输出。

② 频移键控方式（Frequency-Shift Keying，FSK）：载波的频率随基带数字信号的变化而变化。例如，"0"对应于相对较低的频率，"1"对应于相对

较高的频率。

③ 相移键控方式（Phase-Shift Keying，PSK）：载波的初始相位随基带数字信号的变化而变化。例如，"0" 对应于相位 0°，而 "1" 对应于相位 180°。在正弦波形中的 0° 相位和 180° 相位如图 2-5 所示。

0°相位　　　　　　180°相位

图 2-5　正弦波中的相位表示

从图 2-5 中可以看出，正弦波形中的 0° 相位波形总是从起点开始向上变化，而 180° 相位波形总是从起点开始向下变化。

举例：现在存在基带数字信号 00110100010，分别按 3 种调制方式进行调制，波形图如图 2-6 所示。

在 ASK 方式下，用载波的两种不同幅度来表示二进制的两种状态。ASK方式容易受突发干扰的影响，是一种低效的调制技术。在电话线路上，通常只能达到 1200bit/s 的速率。

在 FSK 方式下，用两种不同的载波频率来表示二进制的两种状态 1 和 0，抗干扰能力优于调幅，但频带利用率不高，也只在传输较低速率的数字信号时有着广泛应用。在电话线路上，使用 FSK 可以实现全双工操作，通常可达到1200bit/s 的速率。

在 PSK 方式下，用载波信号相位变化来表示二进制数字 0 和 1。相位调制占用频带较窄，抗干扰性能好，可以对传输速率起到加倍的作用，例如话频线路中，调相的数据速率可达 9600bit/s。

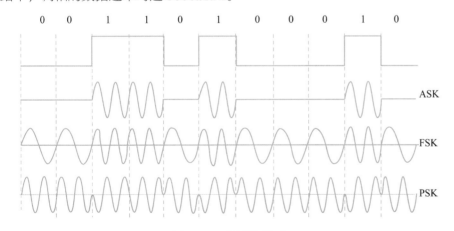

图 2-6　三种调制技术

由 PSK 和 ASK 结合的相位幅度调制（PAM）是解决相移数已达到上限但还要提高传输速率的有效方法。

2.1.3 数据通信的传输过程

1. 通信系统模型

通信系统是用来实现通信过程的系统，其包括信源、信道、变换器、反变换器、信宿等基本部分，如图 2-7 所示。

图 2-7 通信系统模型

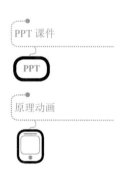

其中信源、信道和信宿是该模型中的三要素。信源是信息产生的发源地，既可以是人，也可以是计算机或其他终端设备；通信信道是信息传输过程中承载信息的传输媒体；信宿是接收信息的目的地。在数据通信中，将计算机或终端设备作为信源和信宿使用，而通信线路和必要的通信转接设备则构成了通信信道。

信源所发出的原始信号不一定适合在信道上传输，可以通过某种变换器将原始电信号变换成适合在信道上传输的信号，而在接收端则需要进行反变换。例如，利用模拟传输系统传输数字信息就需要调制解调器这种变换与反变换设备。信号在传输过程中受到的干扰称为噪声，干扰可能来自外部，也可能由信号传输本身产生。

2. 数据通信方式

在数据通信中，按信号在信道中的传输方向，可分为单工通信、半双工通信和全双工通信，如图 2-8 所示。

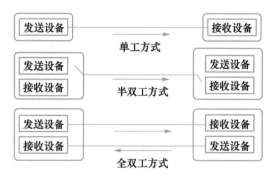

图 2-8 3 种数据通信方式

① 单工通信：无论什么时候，信号总是沿着一个方向传送，即信道传输方向是固定不变的。

② 半双工通信：在不同的时刻，信号可沿着相反的两个方向传送，但同一时刻只能沿一个方向传送。

③ 全双工通信：信号可同时沿相反的两个方向传送。

3. 异步传输和同步传输

数据通信的基本方式可分为并行通信与串行通信两种。

① 并行通信是指利用多条数据传输线将一个数据的多个位同时传送。特点是传输速度快，但通信线路复杂，成本较高，适用于短距离通信。

② 串行通信是指利用一条传输线将数据一位位地顺序传送。特点是传输速度慢，但通信线路简单，成本较低，利用电话或电报线路就可实现通信，适用于远距离通信。

在串行通信中，同步问题是一个十分关键的问题，是实现正确信息交换的基础之一。发送端一位一位地把信息通过介质发往接收端，接收端必须识别信息的开始和结束，而且必须知道每一位的持续时间，只有这样，接收端才能从传输线路上正确地取出被传送的数据。同步就是指接收端按发送端发送的每个码元的起止时间及重复频率来接收数据，并且要校准自己的时钟，以便与发送端的发送取得一致，实现同步接收。

解决上述同步问题的方法有两种：异步传输方式和同步传输方式。

（1）异步传输方式

发送端将每字节作为一个单元独立传输，字节与字节之间的传输间隔任意。为了标识字节的开始和结尾，在每个字节的开始处加 1 位起始位，结尾处加 1 位、1.5 位或 2 位停止位，构成一个个"字符"。这里的"字符"是指异步传输的数据单元，不同于"字节"，一般略大于一个字节，如图 2-9 所示。

因为发送一个字符的时间间隔是任意的，因此异步传输存在一个潜在的问题，即接收方并不知道数据会在什么时候到达。在它检测到数据并做出响应之前，第一位已经过去了。

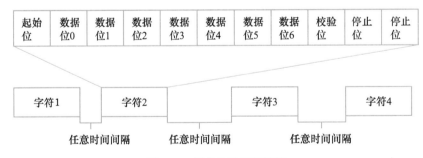

图 2-9 异步传输字符结构

因此，每次异步传输的信息都以一个起始位开头，它通知接收方数据已经到达了，这就给了接收方响应、接收和缓存数据比特的时间；在传输结束时，停止位表示该次传输信息的终止。按照惯例，空闲（没有传送数据）的线路实际上总是携带着一个代表二进制 1 的信号，异步传输的开始位使信号变成 0，其他的位使信号随传输的数据信息而变化。最后，停止位使信号重新变回 1，该信号一直保持到下一个开始位到达。

异步传输的优点和缺点如下。

笔 记

优点：异步传输实现起来简单容易，每个字符都为自己的位同步提供了时间基准，对线路和收发器要求较低。

缺点：线路效率低，因为每个字符都需要多占 2~4 位开销。如果将校验位看作有效数据位，数据的有效传输率最大只能达到 80%。

一个常见的例子是计算机键盘与主机之间的通信。按下一个字母键、数字键或特殊字符键，就发送 7 位的 ASCII 码信息加 1 位校验位。键盘可以在任何时刻发送代码，这取决于用户的输入速度，内部的硬件必须能够在任何时刻接收一个输入的字符。

（2）同步传输方式

同步传输不是对每个字符单独进行同步，而是对一个较长的数据块进行同步。同步的方法不是加一位起始/停止位，而是在数据块前面加特殊模式的位组合（如 01111110，称为位同步）或同步字符（SYN，代码为 0010110，称为字符同步），并且通过位填充或字符填充技术保证数据块中的数据不会与同步字符混淆。同步传输数据结构如图 2-10 所示。

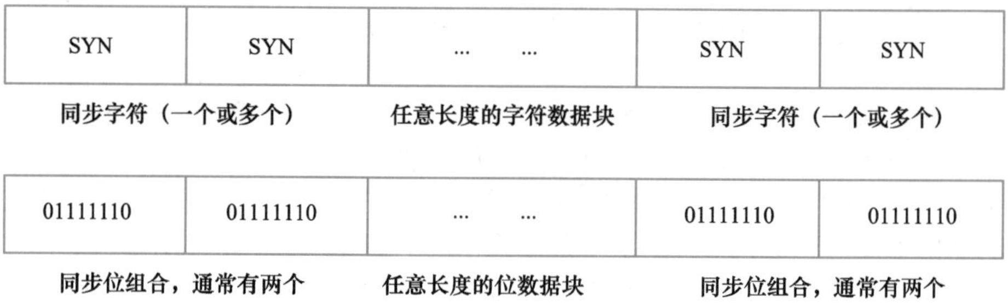

SYN	SYN	... ...	SYN	SYN
同步字符（一个或多个）		任意长度的字符数据块	同步字符（一个或多个）	

01111110	01111110	... ...	01111110	01111110
同步位组合，通常有两个		任意长度的位数据块	同步位组合，通常有两个	

图 2-10 同步传输数据结构

当不传送信息代码时，线路上传送的是全 1 信号或其他特定代码，在传输开始时，用同步位组合或同步字符使收发双方进入同步。接收端在搜索到两个或两个以上同步位组合或同步字符时就开始接收信息，在接收的过程中，同时检测是否出现带有结束标识的同步信息。

用于同步传输的控制规程有两种：面向字符型规程和面向比特型规程。

① 面向字符型同步控制规程。以字符作为信息单位，字符是 EBCD 码或 ASCII 码。最典型的是 IBM 公司的二进制同步控制规程（BSC 规程）。在这种控制规程下，发送端与接收端采用交互应答方式进行通信。在现代计算机网络通信中，这种控制规程很少使用。

② 面向比特型同步控制规程。以二进制位作为信息单位。现代计算机网络大多采用此类规程。最典型的是 HDLC（高级数据链路控制）通信规程。

在使用面向比特的同步规程时，若在数据串中出现了位串 01111110，接收方会误将该位串作为数据结束标识，从而停止接收数据，为了避免这种错误发生，将采用比特填充技术。

所谓比特填充技术，是指发送方在发送数据过程中如果连续发送 5 个 "1" 信号就自动添加一个 "0" 信号，这样就可以避免在发送的位串中出现

"01111110"，而接收方在接收数据时，每接收 5 个连续的"1"之后就去掉一个"0"信号。

例如，要发送的数据位串是 01101111110010111110100（由左向右顺序发送），进行位填充后为 011011111010010111110 0100。

同步通信比异步通信具有的更多优点，例如，同步通信取消了每个字符前后的同步位，从而使有效数据位在所传比特流中所占的比例增大，提高了传输效率；PC 用户通过同步通信网络可以实现与大型主机之间的通信。尽管同步通信方式有很多优点，但由于其软硬件费用太高，故更多用户采用异步通信方式。

2.2　数据通信的性能和差错控制

2.2.1　数据通信的性能指标

1.　调制速率与信息传输速率

（1）调制速率

调制速率也称为信号传输速率或波特率，指的是数字信号经过调制以后的传输速率，或者说是调制过程中每秒钟信号状态变化的次数，即单位时间内传输的波形数（或称每秒钟发送的码元数），单位为 Baud，又称波特，简记为 B。波特率的计算公式为

$$B=1/T$$

其中，T 表示单位脉冲宽度。

（2）信息传输速率

信息传输速率又称为比特率，指每秒钟能传输多少位数据，它以位/秒为单位，简记为 bit/s。信息传输速率的计算公式为

$$S = 1/T\,(\log_2 N)$$

其中，N 表示数字信号有效状态个数。

由公式可以看出，信息传输速率与调制速率有一定的关系，这种关系可通过码元与信息量的关系来描述。

（3）码元和信息量

数字信号由码元组成，码元是承载信息的基本信号单位。例如，利用脉冲信号表示数据时，一个单位脉冲就是一码元。

在数字传输中，通常利用码元的某些特征来携带数据信息，这些特征的不同组合称为码元的不同状态，每种状态用来表示一个数。

一码元的信息量是由码元所能表示的数据有效状态值个数决定的，若一码元有 0、1 两种有效状态值，则一码元能携带 1 比特的信息量，此时，比特率 S=波特率 B（是指其值相等）；若一码元有 00、01、10、11 四个有效状态值，则

一码元能携带 2 比特的信息量，此时，比特率 S=2×波特率 B，如图 2-11 所示。

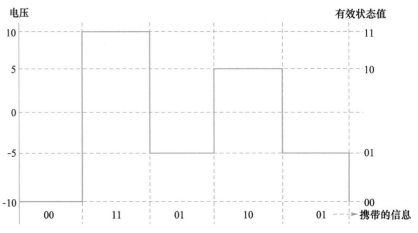

图 2-11 码元与信息量的关系

由于码元的传输速率受到限制，所以要提高信息的传输速率，就必须设法使每个码元能携带更多的信息量，这往往需要采用多元制的调制方法。例如若采用 16 元制调制，一码元就可携带 4 比特信息，即 S=4B。

举例：对于一个单位脉冲 $T=833\times10^{-6}$ s 的 4 元调制解调器，求调制速率和数据传输速率。

调制速率：$B=1/T=1/(833\times10^{-6})=1200$ Baud。

数据传输速率：$S = 1/T(\log_2 N)=1200\times\log_2 4=2400$ bit/s。

2. 带宽和信道容量

带宽是指任何实际的模拟信道所能传输的信号频率都有一定的范围，也可以表示为在某个给定的时间内通过某个网络连接的信息量。例如，一路模拟电话的话频线路的带宽常为 4kHz。

信道的带宽是有限的，无论采用何种传输介质组建网络，传输信息的网络容量都是有范围限制的。这是因为传输介质的物理特性和在介质上传输信息所使用的技术都限制了网络的带宽。例如，由于双绞电话线的物理性质以及语音调制解调技术的限制，传统调制解调器的带宽一般限制在 56kbit/s 左右。而数字用户线（DSL）也采用双绞电话线，然而能提供比前者高得多的带宽，这说明，同样的传输介质会因为在其上面使用的传输技术不同而表现出不同的性能。也就是说，低的带宽不一定是因为传输介质自身的能力所造成的。这好比在两条很粗的水管之间设置了一个很窄的瓶颈接口，尽管水管本身支持的流量很大，但实际情况是因为受到了接口的限制，水的流量非常小。

信道的最大数据传输速率要受信道带宽的制约，对于这个问题，奈奎斯特和香农先后展开了研究，并从不同角度在不同的条件下给出了两个著名的公式：奈奎斯特公式和香农公式。

（1）奈奎斯特公式

奈奎斯特公式给出了信道上没有热噪声（热噪声是指由于信道中分子热运

动引起的噪声，此处假定没有热噪声）时信道带宽对最大数据传输速率（单位是 bit/s）的限制，具体为

$$最大数据传输速率 C=2Hlog_2L$$

其中，H 是信道带宽（单位是 Hz），而 L 表示某给定时刻数字信号可能取的离散值的个数（即码元的有效状态值个数）。

例如，某信道提供的带宽为 4kHz，任何时刻数字信号可取 0、1、2、3 四种电平之一，则最大数据传输速率为

$$C=2×4k×log_24=16kbit/s$$

（2）香农公式

香农则主要研究了受热噪声干扰的信道情况，热噪声以信号功率与噪声功率之比来度量，这个比值叫作信噪比。如果用 S 表示信号功率，N 表示噪声功率，则信噪比为 S/N。通常人们并不直接使用信噪比本身这个指标，而是使用 $10log_{10}$（S/N），其单位为分贝（dB）。

香农关于噪声信道的主要结论是：任何带宽为 H（Hz），信噪比为 S/N 的信道，其最大数据传输速率为

$$C=Hlog_2（1+S/N）bit/s$$

例如，若信噪比为 30dB，带宽为 4kHz 的信道最大数据传输速率为多少？

信噪比为 30dB，即 $10log_{10}$（S/N）=30，所以 S/N=10^3=1000，则

$$C = Hlog_2（1+S/N）bit/s=4k×log_21001=40kbit/s$$

> 提示：注意上面两个公式所计算的都只是理想情况下数据速率的上界，在实际应用中是不可能达到的，上例中计算的 **40kbit/s** 实际中能达到 **19200bit/s** 就很好了。

由上述内容了解到，带宽和信道容量是两个概念，但在生活中经常以带宽来指代信道容量，本章实训中就以带宽作为数字网络中网速的衡量指标。

3. 误码率和误比特率

（1）误码率

误码率是在通信系统中衡量系统传输可靠性的指标，它的定义是二进制码元在传输过程中被传错的概率。从统计的理论讲，当所传送的数字序列无限长时，误码率为

$$Pe = Ne/N$$

其中，N 表示传输的二进制码元总数，Ne 表示被传错的码元数。

要求误码率最大不能超过 10^{-6}，即 1,000,000 个码元中最多允许 1 个码元出错。

（2）误比特率

又称误信率，Pb=错误的比特数/传输的总比特数。

（3）误码率与误比特率举例

数字信号利用 4 种有效状态传递 10,000,000 位信息，因为噪声导致 1 位出错，则误比特率是多少？误码率是多少？

笔 记

解答：

误比特率 Pb=1/10000000=10^{-7}

根据题意得知，该信号在传递时一个码元上面携带 2 位信息，故传递 10,000,000 位信息共需要 5,000,000 个码元，而 1 位信息出错导致出错的码元也只有 1 个，故

误码率 Pe=1/5000000=2×10^{-7}

2.2.2　多路复用技术

看电视节目时，我们知道一根有线电视线缆可以同时为我们传送多家电视台的不同节目，这是如何做到的？宽带网络技术架设到一个小区的电缆通常有一根光缆即可，它又如何做到为多个用户传递不同的网络信息？在远程通信系统中，传输信道提供的传输容量通常会远远大于一路信号的需求，为了有效利用通信线路，提高信道利用率，在通信过程中经常采用多路复用技术（Multiplexing）。多路复用技术是指通过多路复用器连接许多低容量信号，并将它们各自所需的容量组合在一起后，仅使用一条容量较高的线路传输所有信息。常用的多路复用技术有频分多路复用（FDM）、时分多路复用（TDM）和波分多路复用（WDM）。

1. 频分多路复用

若某模拟信道提供的可用带宽超过单个原始信号所需带宽，可将该物理信道的总带宽分割成若干个带宽与传输单个信号带宽相同（或略宽）的子信道，每个子信道用于传输一路信号，这就是频分多路复用技术。

多路原始信号在频分复用前，先要通过频谱搬移技术将各路信号的频谱搬移到物理信道频谱的不同段上，使各信号的带宽相互不重叠，然后用不同的频率调制每一个信号，每个信号要以它的载波频率为中心，占用一定的带宽，此带宽范围称为一个通道，各通道间通常用保护频带隔离，以保证各路信号的频带间不发生重叠；在接收端用适当的滤波器将多路信号分开，分别进行解调和终端处理，这就是频分多路复用（Frequency Division Multiplexing，FDM）。

图 2-12 给出了三路话频原始信号频分多路复用一条带宽为 12kHz（60~72kHz）的物理信道的示意图。

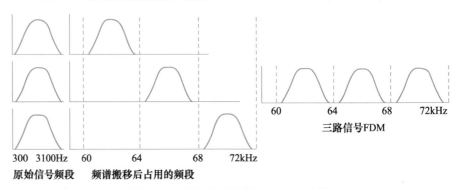

图 2-12　频分多路复用（FDM）示例

在图 2-12 中，三路话频原始信号占据的频段都在 300~3100Hz，进行频谱搬移后，三路话频信号分别占用 60~64kHz、64~68kHz、68~72kHz 的频段，可以做到同时传输互不干扰。

频分多路复用技术在无线电广播、有线电视系统中应用非常广泛。

2. 时分多路复用

时分多路复用（Time Division Multiplexing，TDM），是将一条物理信道按时间分成若干个时隙，轮流地分配给多个信号使用。从性质上看，时分多路复用特别适合于数字信号的传输，划分出的每一时隙由复用的一个信号占用，这样就可以在一条物理信道上传输多路数字信号。

通过时分多路复用技术，多路低速数字信号可复用一条高数据速率的信道。例如，数据速率为 48kbit/s 的信道可供 5 路速率为 9600bit/s 的信号时分复用，也可供 20 路速率为 2400bit/s 的信号时分多路复用。

TDM 是将传输时间划分为许多个短的、互不重叠的时隙，然后将若干个时隙组成时分复用帧，用每个时分复用帧中某一固定序号的时隙组成一个子信道，一个子信道只供一路信号使用，一个时分复用帧中包含多路信号。每个子信道所占用的带宽相同，每个时分复用帧所占的时间也是相同的。对于 TDM 而言，时隙长度越短，则每个时分复用帧中所包含的时隙数就越多。在同步 TDM 中，各路时隙的分配是预先确定的时间，且各个信号源的传输定时是同步的。每一个子信道在时间上按预先确定的时间错开一位、一个字节或一块数据的时间，以此来共享传输信道。

图 2-13 说明了时分复用技术中子信道与时分复用帧的概念。

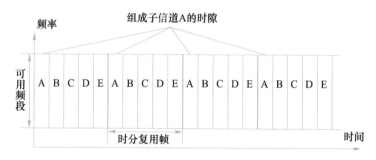

图 2-13　子信道与时分复用帧

基本的时分多路复用技术原理是把每一个时隙以静态的、预先安排好的固定次序分配给各个信源，各信源按固定次序向一条线路上输出数据，不论有无信息，都分配给一个时隙，即使有些时隙空闲，其他信源也无法利用。因此也把以上技术称为同步时分多路复用（Synchronous Time Division Multiplexing）。

同步时分多路复用无论信源有无信息发送，在时分复用帧中都为之分配一个时隙，既浪费了信道时间，也无法支持突发性的业务要求，也就是说，若某一路信源有大量的信息要发送，即便时分复用帧中其他信源的时隙都是空闲的，它也不能占用，只能等待分配给自己的时隙到来才能发送数据，系统运行时的灵活性很差。

为改善同步时分多路复用技术的性能，可以采用异步时分多路复用（ATDM），只有当某一路信号有数据要发送时才把时隙分给它，能够充分利用信道。

3. 波分多路复用

光通信是一种很有发展前途的通信方式，已使用得越来越多，伴随而来的是波分多路复用技术（Wavelength Division Multiplexing，WDM）应用得越来越广泛。由于波长与频率有着一一对应的关系，按波长来区分与按频率来区分实际上是一回事，所以波分多路复用实质上就是在光信道上采用的一种频分多路复用技术的变种，只不过光信号复用采用的技术与设备不同于电信号复用。

4. 时分多路复用与波分多路复用应用举例

一对常规光纤在其一个波长范围中可以达到 10Gbit/s 的传输速率，使用时分复用技术能够支持 12 万路数字电话信号传送，为进一步提高传输容量，可在光纤信道中同时使用多个波长，即使用波分复用技术，目前商业应用的光纤信道是 40~80 个波长，160 个波长试验已经成功。即一对光纤可同时传送 2000 万话路，相当于 0.01s 可传送 30 卷大英百科全书。这样的传输能力非常强，但仅用了光纤可利用能力的 1/100~1/50。

2.2.3　差错控制

信号在物理信道中传输时，线路本身的电器特性造成的随机噪声，信号幅度的衰减，频率和相位的畸变，电器信号在线路上产生反射造成的回音效应，相邻线路间的串扰以及各种外界因素（如大气中的闪电、开关的跳火、外界强电流磁场的变化、电源的波动等）都会造成信号的失真。在数据通信中，将会使接收端收到的二进制数据位和发送端实际发送的二进制数据位不一致，从而造成由"0"变成"1"或由"1"变成"0"的差错。

差错控制是在数据通信过程中能发现或纠正差错，把差错限制在尽可能小的允许范围内的技术和方法。

1. 传输差错的特性和类型

传输中的差错都是由噪声引起的。噪声有两大类，一类是信道固有的、持续存在的随机热噪声；另一类是由外界特定的短暂原因所造成的冲击噪声。

热噪声引起的差错称为随机差错，它所引起的某位码元的差错是孤立的，与前后码元没有关系，它导致的随机错通常较少。

冲击噪声呈突发状，由其引起的差错称为突发错误。冲击噪声幅度可能相当大，无法靠提高幅度来避免冲击噪声造成的差错，它是传输中产生差错的主要原因。冲击噪声虽然持续时间较短，但在一定的数据速率条件下，仍然会影响到一串码元。例如，一次冲击噪声（一次电火花）持续时间为 10ms，但对于 4800bit/s 的传输速率而言，就可能对连续 48 位数据造成影响，使它们发生差错。从突发错误发生的第一个码元到有错的最后一个码元间所有码元的个数，称为该突发错误的突发长度。

2. 差错控制方法

最常用的差错控制方法是差错控制编码。数据信息位在向信道发送之前，先按照某种关系附加上一定的冗余位，构成一个码字后再发送，这个过程称为差错控制编码过程。接收端收到该码字后，检查信息位和附加的冗余位之间的关系，从而检查传输过程中是否有差错发生，这个过程称为差错检验过程。

差错控制编码可分为检错码和纠错码。

检错码：能自动发现差错的编码。

纠错码：不仅能发现差错而且能自动纠正差错的编码。

在数据通信中，利用编码方法进行差错控制的方式基本上有两类，一类是自动请求重发（Automatic Repeat reQuest，ARQ），另一类是前向纠错（Forward Error Correction，FEC）。

在 ARQ 方式中，当接收端发现差错时，就设法通知发送端重发，直到收到正确的码字为止。ARQ 方式只使用检错码即可，但必须使用双向信道，同时发送方必须具备发送数据缓冲区，用于存放已经发送出去的数据，以便出现差错时可以重新发送。

在 FEC 方式中，接收端不但能发现差错，而且能确定二进制码元发生错误的位置，从而加以纠正。FEC 方式需要使用纠错码。

编码效率 R 是衡量编码性能好坏的一个重要参数，它是码字中信息位所占的比例。R 越大，编码效率越高，信道中用来传送信息码元的有效利用率就越高。编码效率计算公式为

$$R=k/n=k/(k+r)$$

其中，k 为码字中的信息位位数；r 为编码时外加冗余位位数；n 为编码后的码字长度。

一般来说，纠错码比检错码要使用更多的冗余位，即编码效率更低，而且纠错的设备比检错的设备复杂得多，因而，除非在单向传输或实时性要求特别高的场合需要使用 FEC 方式，数据通信中使用更多的还是 ARQ 差错控制方法。

最常用的差错控制编码有奇偶校验码和循环冗余码（CRC），这两种都属于 ARQ 方法。

3. 奇偶校验码

奇偶校验码是一种通过增加冗余位使得码字中"1"的个数为奇数或偶数的编码方法，它是一种检错码。在通信中使用时又可以分为垂直奇偶校验、水平奇偶校验和水平垂直奇偶校验。

（1）垂直奇偶校验

垂直奇偶校验是将整个发送的信息块按照定长为 p 位分成若干段，每段后

面添上相应的校验位。如图 2-14 所示，有 pq 位信息位（$I_{11} I_{21} \cdots I_{p1} I_{12} \cdots I_{pq}$），其中 p 位构成一段，共 q 段，每段加上一位冗余位。

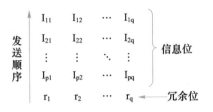

图 2-14　垂直奇偶校验

1）编码规则

偶校验：$r_i = I_{1i} + I_{2i} + \cdots + I_{pi}$　（i=1，2，$\cdots$，q）

奇校验：$r_i = I_{1i} + I_{2i} + \cdots + I_{pi} + 1$（i=1，2，$\cdots$，q）

其中，p 为码字的定长位数；q 为码字的个数。

2）编码效率

采用垂直奇偶校验的编码方式，每 p 位信息位后面增加一位校验冗余位，故编码效率为 R=p/(p+1)。

3）特点

垂直奇偶校验又称为纵向奇偶校验，它能检测出每列中所有奇数个错，但检测不出偶数个错，对于突发错误而言，突发长度是奇数位和偶数位的概率相等，因而对差错的漏检率接近 1/2。

（2）水平奇偶校验

为了降低垂直奇偶校验对突发错误的漏检率，又引进了水平奇偶校验，它是对各个信息段的相应位横向进行编码，产生校验位。如图 2-15 所示，信息位共分为 q 段，每段中有 p 位信息，共有 q 位冗余位。

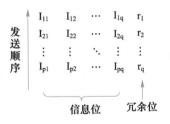

图 2-15　水平奇偶校验

水平奇偶校验不但可以检测各段同一位上的奇数个错，而且还可以检测出突发长度≤p 的所有突发错误，因为从图 2-15 可以看出，按照发送顺序，突发长度≤p 的突发错误位必然分布在不同的行中，每行 1 位，所以可以检测出来。但是在实现水平奇偶校验时，不能在发送过程中边产生奇偶校验位边插入发送，而必须等到要发送的完整信息块到齐后才能产生冗余位，因此必须使用数据缓冲器，实现起来要复杂一些。

1）编码规则

偶校验：$r_i=I_{i1}+I_{i2}+\cdots+I_{iq}$ （$i=1,2,\cdots,p$）

奇校验：$r_i=I_{i1}+I_{i2}+\cdots+I_{iq}+1$ （$i=1,2,\cdots,p$）

其中，p 为码字的定长位数；q 为码字的个数。

2）编码效率

采用水平奇偶校验，每行中的 q 位有效信息位之后增加一位校验冗余位，故编码效率为 $R=q/(q+1)$。

3）特点

水平奇偶校验又称横向奇偶校验，它不但能检测出各段同一位上的奇数个错，而且还能检测出突发长度 ≤p 的所有突发错误。其漏检率要比垂直奇偶校验方法低，但实现水平奇偶校验时，一定要使用数据缓冲器。

（3）水平垂直奇偶校验

同时进行水平奇偶校验和垂直奇偶校验的差错控制方法称为水平垂直奇偶校验。如图 2-16 所示，信息位共有 pq 位，分为 q 段，每段 p 位，垂直校验冗余位有 q 位，水平校验冗余位有 p 位，另外还存在冗余位 $r_{p+1,q+1}$。

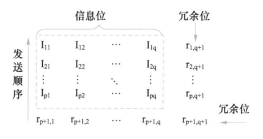

图 2-16　水平垂直奇偶校验

1）编码规则

若水平垂直都用偶校验，则

$$r_{i,q+1}=I_{i1}+I_{i2}+\cdots+I_{iq}\ （i=1,2,\cdots,p）$$

$$r_{p+1,j}=I_{1j}+I_{2j}+\cdots+I_{pj}\ （j=1,2,\cdots,q）$$

$$r_{p+1,q+1}=r_{p+1,1}+r_{p+1,2}+\cdots+r_{p+1,q}$$

$$=r_{1,q+1}+r_{2,q+1}+\cdots+r_{p,q+1}$$

2）编码效率

编码效率为 $R=pq/[(p+1)(q+1)]$。

3）特点

水平垂直奇偶校验又称纵横奇偶校验。它能检测出所有 3 位或 3 位以下的错误、奇数个错、大部分偶数个错以及突发长度 ≤p+1 的突发错。可使误码率降至原误码率的百分之一到万分之一，还可以用来纠正部分差错。有部分偶数个错不能检测出。水平垂直奇偶校验适用于中、低速传输系统和反馈重传系统。

4．循环冗余码（CRC）

循环冗余码（Cyclic Redundancy Code，CRC）校验是目前在计算机网络通信及存储器中应用最广泛的一种校验编码方法。

（1）CRC的工作方法

在发送端要发送的信息位的编码方法：根据某个指定的生成多项式 G(X) 将信息位左移若干位（比 G(X) 的位数少 1 位），然后按模 2 运算除以该生成多项式，所得到的余数作为循环冗余码（冗余的位数比生成多项式位数少 1 位），附加到信息位后面构成校验码，发送到接收端。

接收端收到信息进行校验的方法：让校验码按模 2 运算除以生成多项式（发送端所使用的），如果余数为 0，表明所接收信息正确；如果余数不为 0，说明有错误存在。

（2）关于模 2 运算

模 2 运算是指以按位模 2 相加为基础的四则运算，运算时不考虑位间进位和借位。

模 2 加减：即按位加，可用异或逻辑实现。模 2 加与模 2 减的结果相同，即 $0\pm0=0$，$0\pm1=1$，$1\pm0=1$，$1\pm1=0$。两个相同的数据的模 2 和为 0。

模 2 乘：按正常乘法运算求部分积，按模 2 加求部分积之和。

模 2 除：按模 2 减（加）求部分余数。每求一位商应使部分余数减少一位。

上商的原则是：当部分余数的最高位为 1 时，该位商取 1；为 0 时，该位商取 0。当部分余数的位数小于除数的位数时，该余数即为最后余数。

（3）循环冗余应用举例

对于 K 位要发送的信息位可对应于一个 $(k-1)$ 次多项式 $K(x)$，r 位冗余位则对应于一个 $(r-1)$ 次多项式 $R(x)$，由 r 位冗余位组成的 $n=k+r$ 位码字则对应于一个 $(n-1)$ 次多项式 $T(x)=x^r\times K(x)+R(x)$。例如：

信息位 1010001→$K(x)=x^6+x^4+1$

冗余位 1101→$R(x)=x^3+x^2+1$

码字 10100011101→$T(x)=x^4\times K(x)+R(x)=x^{10}+x^8+x^4+x^3+x^2+1$

由信息位产生冗余位的过程，就是已知 $K(x)$ 求 $R(x)$ 的过程，在 CRC 码中，可以通过找到一个特定的 r 次多项式 $G(x)$ 来实现，用 $G(x)$ 去除 $x^rK(x)$ 得到的余数就是 $R(x)$，不过在这里用到的运算都是模 2 运算。

为了求得 r 位余数，首先将待编码的 k 位有效信息位 $K(x)$ 左移 r 位得到 $K(x)\cdot x^r$，接着选取一个 r+1 位生成多项式 $G(x)$ 对 $K(x)\cdot x^r$ 做模 2 除法运算，得到余数 $R(x)$，将 $K(x)$ 与 $R(x)$ 拼接即形成 $T(x)$，该 $T(x)$ 一定能为生成多项式 $G(x)$ 所除尽。CRC 循环冗余码就是指余数 $R(x)$ 部分。

举例：若生成多项式为 10111，请将 7 位有效信息位 1010001 编成 11 位循环冗余校验码。

第一步，将信息位 1010001 左移 4 位得到 10100010000。

第二步，利用模 2 除法运算求出 4 位冗余位 1101，如图 2-17（a）所示。

```
            1001111                       1001111                    1000100
10111 | 10100010000          10111 | 10100011101        10111 | 10110011101
        10111                         10111                      10111
        11010                         11011                      10111
        10111                         10111                      10111
        11010                         11001                        01
        10111                         10111
        11010                         11100
        10111                         10111
        11010                         10111
        10111                         10111
        1101                            0
```

（a）编码过程　　　　　　　　（b）信息位无错的校验结果　　　　（c）信息位中左数第4
　　　　　　　　　　　　　　　　　　　　　　　　　　　　　　　　　　　位出错的校验结果

图 2-17　CRC 校验过程

第三步，将冗余位附加在信息位后面，得到循环冗余校验码。

图 2-17（b）是接收方收到的结果完全正确的验证结果，没有任何余数。图 2-17（c）是接收方收到的信息位中左数第 4 位出错时的校验结果，存在余数。通常不同位出错时，其余数是不同的。

技能实训

任务　分析数据通信的传输性能——浅析"网速"

实训报告

PPT 课件

【实训目的】

① 深入理解网速的概念，包括网络带宽、吞吐量和实际吞吐量。

② 可以通过多种方式测试、观察和分析计算机网络的网速。

【实训内容】

① 了解网络提供商承诺的网络传输速率和实际的数据传输速率不一致的原因。

不同的物理介质所支持的比特传输速率不同。可以使用以下 3 种方式测量数据传输速率。

- 带宽。
- 吞吐量。
- 实际吞吐量。

介质传输数据的能力被描述为介质的原始数据带宽。数据带宽可以测量在给定时间内从一个位置流向另一个位置的信息量。带宽通常以千位每秒（kbit/s）或兆位每秒（Mbit/s）作为计量单位。网络的实际带宽由以下因素共同决定：物理介质的属性，以及所选择的用于信号处理和检测网络信号的技术。物理介质属性、当前技术和物理法则共同扮演确定可用带宽的角色。

吞吐量是给定时段内通过介质传输的比特的量度。由于受各种因素影响，吞吐量经常与物理层（如以太网）指定的带宽不符。许多因素会影响吞吐量，其中包括被测网络上的流量、流量类型和网络设备的数量。在多路访问拓扑（如以太网）中，节点将竞争访问和使用介质。因而，每个节点的吞吐量随介质使用量的增加而减少。

在拥有多个网段的网络中，吞吐量不能超过从源到目的之间路径的最低链路速度。纵使这些网段全部或多数具备高速带宽，它也只使用那段低吞吐量的路径来创建整个网络的吞吐量瓶颈。

为测量可用数据的传输而创建的第 3 个量度称为实际吞吐量。实际吞吐量是在给定时间内传输的可用数据的量度，它也是网络用户最感兴趣的量度。

吞吐量和实际吞吐量的不同之处在于，吞吐量测量的是比特传输，而不是可用数据的传输，实际吞吐量考虑了用作协议开销的比特。实际吞吐量就是吞吐量减去建立会话、确认和封装产生的流量开销。

② 使用网络测速网页、网络测速工具以及网络仿真工具进行网络性能测试。

【实训设备】

学校计算机实训室，具备互联网连接，计算机安装"360 安全卫士"等附带宽度测速工具的软件。

【实训步骤】

① 由指导教师事先安排学生进行实训知识的预习，了解网络测速的相关知识。

② 指导学生通过百度提供的网络测速网页测试当前使用计算机的上网速度。打开百度页面，输入关键字"网速测试"。在搜索结果里，单击如图 2-18 所示的图标，然后，弹出如图 2-19 所示的界面。

图 2-18　网速测试图标　　　　　　　图 2-19　网速测试界面

单击"开始测试"按钮，等待片刻，即可显示本机所在网络的实际吞吐量，如图 2-20 所示。

图 2-20　网速测试结果显示

③ 指导学生使用 360 安全卫士的"360 宽带测速器"来测试网络的吞吐量。具体方法是：右击"360 安全卫士"的通知栏图标，选择"显示加速球"，然后，单击加速球，在弹出菜单中选择"看网速"，再选择"测网速"命令。经过一段时间，可显示当前计算机的吞吐量信息，如图 2-21 所示。

④ 完成实训报告，并思考课后问题。

⑤ 有条件的院校，可指导学生通过虚拟仿真工具搭建网络场景，生成网络流量，测试不同场景下的性能区别。

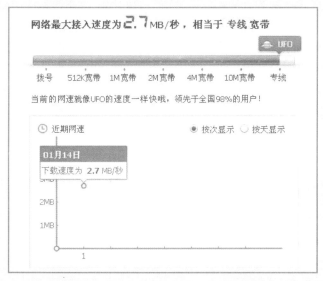

图 2-21　360 宽带测速器

【问题与思考】

① 假设某 LAN 上的两台主机正在传输文件。LAN 的带宽为 100Mbit/s，两台计算机之间的吞吐量为 60Mbit/s，而目的计算机接收数据的实际速率（即实际吞吐量）只有 40Mbit/s，请问为什么会出现网络传输速率的不一致？

② 了解网络测速，除技能实训讨论的方法之外，还有哪些方法？

③ 如何通过网络仿真工具搭建场景，完成网络性能的比较和分析？

笔 记

 知识拓展 计算机网络的发展趋势

通过将多种不同的通信介质融合到单个网络平台中，网络容量成指数倍增长，形成未来计算机网络的 3 个主要趋势：

（1）移动用户数量不断增加

随着移动工作人员数量和手持设备使用量的增加，必然会带来更多移动设备连通数据网络的需求。该需求催生了对灵活性、覆盖范围和安全性要求更高的无线服务市场。

（2）功能更强的网络新设备急剧增加

计算机只是当今信息网络众多设备中的一种。现在有越来越多的新技术产品可以利用商家提供的各种网络服务。

原来由手机、个人数字助理（PDA）、管理器和寻呼机提供的多种功能，现在都可以融合到一台手持设备中，通过它就可以不间断地连通服务提供商和内容提供商。在过去，这些设备被认为是"玩具"或奢侈品，如今，它们已成为人们不可或缺的一种通信方式。除移动设备外，还有 IP 语音（VoIP）设备、游戏系统和各式各样的家用和商用装置，它们都可以连接和使用网络服务。

（3）服务范围不断扩大，可用性增强

技术得到广泛认可和网络服务快速创新这两个因素相互促进，形成了一个螺旋式上升的局面。为满足用户需求，人们不断引入新服务，增强旧服务。当用户开始信任这些扩展服务后，又会期望更多功能。网络又会随之发展来支持不断增加的需求。人们依赖网络提供的服务，由此而依赖底层网络体系结构的可用性和可靠性。

单元小结

本单元讲解了数据通信的基本概念、性能指标的基本知识，详细介绍了数据在通信网络中传输的形式以及传输的过程，并且讨论了如何通过多路复用技术、差错控制技术改善网络传输的性能。

单元最后还通过实训使学生进一步了解了计算机网络中的网速指标，并培养学生以现有网络平台使用工具认识网络、学习网络技术的能力，以及实际动手解决问题的能力和团结协作的精神。

习题库

case

试题库

case

思考与练习

一、填空题

1. 数字信号中承载信息的基本单位是_____，上面携带的信息量根据_____决定。

2. 数字信号利用 4 种有效状态传递 10 000 000 位信息，因为噪声导致 1 位出错，则误比特率是_____，误码率是_____。

3. 频分多路复用使用的前提是_____，时分多路复用使用的前提是_____。

4. 使用频分复用技术时，发送端必须经过_____和_____两个过程，接收端必须经过_____和_____两个过程。

5. 能支持突发性业务的时分复用技术是_____，而在传输过程中信道不能被充分利用的时分复用技术是_____。

6. 若将异步传输中的校验位算作有效数据位，则采用异步传输时最大的有效数据传输率是_____。

二、选择题

1. 使用频分多路复用技术在同一条信道上传输的两路信号，其（ ）一定是不同的。

    A. 频率   B. 相位   C. 幅度

2. 异步传输方式中接收方能识别的是（ ），同步传输方式中接收方能识别的是（ ）。

    A. 每个二进制位   B. 每个字符   C. 一个数据群

3. 信道中的数据 0111111011010010111011010111111110 采用的传输方式是（ ）。

    A. 异步方式   B. 位同步方式   C. 字符同步方式

三、名词解释

1. 调制速率与数据传输速率
2. 频分多路复用与时分多路复用
3. 单工、半双工和全双工

四、简答题

1. 简述信息、数据和信号之间的关系。什么是数字信号和模拟信号？
2. 波特率与比特率的关系如何确定？
3. 数字信号在进入数字信道之前为什么要进行数字编码？
4. 脉码调制技术的 3 个步骤是什么，具体过程如何？
5. 简述 3 种复用技术。
6. 异步传输和同步传输解决了什么问题，如何解决的？
7. 为什么数据的传输可以是随机的，即接收方如何能够正确地发现发送方开始发送数据了，又如何保证能够正确接收每一位信息？

五、计算题

1. 假设存在要发送的信息位串是 10110110，使用的生成多项式为 11011，写出相应的校验码。若传输中左数第三位出错，计算出校验时的余数。

2. 一个数字信号通过两种物理状态经信噪比为 20dB 的 3kHz 信道传输，在考虑热噪声和不考虑热噪声两种情况下，其数据速率不会超过多少？

单元 **3**

网络体系结构
与协议

 学习目标

【知识目标】

- 掌握 OSI 参考模型。
- 掌握 TCP/IP 分层模型。
- 掌握 IP 编址的基础知识及子网划分。
- 掌握传输层协议 TCP 和 UDP。
- 掌握 ping、tracert 等基本的网络命令。

【技能目标】

- 具备 IP 地址应用与配置的能力。
- 具备子网划分与应用的能力。
- 具备使用不同端口区分不同网络应用的能力。
- 具备使用网络命令排除简单网络故障的能力。

【素养目标】

- 实际动手解决 IP 地址配置问题。
- 团结协作的精神。
- 自学探索的能力。

课程标准

教学指导

情境列表

PPT 课件

PPT

原理动画

教学视频

实训案例

case

实训报告

习题库

case

试题库

case

引例描述

随着对网络的进一步了解，小凡对网络越来越感兴趣，但是他发现，网络的整个体系太庞大，那么，有没有一个清楚的对网络体系结构的描述？计算机与计算机之间通信应该遵循什么样的规则？网络中的计算机是不是应该有一个编号来互相区分？怎样测试网络通不通？带着这些疑问，他开始学习网络体系结构与协议的知识。

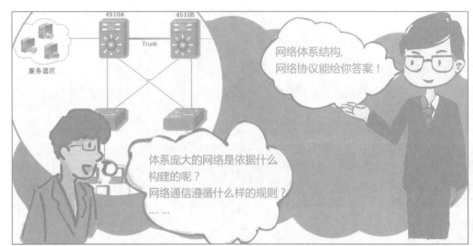

基础知识

3.1 体系结构与 OSI 模型

计算机网络是由各种不同的计算机和网络设备通过不同的通信线路连接在一起的复杂系统。在该系统中，涉及网络的硬件体系结构、操作系统、应用软件系统、各种不同的网络设备和通信技术。为保证这些异质系统之间的正常通信，保证不同厂商产品的兼容性，减少系统开发的难度，就有必要统一信息编码、报文格式、传输命令、控制序列，简化通信过程，以便在不同系统之间实现无缝衔接。

因此，国际标准化组织于 1978 年设立了一个专门的委员会，研究网络通信的体系结构，提出了开放系统互连参考模型（OSI/RM）。

OSI 模型在体系结构上采用了分层设计。下面简单介绍分层设计的理念。

为了减少网络协议设计的复杂性，网络设计者并不是设计一个单一、巨大的协议来为所有形式的通信规定完整的细节，而是采用把通信问题划分为许多个小问题，然后为每个小问题设计一个单独协议的方法。这样做使得每个协议的设计、分析、编码和测试都比较容易。

　　分层模型（Layering Model）是一种用于开发网络协议的方法，其结构如图 3-1 所示。本质上，分层模型描述了把通信问题分为几个小问题（层次）的方法，每个小问题对应于一层（如 IP 地址的问题对应于网络层）。

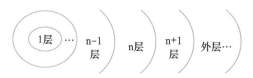

图 3-1　分层模型结构

　　在网络分层结构中，n 层是 n–1 层的用户，同时是 n+1 层的服务提供者。对 n 层来说，n+1 层的用户直接使用的是 n 层提供的服务，而事实上 n+1 层的用户是通过 n 层提供的服务享用到了 n 层内的所有层的服务。

　　分层结构的好处有：各层相对独立、功能简单、层内的变化互不影响、适应性强、易于实现和维护。

3.2　OSI 模型各层功能介绍

　　OSI 模型将网络结构划分为七层：物理层、数据链路层、网络层、传输层、会话层、表示层和应用层。每一层均有自己的一套功能集，并与紧邻的上层和下层交互作用。在 OSI 模型的顶端，应用层与用户使用的软件（如字处理程序或电子表格程序）进行交互。在 OSI 模型的底端，是携带信号的网络电缆和连接器。总的来说，在 OSI 模型的顶端与底端之间的每一层均能确保数据以一种可读、无错、排序正确的格式被发送。

　　OSI 七层模型如图 3-2 所示。

图 3-2　OSI 七层模型

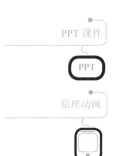

　　若主机 A 要发送数据给主机 B，则数据将由主机 A 的应用层向下传递，在传递过程中逐层添加协议包装，最后通过物理层的网络电缆将数据传送出去；

而主机 B 在接收数据时，则是从物理层向上传递，在传递过程中逐层去掉协议包装，最后在应用层获取到的是与主机 A 应用层发送出来的完全相同的数据。

计算机网络的体系结构是计算机网络的各层及其协议的集合。协议是控制两个对等实体进行通信的规则的集合。在协议的控制下，两个对等实体间的通信使得本层能够向上一层提供服务。服务与协议的关系如下。

● 服务和协议是完全不同的概念。服务是一个系统内部各层向它上层提供的一组原语，服务定义了相邻两层的接口。与服务相对比，协议是定义不同系统的对等层实体之间交换的帧、分组和报文的格式及意义的一组规则，实体利用协议来实现它们的服务定义。只要不改变提供给用户的服务，实体可以任意改变它们的协议。

● 在层次化结构中，每一层都可能有若干协议。在两个(N)实体之间相互合作，共同完成(N)功能时，是受一个或几个局部于(N)层的协议(简称（N)协议)所支配。(N)协议精确地规定(N)实体应如何利用(N−1)服务协同工作去完成(N)功能，以便向(N+1)实体提供(N)服务。换言之，(N)协议规定了(N)实体在执行(N)功能时的通信行为。

下面具体介绍 OSI 模型中各层的功能。

1. 物理层

物理层是 OSI 模型的最低层（或称第 1 层），该层包括物理连网媒介，如电缆连接器。物理层的协议产生并检测电压以便发送和接收携带数据的信号。在 PC 上插入网络接口卡，就建立了计算机连网的基础，即提供了一个物理层。尽管物理层不提供纠错服务，但它能够设定数据传输速率并监测数据出错率。网络物理问题，如电缆断开，将影响物理层。

物理层的主要功能是完成相邻节点之间原始比特流的传输。物理层协议关心的典型问题包括：使用什么样的物理信号来表示数据"1"和"0"；一个比特持续的时间有多长；数据传输是否可同时在两个方向上进行；最初的连接如何建立；完成通信后连接如何终止；物理接口（插头和插座）有多少针以及各针的用处。物理层的设计主要包括物理层接口的机械、电气、功能和过程特性，以及物理层接口连接的传输介质等问题，还涉及通信工程领域内的一些问题。

2. 数据链路层

数据链路层（Datalink Layer）的主要功能是如何在不可靠的物理线路上进行数据的可靠传输。数据链路层完成的是网络中相邻节点之间可靠的数据通信。为了保证数据的可靠传输，发送方把用户数据封装成帧（Frame），并按顺序传送各帧。由于物理线路的不可靠，发送方发出的数据帧有可能在线路上发生差错或丢失（所谓丢失，实际上是数据帧的帧头或帧尾出错），从而导致接收方不能正确接收到数据帧。

为了保证能让接收方对接收到的数据进行正确判断，发送方为每个数据块计算出 CRC（循环冗余检验）并加入到帧中，这样接收方就可以通过重新计算 CRC 来判断数据接收的正确性。一旦接收方发现接收到的数据有错，则发送方必须重传这一帧数据。然而，相同帧的多次传送也可能使接收方收到重复帧。例如，当接收方给发送方的确认帧被破坏后，发送方也会重传上一帧，此时接收方就可能接收到重复帧。数据链路层必须解决由于帧的损坏、丢失和重复所带来的问题。解决这些问题所依靠的就是一些数据链路层协议和链路控制规程。

3. 网络层

网络层（Network Layer）的主要功能是进行路由选择，目的是完成网络中主机间的数据包传输，其关键问题之一是使用数据链路层的服务将每个数据包从源端传输到目的端。在广域网中，这包括产生从源端到目的端的路由，并要求这条路径经过尽可能少的中间交换节点。如果在子网中同时出现过多的数据包，子网可能形成拥塞，必须加以避免，而拥塞控制和流量控制也属于网络层的内容。

当数据包不得不跨越两个或多个网络时，又会产生很多新问题。例如，第二个网络的寻址方法可能不同于第一个网络；第二个网络可能因为第一个网络的数据包太长而无法接收；两个网络使用的协议可能不同，等等。网络层必须解决这些问题，使异构网络能够互连。

在单个局域网中，网络层是冗余的，因为数据是以帧的方式直接从一台计算机传送到另一台计算机，因此基本不需要使用网络层所提供的功能。

4. 传输层

传输层（Transport Layer）的主要功能是完成网络中不同主机上的用户进程之间可靠的数据通信。

传输层要决定对会话层用户（最终对网络用户）提供什么样的服务。最好的传输连接是一条无差错、按顺序传送数据的管道，即传输层连接是真正端到端的。换言之，就是源端主机上的某进程利用报文头和控制报文与目标主机上的对等进程进行对话。在传输层之下的各层中，协议是每台机器与它的直接相邻机器之间（主机-交换节点、交换节点-交换节点）的协议，而不是最终的源端主机和目标主机之间（主机-主机）的协议，在它们中间可能还隔着多个交换节点。即第 1~3 层的协议是点到点的协议，而第 4~7 层的协议是端到端的协议。

5. 会话层

会话层主要是在传输层提供服务的基础上增加一些协调对话的功能，以便对上一层提供更好的服务。

一个会话连接持续的时间可能很长。在此时间内，下面的网络连接或传输连接都可能出现故障。若故障出现在会话连接即将结束时，则整个会话活动必须全部重复一遍，这显然是非常不合理的。为解决这样的问题，会话层在一个会话连接中设置了一些同步点。这样，一旦传输连接出现故障，会话活动可在出故障前的最后一个同步点开始重复，而不需要全部重复一遍。

6. 表示层

表示层（Presentation Layer）完成某些特定的功能。表示层之下的各层

笔 记

只关心从源主机到目标主机可靠地传送比特，而表示层关心的是所传送信息的语法和语义。

表示层服务的一个典型例子是对数据进行编码。多数用户程序之间并非交换随机的比特，而是交换诸如人名、日期、货币数量和发票之类的信息。表示层的作用是保证数据在经过传递后意义不会发生变化。

另外，表示层还涉及数据压缩和解压、数据加密和解密等工作。

7. 应用层

应用层（Application Layer）是开放系统的最高层，是直接为应用进程提供服务的。其作用是在实现多个系统应用进程相互通信的同时，完成一系列业务处理所需的服务。

连网的目的在于支持运行于不同计算机中的进程之间进行通信，而这些进程是为用户完成不同任务而设计的。可能的应用是多方面的，不受网络结构的限制。应用层包含大量人们普遍需要的协议。

例如，若要通过网络访问某个远程主机的终端并使用该远程主机的资源，PC用户可以使用应用层提供的访问终端软件。这个访问终端程序使用虚拟终端协议（VTP）将键盘输入的数据传送到主机的操作系统，并接收显示于屏幕的数据。

由于每个应用有不同的要求，应用层的协议集在 OSI 模型中并没有定义。但是，有些确定的应用层协议，包括虚拟终端、文件传输和电子邮件等都可作为标准化的候选。

以上介绍了 OSI 模型中七个层的功能。值得注意的是，OSI 模型本身不是网络体系结构的全部内容，这是因为它并未确切地描述用于各层的协议及其实现方法，而仅仅告诉人们每一层应该完成的功能。不过，ISO 已经为各层制定了相应的标准，但这些标准并不是模型的一部分，它们是作为独立的国际标准而被发布的。

在 OSI 参考模型中，包含三个基本概念：服务、接口和协议。OSI 模型最重要的贡献就是将这三个概念区分清楚了。

OSI 参考模型是在其协议开发之前设计出来的，这意味着 OSI 模型不是基于某个特定的协议集而设计的，因而它更具有通用性。但另一方面，也意味着 OSI 模型在协议实现方面存在某些不足。实际上，OSI 协议过于复杂，这也是其从未真正流行开来的原因所在。虽然 OSI 模型和协议并未获得巨大的成功，但是 OSI 参考模型在计算机网络的发展过程中仍然起到了非常重要的指导作用，作为一种参考模型和完整体系，它仍将对今后计算机网络技术朝标准化、规范化方向发展起到指导作用。

3.3　TCP/IP 体系结构

3.3.1　TCP/IP 模型的发展

TCP/IP 最早起源于 ARPANET。ARPANET（Advanced Research

Project Agency Network，高级研究计划局网络，简称阿帕网）是于 1969 年由美国国防部（Department of Defense，DoD）赞助研究的网络——世界上第一个采用分组交换技术的计算机通信网。在不断的发展过程中，ARPANET 通过租用电话线连接了数百所大学和政府部门，它也是现今 Internet 的前身。

1982 年，ARPANET 开发了一簇新的协议，其中最主要的就是 TCP 和 IP。IP 协议用来给各种不同的通信子网或局域网提供一个统一的互连平台，TCP 协议则用来为应用程序提供端到端的通信和控制功能，该体系结构被称为 TCP/IP 协议模型。

ARPANET 发展成为 Internet 后，不断完善 TCP/IP 协议模型，使得 TCP/IP 成为 Internet 网络体系结构的核心。迄今为止，几乎所有工作站和运行 UNIX 的计算机都采用 TCP/IP，并将 TCP/IP 融于 UNIX 操作系统结构之中，成为其中一部分。在微机及大型机上也支持相应的 TCP/IP 及网关软件，从而使众多异种主机互连成为可能。TCP/IP 也就成为最成功的网络体系结构和协议规程。

从字面上看，TCP/IP 包括两个协议：传输控制协议（Transmission Control Protocol，TCP）和网际协议（Internet Protocol，IP），两者都是非基于任何特定硬件平台的网络协议，既可用于局域网（LAN），又可用于广域网（WAN）。但 TCP/IP 实际上是一簇协议，它包括上百个具有不同功能且互为关联的协议，而 TCP 和 IP 是保证数据完整传输的两个最重要的协议。它们虽然都不是 ISO 的标准协议，但已经被公认为事实上的标准，也是今天使用的因特网的标准协议。

TCP/IP 协议模型从更实用的角度出发，形成了具有高效率的四层体系结构，即主机-网络层（也称网络接口层）、网络互连层（IP 层）、传输层（TCP 层）和应用层。网络互连层和 OSI 模型的网络层在功能上非常相似。图 3-3 表示了 TCP/IP 模型和 OSI 参考模型的对应关系。

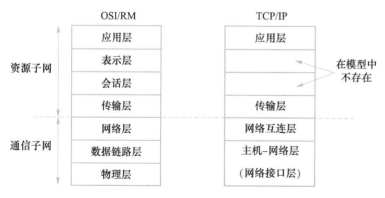

图 3-3　TCP/IP 模型与 OSI 参考模型的对应关系

在了解了 TCP/IP 模型的四层体系结构之后，来看看各层中协议与网络的分布，如图 3-4 所示。

笔记

PPT 课件

PPT

原理动画

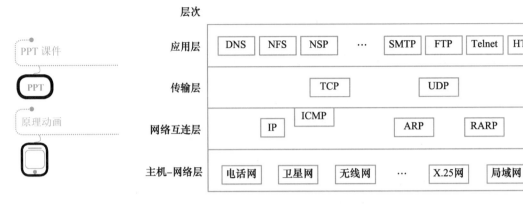

图 3-4　TCP/IP 模型中的协议与网络的分布

3.3.2　TCP/IP 模型各层功能介绍

下面具体介绍 TCP/IP 模型中四个层的功能。

1. 主机-网络层

TCP/IP 模型中的主机-网络层与 OSI 参考模型的物理层、数据链路层以及网络层的一部分相对应。该层中所使用的协议大多是各通信子网固有的协议，如以太网 802.3 协议、令牌环网 802.5 协议或分组交换网 X.25 协议等。主机-网络层的作用是传输经网络互连层处理过的信息，并提供一个主机与实际网络的接口，而具体的接口关系则可以由实际网络的类型所决定。

2. 网络互连层

网络互连层（IP 层）是 TCP/IP 模型的关键部分。它的功能是使主机可以把分组发往任何网络，并使各分组独立地传向目的地（中途可能经由不同的网络），称为数据报（Datagram）方式的信息传送。这些分组到达的顺序和发送的顺序可能不同，因此当需要按顺序发送和接收时，高层必须对分组排序。分组路由和拥塞控制是 IP 层的主要设计问题，所以其功能与 OSI 模型中的网络层功能很近似。

网络互连层所使用的协议是 IP。它把传输层送来的消息组装成 IP 数据报文，并把 IP 数据报文传递给主机-网络层。IP 协议提供统一的 IP 数据报格式，以消除各通信子网的差异，从而为信息发送方和接收方提供透明的传输通道。

IP 协议可以使用广域网或局域网技术，以及高速网和低速网、无线网和有线网、光纤网等几乎所有类型的计算机通信技术。

网络互连层的主要任务是为 IP 数据报分配一个全网唯一的传送地址（称为 IP 地址），并实现 IP 地址的识别与管理，以及发送或接收时，使 IP 数据报的长度与通信子网所允许的数据报长度相匹配。

3. 传输层

传输层（TCP 层）为应用程序提供端到端通信功能，和 OSI 参考模型中的传输层相似。该层协议处理网络互连层没有处理的通信问题，保证通信连接的可靠性，能够自动适应网络的各种变化。传输层主要有两个协议，即传输控制协议（TCP）和用户数据报协议（UDP）。

TCP 协议是面向连接的，以建立高可靠性的消息传输连接为目的，它负责把输入的用户数据（字节流）按一定的格式和长度组成多个数据报进行发送，并在接收到数据报之后按分解顺序重新组装和恢复用户数据。TCP 协议与任何特定网络的特征相独立，对分组没有太多的限制，但一般 TCP 的实现均以网络中可承载的适当大小作为数据单元（称为 TCP 段）的长度，最大长度为 65KB，很大的分组将在 IP 层进行分割后传送。

为了完成可靠的数据传输任务，TCP 协议具有数据报的顺序控制、差错检测、校验及重发控制等功能。TCP 还要进行流量控制，以避免快速的发送方"淹没"低速的接收方而使接收方无法处理。

UDP 是不可靠的、无连接的协议，主要用于不需要 TCP 的排序和流量控制，而是自己完成这些功能的应用程序。它被广泛地应用于端主机、网关和 Internet 网络管理中心等的消息通信，以达到管理网络运行的目的，或者应用于快速递送比准确递送更重要的应用程序，如传输语音或视频图像。

4. 应用层

位于传输层之上的应用层包含所有的高层协议，为用户提供所需要的各种服务。这里应当指出，TCP/IP 模型中的应用层与 OSI 参考模型中的应用层具有较大的差别，它不仅包括了会话层以上三层的所有功能，还包括了应用进程本身。

因此，TCP/IP 模型的简洁性和实用性就体现在它不仅把网络层以下的部分留给了实际网络，而且将高层部分和应用进程结合在一起，形成了统一的应用层。

到目前为止，互连网络中的应用层协议有下面几种。

- 电子邮件协议（SMTP）：负责电子邮件的传递。
- 超文本传输协议（HTTP）：提供 WWW 服务。
- 网络终端协议（Telnet）：实现远程登录功能。
- 文件传输协议（FTP）：用于交互式文件传输。
- 网络新闻传输协议（NNTP）：为用户提供新闻订阅功能。
- 域名系统（DNS）：负责机器名字到 IP 地址的转换。
- 简单网络管理协议（SNMP）：负责网络管理。
- 路由信息协议（RIP/OSPF）：负责路由信息的交换。

其中，许多协议是最终用户不需直接了解但又必不可少的，如 DNS、SNMP、RIP/OSPF 等。随着计算机网络技术的发展，还不断有新协议加入。

3.4 IP 协议

TCP/IP 模型中的网络层被称为网络互连层或网际层（Internet Layer），其以数据报形式向传输层提供面向无连接的服务。网络互连层的主要协议包括 IP 协议和一系列路由协议。下面对 IP 协议进行介绍。

笔记

微课 IP 分组

笔记

3.4.1 IP 分组

IP 协议是 TCP/IP 体系中两个最重要的协议之一，其定义了用于实现面向无连接服务的网络互连层分组格式，其中包括 IP 寻址方式。众所周知，不同网络技术的主要区别通常体现在数据链路层和物理层，如不同的局域网技术和广域网技术。而 IP 协议则能够将不同的网络技术在 TCP/IP 模型的网络互连层进行统一，以统一的 IP 分组传输提供对异构网络互连的支持。IP 协议使互连起来的许多计算机网络能够通信，因此 TCP/IP 模型中的网络互连层也被称为网际层或 IP 层。

图 3-5 给出了 IP 分组的格式，由于 IP 协议实现的是面向无连接的数据报服务，故 IP 分组通常又被称为 IP 数据报。由图 3-5 可看出，一个 IP 数据报由首部和数据两部分组成。首部的前一部分是固定长度，共 20 字节，是所有 IP 数据报必须具有的。在首部固定部分的后面是一些可选字段，其长度是可变的。下面介绍首部各字段的意义。

① 版本：占 4 比特，指 IP 协议的版本。通信双方使用的 IP 协议的版本必须一致。目前广泛使用的 IP 协议版本为 4.0（即 IPv4）。

② 首部长度：占 4 比特，数据报首部的长度。以 32 位（相当于 4 字节）长度为单位，当首部中无可选项时，首部的基本长度为 5。

③ 服务类型：占 8 比特，主机要求通信子网提供的服务类型。其包括一个 3 比特长度的优先级和 4 个标志位 D、T、R、C（D、T、R、C 分别表示延迟、吞吐量、可靠性和代价），另外 1 比特未用。通常文件传输更注重可靠性，而数字声音或图像的传输更注重延迟。

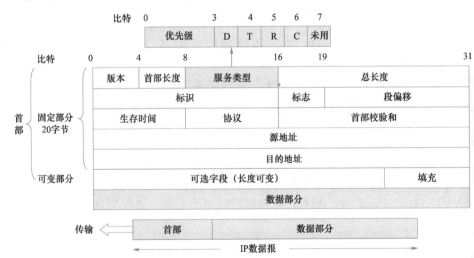

图 3-5 IP 分组格式

④ 总长度：占 16 比特，数据报的总长度，包括首部和数据部分，以字节为单位。数据报的最大长度为（$2^{16}-1$）字节，即 65535 字节（64KB）。在 IP

层下面的每一种数据链路层都有其自己的帧格式，其中包括帧格式中的数据字段的最大长度，称为最大传输单元（Maximum Transfer Unit，MTU）。当一个 IP 数据报封装成数据链路层的帧时，此数据报的总长度（即首部加上数据部分）一定不能超过下面的数据链路层的 MTU 值。表 3–1 给出了不同数据链路层协议的 MTU 值。

表 3–1　不同数据链路层协议的 MTU 值

协议	MTU（字节）
Hyperchannel	65535
令牌环（16Mbit/s）	17914
令牌环（4Mbit/s）	4464
FDDI	4352
以太网	1500
X.25	576
PPP	296

⑤ 标识：占 16 比特，标识数据报。当数据报长度超出网络最大传输单元（MTU）时，必须进行分割，并且需要为分割段（Fragment）提供标识。所有属于同一数据报的分割段被赋予相同的标识值。

⑥ 标志：占 3 比特，指出该数据报是否可分段。目前只有前两个比特有意义。标志字段中的最低位记为 MF（More Fragment），MF=1 表示后面还有分段的数据报；MF=0 表示这已是若干数据报段中的最后一个。标志字段中间的一位记为 DF（Don't Fragment），DF=1 表示不能分段；DF=0 表示允许分段。

⑦ 段偏移：占 13 比特，若有分段时，用于指出该分段在数据报中的相对位置，也就是说，相对于用户数据字段的起点，该段从何处开始。段偏移以 8 字节为偏移单位，即每个分段的长度一定是 8 字节（64 位）的整数倍。

⑧ 生存时间（或生命期）：占 8 比特，记为 TTL（Time To Live），即数据报在网络中的寿命，以秒来计数，建议值是 32s，最长为（2^8-1）s，即 255s。生存时间每经过一个路由节点都要递减，当生存时间减到零时，分组就要被丢弃。设定生存时间是为了防止数据报在网络中无限制地漫游。

⑨ 协议：占 8 比特，指示传输层所采用的协议，如 TCP、UDP 或 ICMP 等。

⑩ 首部校验和：占 16 比特，此字段只检验数据报的首部，不包括数据部分。采用累加求补再取其结果补码的校验方法。若正确到达时，校验和应为零。

⑪ 源地址和目的地址：各占 32 比特，源地址与目的地址分别指出源主机和目的主机的网络地址。

⑫ 可选字段：支持各种选项，提供扩展余地。根据选项的不同，该字段是可变长度的，从 1 字节到 40 字节。主要支持排错、测量及安全等措施。

笔 记

⑬ 填充：IP 分组首部必须是 4 字节长度的整数倍。填充段是为了使 IP 分组首部满足 4 字节长度的整数倍而设计的，通常用 0 填充。

3.4.2 IP 地址

1. IP 地址的结构、表示与分类

IP 地址以 32 位二进制位的形式存储于计算机中，其由网络标识和主机号两部分组成，如图 3-6 所示。其中，网络标识用于标识该主机所在的网络，而主机号则表示该主机在相应网络中的特定位置。正是因为网络标识所给出的网络位置信息，才使得路由器能够在通信子网中为 IP 分组选择一条合适的路径。

网络标识	主机号

32位

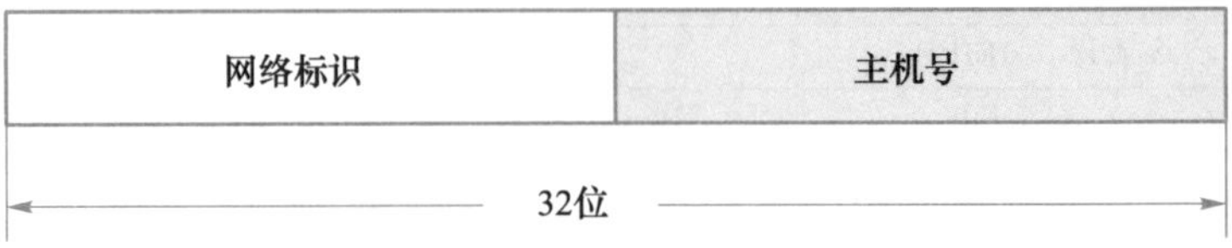

图 3-6 IP 地址的组成

由于 32 位的 IP 地址不太容易书写和记忆，通常又采用带点十进制标识法（Dotted Decimal Notation）来表示 IP 地址。在这种格式下，将 32 位的 IP 地址分为 4 个 8 位组，每个 8 位组以一个十进制数表示，取值范围为 0~255，相邻 8 位组的十进制数以小圆点分割。所以带点十进制表示的最低 IP 地址是 0.0.0.0，最高 IP 地址为 255.255.255.255。

为适应不同规模的网络，可将 IP 地址分类，称为有类地址。IP 地址的最高位或起始几位用来标识地址的类别，通常 IP 地址被分为 A、B、C、D、E 五类，如图 3-7 所示。其中 A、B、C 类作为普通的主机地址，D 类用于提供网络组播服务或作为网络测试之用，E 类保留给未来扩充使用。A、B、C 类的最大网络数和每个网络可以容纳的最大主机数如表 3-2 所示。

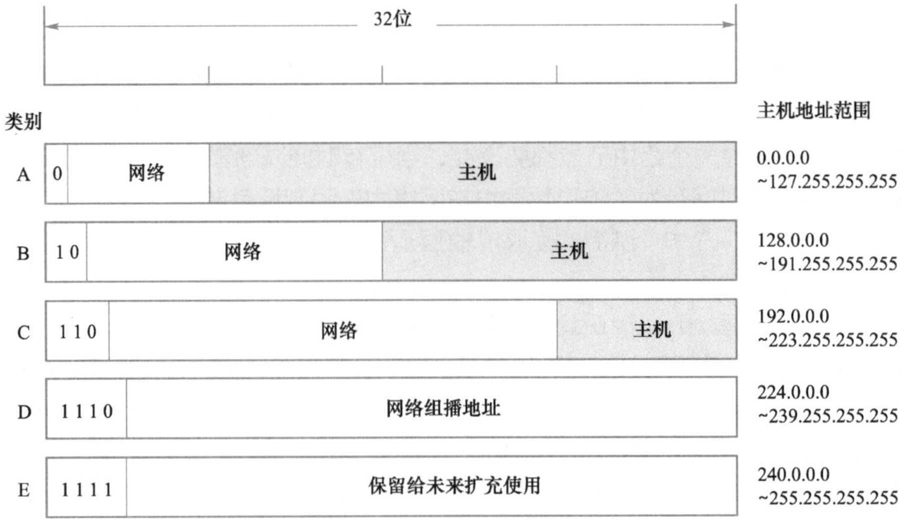

32位

类别			主机地址范围
A	0 网络	主机	0.0.0.0 ~127.255.255.255
B	10 网络	主机	128.0.0.0 ~191.255.255.255
C	110 网络	主机	192.0.0.0 ~223.255.255.255
D	1110 网络组播地址		224.0.0.0 ~239.255.255.255
E	1111 保留给未来扩充使用		240.0.0.0 ~255.255.255.255

图 3-7 IP 地址的分类

表 3-2 A、B、C 类的最大网络数和可容纳的最大主机数

类别	最大网络数	每个网络可容纳的最大主机数
A	$2^7-2=126$	$2^{24}-2=16777214$
B	$2^{14}-2=16382$	$2^{16}-2=65534$
C	$2^{21}-2=2097150$	$2^8-2=254$

（1）A 类地址

A 类地址用来支持超大型网络。A 类 IP 地址仅使用第一个 8 位组标识地址的网络部分，其余的 3 个 8 位组用来标识地址的主机部分，如图 3-7 所示。用二进制数表示时，A 类地址的第 1 位（最左边）总是 0。因此，第 1 个 8 位组的最小值为 00000000（十进制数为 0），最大值为 01111111（十进制数为 127），但是 0 和 127 两个数保留，不能用做网络地址。所以，当 IP 地址第 1 个 8 位组的值在 1 到 126 之间时就是 A 类地址。

（2）B 类地址

B 类地址用来支持中大型网络。B 类 IP 地址使用前 2 个 8 位组标识地址的网络部分，后 2 个 8 位组标识地址的主机部分，如图 3-7 所示。用二进制数表示时，B 类地址的前 2 位（最左边）总是 10。因此，第 1 个 8 位组的最小值为 10000000（十进制数为 128），最大值为 10111111（十进制数为 191）。当 IP 地址第 1 个 8 位组的值在 128 到 191 之间时就是 B 类地址。

微课 IP 地址
练习

（3）C 类地址

C 类地址用来支持小型网络。C 类 IP 地址使用前 3 个 8 位组标识地址的网络部分，最后 1 个 8 位组标识地址的主机部分，如图 3-7 所示。用二进制数表示时，C 类地址的前 3 位（最左边）总是 110。因此，第 1 个 8 位组的最小值为 11000000（十进制数为 192），最大值为 11011111（十进制数为 223）。当 IP 地址第 1 个 8 位组的值在 192 到 223 之间时就是 C 类地址。

笔记

（4）D 类地址

D 类地址用来支持网络组播。组播地址是唯一的网络地址，用来转发目的地址为预先定义的一组 IP 地址的分组。因此，一个工作站可以将单一的数据流传输给多个接收者。用二进制数表示时，D 类地址的前 4 位（最左边）总是 1110。因此，D 类地址的第 1 个 8 位组的范围是从 11100000 到 11101111，即从 224 到 239。

（5）E 类地址

Internet 工程任务组保留 E 类地址作为研究使用，因此 Internet 上没有发布 E 类地址。用二进制数表示时，E 类地址的前 4 位（最左边）总是 1111。因此，E 类地址的第 1 个 8 位组的范围是从 11110000 到 11111111，即从 240 到 255。

2. 保留 IP 地址

在 IP 地址中，有些是被保留作为特殊之用的，这些保留地址如下。

（1）网络地址

网络地址用于表示网络本身。具有正常的网络号部分，主机号部分全为"0"的 IP 地址代表一个特定的网络，即作为网络标识之用。例如，102.0.0.0、138.1.0.0、198.10.1.0 分别代表了一个 A 类、B 类、C 类网络。

（2）广播地址

广播地址用于向网络中的所有设备广播分组。具有正常的网络号部分，主机号部分全为"1"的 IP 地址代表一个特定网络中的广播。例如，102.255.255.255、138.1.255.255、198.10.1.255 分别代表一个 A 类、B 类、C 类网络中的广播。

网络号对于 IP 网络通信非常重要，位于同一网络中的主机必然具有相同的网络号，它们之间才可以直接相互通信；而网络号不同的主机之间则不能直接进行通信，必须经过第 3 层网络设备（如路由器）进行转发。广播地址对于网络通信也非常有用，在计算机网络通信中，经常会出现对某一指定网络中的所有主机发送数据的情形，如果没有广播地址，源主机就要对所有目的主机启动多次 IP 分组的封装与发送过程。除网络地址和广播地址之外，其他一些包含全"0"和全"1"的保留地址的格式及作用如图 3-8 所示。

0 0 0 0 0 0 0 0 0 0 0 0 0 0 0 0 0 0 0 0 0 0 0 0 0 0 0 0 0 0 0 0	本机
0 0 0 0 0 0 0 0　　　主机	本网中的主机
1 1 1 1 1 1 1 1 1 1 1 1 1 1 1 1 1 1 1 1 1 1 1 1 1 1 1 1 1 1 1 1	局域网中的广播
网络　　　1 1 1 1 1 1 1 1 1 1 1 1 1 1 1 1 1 1 1 1 1 1 1 1	对一个远程网的广播
0 1 1 1 1 1 1 1　　　任意值	回送地址

图 3-8　一些特殊的保留地址

微课　私有地址

3. 公有地址和私有地址

Internet 的稳定直接取决于网络地址公布的唯一性。分配 IP 地址的工作最初由 Internet NIC（Internet 网络信息中心）来执行，现在已被 IANA（Internet 编号管理局）取代。IANA 管理着剩余 IP 地址的分配，以确保不会发生公有地址重复使用的问题。这种重复问题将导致 Internet 的不稳定，而且使用重复地址在网络中传递数据报会危及 Internet 的性能。

公有 IP 地址是唯一的，因为公有 IP 地址是全局的和标准的，没有任何两台连到公共网络的主机拥有相同的 IP 地址，所有连接 Internet 的主机都遵循此规则。公有 IP 地址是从 Internet 服务供应商（ISP）或地址注册处获得的。

另外，在 IP 地址资源中，还保留了一部分被称为私有地址（Private Address）的地址资源供内部实现 IP 网络时使用。RFC1918 留出 3 块 IP 地址空间（1 个 A 类地址段，16 个 B 类地址段，256 个 C 类地址段）作为内部使用的私有地址，即 10.0.0.0 ~ 10.255.255.255、172.17.0.0 ~ 172.31.255.255 和 192.168.0.0 ~ 192.168.255.255。根据规定，所有以私有地址为目的地址的 IP 数据报都不能被路由至 Internet 上。以私有地址作为逻辑标识的主机若要访问 Internet，必须进行网络地址转换（Network Address Translation，NAT）或使用代理（Proxy）。

微课 子网划分
案例

4. 子网划分的基本概念

在进行 IP 地址规划时，常常会遇到这样的问题：一个企业由于网络规模增加、网络冲突增加或吞吐性能下降等多种因素需要对内部网络进行分段。而根据 IP 网络的特点，需要为不同的网段分配不同的网络号，于是当分段数量不断增加时，对 IP 地址资源的需求也随之增加。即使不考虑是否能申请到所需的 IP 资源，要对大量具有不同网络号的网络进行管理也是一件非常复杂的事情，至少要将所有这些网络号对外网公布。更何况随着 Internet 规模的增大，32 位的 IP 地址空间已出现了严重的资源紧缺。为了解决 IP 地址资源短缺的问题，同时也为了提高 IP 地址资源的利用率，引入了子网划分技术。

子网划分（Sub Networking）是指由网络管理员将一个给定的网络分为若干更小的部分，这些更小的部分被称为子网（Subnet）。当网络中的主机总数未超出所给定网络可容纳的最大主机数，但内部又要划分成若干分段（Segment）进行管理时，就可以采用子网划分的方法。为了创建子网，网络管理员需要从原有 IP 地址的主机位中借出连续的若干高位作为子网络标识，如图 3-9 所示。也就是说，经过划分后的子网因其主机数量减少，已经不需要原来那么多位作为主机标识了，从而可以将这些多余的主机位用作子网络标识。

图 3-9 原有部分主机位作为子网络标识

5. 子网划分的方法

在子网划分时，首先要明确划分后所要得到的子网数量和每个子网中所要拥有的主机数，然后才能确定需要从原主机位借出的子网络标识位数。原则上，根据全"0"和全"1"IP 地址保留的规定，子网划分时至少要从主机位的高位选择 1 位作为子网络位。如果只保留两位作为主机位，则 A、B、C 类网络最多可借出的子网络位是不同的，A 类可达 22 位、B 类为 14 位，C 类则为 6 位。显然，当借出的子网络位数不同时，相应可以得到的子网络数量及每个子网中所能容纳的主机数也是不同的。表 3-3 给出了子网络位数和子网络数量、有效子网络数量之间的对应关系。

表 3-3　子网络位数和子网络数量、有效子网络数量之间的对应关系

子网络位数	子网络数量	有效子网络数量
1	$2^1=2$	2-2=0
2	$2^2=4$	4-2=2
3	$2^3=8$	8-2=6
4	$2^4=16$	16-2=14
5	$2^5=32$	32-2=30
6	$2^6=64$	64-2=62
7	$2^7=128$	128-2=126
8	$2^8=256$	256-2=254
9	$2^9=512$	512-2=510
⋮	⋮	⋮

笔记

下面以一个 C 类网络进行子网划分的例子来说明子网划分的具体方法。假设一个由路由器相连的网络，有 4 个相对独立的网段，并且每个网段的主机数不超过 60 台，如图 3-10 所示，现需要以子网划分的方法为其完成 IP 地址规划。由于该网络中所有网段加起来的主机数没有超出一个 C 类网络所能容纳的最大主机数，所以可以利用一个 C 类网络的子网划分来实现。假定申请了一个 C 类网络 192.168.1.0，在子网划分时需要从主机位中借出最高 2 位作为子网络位（思考借 3 位是否可以），这样一共可得到 4 个子网络，每个子网络的相关信息参见表 3-4。4 个独立网段每个网段分配 1 个子网，能够充分利用 IP 地址。

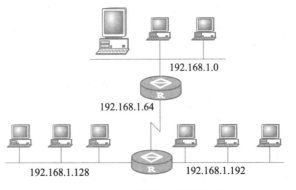

图 3-10　有 4 个独立网段的网络

表 3-4　C 类网络 192.168.1.0 划分为 4 个子网的相关信息

子网的编号	借来的子网位的二进制数值	子网地址	子网广播地址	主机位可能的二进制数值（范围）（6 位）	子网位+主机位十进制数值的范围	子网有效地址数量
第 0 个子网	00	192.168.1.0	192.168.1.63	000000~111111	0~63	62
第 1 个子网	01	192.168.1.64	192.168.1.127	000000~111111	64~127	62
第 2 个子网	00	192.168.1.128	192.168.1.191	000000~111111	128~191	62
第 3 个子网	01	192.168.1.192	192.168.1.255	000000~111111	192~255	62

6. 子网划分的优越性

引入子网划分技术可以有效提高 IP 地址的利用率，从而节省宝贵的 IP 地址资源。在上述例子中，假设没有子网划分技术，则至少需要申请 3 个 C 类网络，这样 IP 地址的使用率仅有 23.62%（最大主机数/可用地址数，即 60/254），而浪费率则高达 76.38%。采用子网划分技术后，每个子网中会多留出一个网络号地址和一个广播地址，但 IP 地址的利用率却能够大大提高。

7. 子网掩码

前面讲过，网络标识对于网络通信非常重要。但引入子网划分技术后，带来的一个重要问题就是主机或路由设备如何区分一个给定的 IP 地址是否已被进行了子网划分，从而能正确地从中分离出有效的网络标识（包括子网络号的信息）。通常，将未引进子网划分的 A、B、C 类地址称为有类别的（Classful）IP 地址。对于有类别的 IP 地址，显然可以通过 IP 地址中的标识位直接判定其所属的网络类别并进一步确定其网络标识。但引入子网划分技术后，这个方法显然是行不通了。例如，一个 IP 地址为 102.2.3.3，已经不能简单地将其视为一个 A 类地址而认为其网络标识为 102.0.0.0，因为若是进行了 8 位的子网划分，则其就相当于一个 B 类地址且网络标识成为 102.2.0.0；若是进行了 16 位的子网划分，则又相当于一个 C 类地址并且网络标识成为 102.2.3.0；若是其他位数的子网划分，则甚至不能将其归入任何一个传统的 IP 地址类中，可能既

笔记

笔 记

不是 A 类地址，也不是 B 类或 C 类地址。换言之，引入子网划分技术后，IP 地址类的概念已不复存在。对于一个给定的 IP 地址，其中用来表示网络标识和主机号的位数可以是变化的，这取决于子网划分的情况。将引入子网技术后的 IP 地址称为无类别的（Calssless）IP 地址，并因此引入子网掩码的概念来描述 IP 地址中关于网络标识和主机号位数的组成情况。

子网掩码（Subnetmask）通常与 IP 地址配对出现，其功能是告知主机或路由设备，IP 地址的哪一部分代表网络号部分，哪一部分代表主机号部分。子网掩码使用与 IP 地址相同的编址格式，即 32 位长度的二进制位，也可分为 4 个 8 位组并采用带点十进制来表示。在子网掩码中，与 IP 地址中的网络部分对应的位取值为"1"，与 IP 地址主机部分对应的位取值为"0"。这样，通过将子网掩码与相应的 IP 地址进行求"与"操作，就可决定给定的 IP 地址所属的网络号（包括子网络信息）。例如，102.2.3.3/255.0.0.0 表示该地址中的前 8 位为网络标识部分，后 24 位为主机部分，从而网络号为 102.0.0.0；而 102.2.3.3/255.255.248.0 则表示该地址中的前 21 位为网络标识部分，后 11 位为主机部分。显然，对于传统的 A、B、C 类网络，其对应的子网掩码应分别为 255.0.0.0、255.255.0.0 和 255.255.255.0。表 3-5 给出了 C 类网络进行不同位数的子网划分后的子网掩码的变化情况。

表 3-5　C 类网络进行不同位数的子网划分后的子网掩码的变化情况

划分位数	2	3	4	5	6
子网掩码	255.255.255.192	255.255.255.224	255.255.255.240	255.255.255.248	255.255.255.252

为了表达方便，在书写上还可以采用"X.X.X.X/Y"的形式来表示 IP 地址与子网掩码，其中 4 个"X"分别表示与 IP 地址中的 4 个 8 位组对应的十进制数值，而"Y"表示子网掩码中与网络标识对应的位数。如上面提到的 102.2.3.3/255.0.0.0 也可表示为 102.2.3.3/8，而 102.2.3.3/255.255.248.0 则可表示为 102.2.3.3/21。

微课　变长子网掩码

8. 可变长子网掩码

传统的子网划分存在如下特点：一个网络内的子网号的长度总是固定。例如在一个 B 类网络 172.16.0.0 中要划分出 30 个子网，则必须使用主机号中的高 5 位作为子网号，即子网掩码必须是 255.255.248.0，而在每个子网中最多只能使用 2046 个主机，若某个子网想拥有 3000 个主机就不能实现。也就是说，子网个数与主机数量之间是一一对应的，但又是互相制约的。

假设既要保证子网个数符合用户要求，又要实现在每个子网内部设置任意数量的主机，该如何完成呢？

为解决上述问题，IETF 引入了可变长子网掩码（Variable Length Subnet

Mask，VLSM）。VLSM 使得在一个大的网络中划分子网时使用不同长度的子网掩码成为可能。VLSM 的应用如图 3-11 所示。

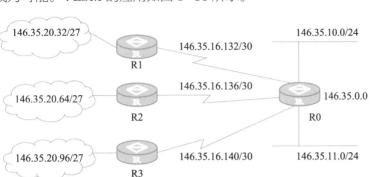

图 3-11　VLSM 的应用

　　图 3-11 中将一个大的 B 类网络 146.35.0.0 分割成多个子网掩码长度不同的子网，子网中容纳的主机个数也不同。例如，子网 146.35.10.0/24 中网络号和子网号占据 24 位，主机号占据 8 位，最多可容纳 254 个主机；子网 146.35.16.132/30 中网络号和子网号占据 30 位，只有两位主机位，可表示两个主机号 146.35.16.133 和 146.35.16.134，分别设置给路由器 R1 和 R0 的相应端口，只用于实现两个路由器之间的互连；子网 146.35.20.32/27 中网络号和子网号占据 27 位，主机号占据 5 位，最多可容纳 30 个主机。

　　并非所有的路由选择协议都能够处理 VLSM。RIP（路由信息协议）第 1 版和 IGRP（内部网关路由协议）在使用可变长子网掩码划分子网的网络中不能正确工作，但是现在流行的 OSPF（开放式最短路由优先协议）、EIGRP（增强的内部网关路由协议）、ISIS（中间系统到中间系统协议）和 RIP 第 2 版等路由协议都可以处理可变长子网掩码。

9. IP 地址的规划与分配

　　当在网络互连层采用 IP 协议组建一个 IP 网络时，必须为网络中的每一台主机分配一个唯一的 IP 地址，也就是要涉及 IP 地址的规划问题。通常，IP 地址规划要参照下面的步骤进行。首先，分析网络规模，包括相对独立的网段数量和每个网段中可能拥有的最大主机数，要注意路由器的每一个接口所连的网段都是一个独立网段。其次，确定使用公有地址还是私有地址，并根据网络规模确定所需要的网络类别，若采用公有地址还需要向网络信息中心（Network Information Center，NIC）提出申请并获得地址使用权。最后，根据可用的地址资源进行主机 IP 地址的分配。

　　IP 地址的分配可以采用静态分配和动态分配两种方式。静态分配是指由网络管理员为用户指定一个固定不变的 IP 地址并手工配置到主机上；而动态分配则通常以客户机／服务器模式通过动态主机控制协议（Dynamic Host Control Protocol，DHCP）来实现。无论选择何种地址分配方法，都不允许任何两个接口拥有相同的 IP 地址；否则，将导致冲突，使得两台主机都不能正常运行。

　　静态分配 IP 地址时，需要为每台设备配置一个 IP 地址。每种操作系统都有自己配置 TCP/IP 的方法，如 Windows 9x、Windows XP 和 Windows NT 在初始化时会发送 ARP 请求来检测是否有重复的 IP 地址，如果发现重复的地址，操作系统不会初始化 TCP/IP，并会发送错误消息。

　　某些类型的设备需要维护静态的 IP 地址，如 Web 服务器、DNS 服务器、FTP 服务器、电子邮件服务器、网络打印机和路由器等都需要固定的 IP 地址。

3.5　传输层协议

　　传输层协议主要有如下两个。

　　TCP：即传输控制协议，是一个可靠的、面向连接的协议。

　　UDP：采用无连接的方式，不管发送的数据包是否到达目的主机，数据包是否出错；收到数据包的主机也不会告诉发送方是否正确收到了数据。它的可靠性是由上层协议来保障的。

3.5.1　传输控制协议（TCP）

微课　传输控制
协议

　　尽管 TCP/IP 模型的网络互连层提供的是一种面向无连接的 IP 数据报服务，但传输层的 TCP 旨在向 TCP/IP 模型的应用层提供一种端到端的、面向连接的、可靠的数据流传输服务。TCP 常用于一次传输要交换大量报文的情形，如文件传输、远程登录等。

　　为了实现这种端到端的可靠传输，TCP 必须规定传输层的连接建立与拆除方式、数据传输格式、确认方式、目标应用进程的识别以及差错控制和流量控制机制等。与所有网络协议类似，TCP 将自己所要实现的功能集中体现在了 TCP 的协议数据单元中。

1. TCP 分段的格式

　　TCP 的协议数据单元称为分段（Segment）。TCP 通过分段的交互来建立连接，传输数据，发出确认，进行差错和流量控制及关闭连接。分段分为两部分，即分段头和数据，所谓分段头就是 TCP 为了实现端到端可靠传输所加上的控制信息，而数据则是指由高层（即应用层）传输的数据。图 3-12 给出了 TCP 分段的格式，其中有关字段的说明如下。

　　① 源端口：占 16 比特，分段的源端口号。

　　② 目的端口：占 16 比特，分段的目的端口号。

　　③ 序列号：占 32 比特，分段的序列号，表示该分段在发送方的数据流中的位置，是用来保证到达数据顺序的编号。

　　④ 确认号：占 32 比特，下一个期望接收的 TCP 分段的序列号，相当于是对对方所发送的并已被本方所正确接收的分段的确认。序列号和确认号共同用于 TCP 服务中的确认、差错控制。

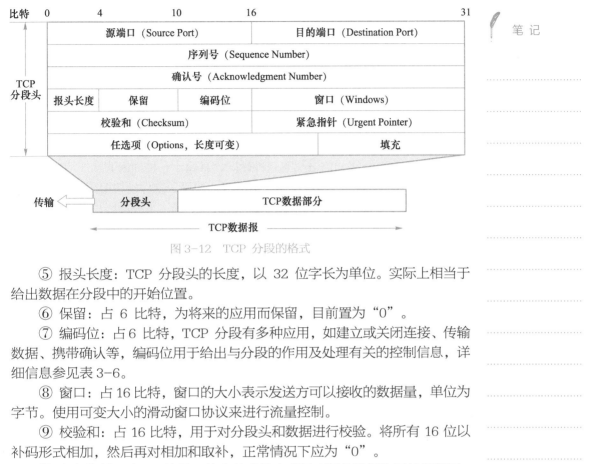

图 3-12 TCP 分段的格式

⑤ 报头长度：TCP 分段头的长度，以 32 位字长为单位。实际上相当于给出数据在分段中的开始位置。

⑥ 保留：占 6 比特，为将来的应用而保留，目前置为 "0"。

⑦ 编码位：占 6 比特，TCP 分段有多种应用，如建立或关闭连接、传输数据、携带确认等，编码位用于给出与分段的作用及处理有关的控制信息，详细信息参见表 3-6。

⑧ 窗口：占 16 比特，窗口的大小表示发送方可以接收的数据量，单位为字节。使用可变大小的滑动窗口协议来进行流量控制。

⑨ 校验和：占 16 比特，用于对分段头和数据进行校验。将所有 16 位以补码形式相加，然后再对相加和取补，正常情况下应为 "0"。

⑩ 紧急指针：占 16 比特，给出从当前序列号到紧急数据位置的偏移量。

⑪ 任选项：长度可变。TCP 只规定了一种选项，即最大报文段长度（MSS）。

⑫ 填充：当任选项字段长度不足 32 位字长时，需要加以填充。

⑬ 数据：来自高层（即应用层）的协议数据。

表 3-6 TCP 分段头中编码位字段的含义

编码位的标识 （从左到右）	该位为"1"的含义
紧急比特（URG）	表示启用了紧急指针字段
确认比特（ACK）	表示确认字段是有效的
推送比特（PSH）	请求急迫操作，即分段一到马上发送应用程序而不等到接收缓冲区满时才发送应用程序
复位比特（RST）	连接复位。复位因主机崩溃或其他原因而出现错误的连接，也可用于拒绝非法的分段或拒绝连接请求
同步比特（SYN）	与 ACK 合用以建立 TCP 连接。如 SYN=1，ACK=0 表示连接请求；而 SYN=1，ACK=1 表示同意建立连接
终止比特（FIN）	表示发送方已无数据要发送从而要释放连接，但接收方仍可继续接收发送方此前发送的数据

2. 端口和套接字

TCP 分段格式中出现了"源端口"和"目的端口"字段。"端口"是英文 Port 的意译,作为计算机术语,"端口"被认为是计算机与外界通信交流的出入口。

由 OSI 参考模型可知,传输层与网络层最大的区别是传输层提供进程通信能力,网络通信的最终地址不仅包括主机地址,还包括可描述网络进程的某种标识。所以,TCP/IP 所涉及的端口是指用于实现面向连接或无连接服务的通信协议端口,是对网络通信进程的一种标识,其属于一种抽象的软件结构,包括一些数据结构和 I/O(输入/输出)缓冲区,故属于软件端口范畴。

应用程序(调入内存运行后一般称为进程)通过系统调用与某传输层端口建立绑定(Binding)后,传输层传给该端口的所有数据都被建立这种绑定的相应进程所接收,相应进程发给传输层的数据也都从该端口输出。在 TCP/IP 的实现中,端口操作类似于一般的 I/O 操作,进程获取一个端口,相当于获取本地唯一的 I/O 文件,可以用一般的读写方式访问。

每个端口都拥有一个端口号的整数描述符,用来标识端口或进程。在 TCP/IP 模型的传输层,定义了一个 16 比特长度的整数作为端口号,也就是说可定义 2^{16} 个端口,其端口号从 0 到 $2^{16}-1$。由于 TCP/IP 模型传输层的 TCP 协议和 UDP 协议是两个完全独立的软件模块,因此各自的端口号也相互独立,即各自可独立拥有 2^{16} 个端口。

如图 3–13 所示,每种应用层协议或应用程序都具有与传输层唯一连接的端口,并且使用唯一的端口号将这些端口区分开来。当数据流从某一个应用发送到远程网络设备的某一个应用时,传输层根据这些端口号,就能够判断出数据是来自于哪一个应用,想要访问另一台网络设备的哪一个应用,从而将数据传输到相应的应用层协议或应用程序。

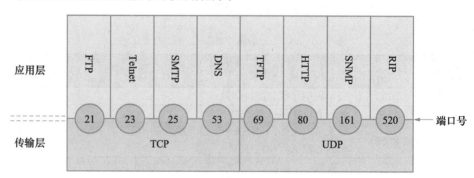

图 3–13 应用层与传输层之间的端口

端口根据其对应的协议或应用不同,被分配了不同的端口号。负责分配端口号的机构是 IANA。目前,端口的分配有 3 种情况,这 3 种不同的端口可以根据端口号加以区别。

（1）保留端口

这种端口的端口号一般都小于 1024。它们基本上都被分配给了已知的应用协议（如图 3-13 中的部分端口）。目前，这一类端口的端口号分配已经被广大网络应用者接受，形成了标准，在各种网络的应用中调用这些端口号就意味着使用它们所代表的应用协议。这些端口由于已经有了固定的使用者，所以不能被动态地分配给其他应用程序。表 3-7 给出了 UDP 和 TCP 的一些常用的保留端口。

表 3-7　UDP 和 TCP 的一些常用的保留端口

协议	端口号	关键字	描述
UDP	42	NAMESERVER	主机名字服务器
	53	DOMAIN	域名服务器
	67	BOOTP Client	客户端启动协议服务
	68	BOOTP Server	服务器端启动协议服务
	69	TFTP	简单文件传输协议
	111	RPC	微系统公司
TCP	20	FTP Data	文件传输服务器（数据连接）
	21	FTP Control	文件传输服务器（控制连接）
	23	Telnet	远程终端服务器
	25	SMTP	简单邮件传输协议
	80	HTTP	超文本传输协议

（2）动态分配的端口

这种端口的端口号一般都大于 1024。这一类的端口没有固定的使用者，它们可以被动态地分配给应用程序使用。也就是说，在使用应用软件访问网络的时候，应用软件可以向系统申请一个大于 1024 的端口号临时代表这个软件与传输层交换数据，并且使用这个临时的端口与网络上的其他主机通信。

图 3-14 显示了使用微软公司的 IE 浏览器上网时，在 DOS 窗口中使用 netstat 命令所查看到的端口使用情况。可以看到，IE 浏览器使用了 50773、50794 等多个动态分配的端口号。

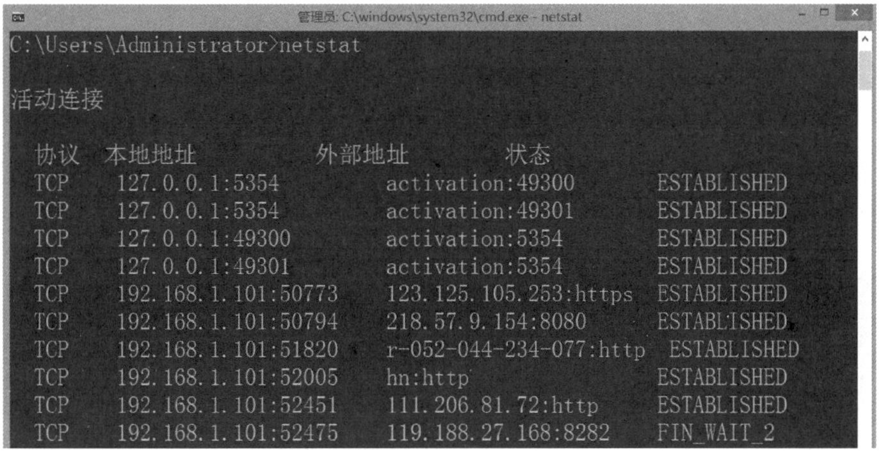

🖊 笔 记

```
管理员: C:\windows\system32\cmd.exe - netstat

C:\Users\Administrator>netstat

活动连接

  协议  本地地址              外部地址              状态
  TCP   127.0.0.1:5354        activation:49300      ESTABLISHED
  TCP   127.0.0.1:5354        activation:49301      ESTABLISHED
  TCP   127.0.0.1:49300       activation:5354       ESTABLISHED
  TCP   127.0.0.1:49301       activation:5354       ESTABLISHED
  TCP   192.168.1.101:50773   123.125.105.253:https  ESTABLISHED
  TCP   192.168.1.101:50794   218.57.9.154:8080     ESTABLISHED
  TCP   192.168.1.101:51820   r-052-044-234-077:http  ESTABLISHED
  TCP   192.168.1.101:52005   hn:http               ESTABLISHED
  TCP   192.168.1.101:52451   111.206.81.72:http    ESTABLISHED
  TCP   192.168.1.101:52475   119.188.27.168:8282   FIN_WAIT_2
```

图 3-14　使用动态分配的端口访问网络资源

（3）注册端口

注册端口比较特殊，它也是固定为某个应用服务的端口，但是它所代表的不是已经形成标准的应用层协议，而是某个软件厂商开发的应用程序。

某些软件厂商通过使用注册端口，使它的特定软件享有固定的端口号，而不用向系统申请动态分配的端口号。通常，这些特定的软件要使用注册端口，其厂商必须向端口的管理机构注册。

大多数注册端口的端口号大于 1024。

TCP 和 UDP 都允许 16 位的端口号，分别能够提供 65536 个端口。不论端口号大于还是小于 1024，以上 3 种端口都分别属于 TCP 和 UDP。当然，也有些协议的端口既属于 TCP 也属于 UDP。

当网络中的两台主机进行通信时，为了表明数据是由源端的哪一种应用发出的，以及数据所要访问的是目的端的哪一种服务，TCP/IP 会在传输层封装数据段时，把发出数据的应用程序的端口作为源端口，把接收数据的应用程序的端口作为目的端口，添加到数据段的头中，从而使主机能够同时维持多个会话的连接，使不同应用程序的数据不会发生混淆。一台主机上的多个应用程序可同时与其他多台主机上的多个对等进程进行通信（图 3-15），所以需要对不同的虚电路进行标识。对 TCP 虚电路连接采用发送端和接收端的套接字（Socket）组合来识别，如（Socket1，Socket2）。所谓套接字实际上是一个通信端点，每个套接字都有一个套接字序号，包括主机的 IP 地址与一个 16 位的主机端口号，如（主机 IP 地址，端口号）。

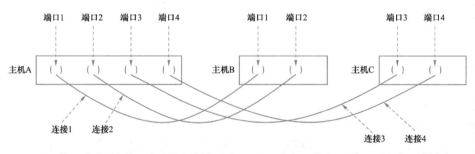

图 3-15　主机 A 的多个应用程序与主机 B、C 的多个对等进程通信

应当指出，尽管采用了上述的端口分配方式，但在实际使用中，经常会采用端口重定向技术。所谓端口重定向是指将一个端口重定向到另一个端口。例如，默认的 HTTP 端口是 80，不少人将它重定向到另一个端口，如 8080。

端口在传输层的作用有点类似 IP 地址在网络互连层的作用或 MAC 地址在数据链路层的作用，只不过 IP 地址和 MAC 地址标识的是主机，而端口标识的是网络应用进程。由于同一时刻一台主机上会有大量的网络应用进程在运行，所以需要大量的端口号来标识不同的进程。

正是由于 TCP 使用通信端点来识别连接，才使得一台计算机上的某个TCP 端口号可以被多个连接所共享，从而使程序员可以设计出能同时为多个连接提供服务的程序，而不需要为每个连接设置各自的本地端口号。

3. TCP 连接的建立和拆除

TCP 连接包括建立与拆除两个过程。TCP 使用三次握手协议来建立连接。连接可以由任何一方发起，也可以由双方同时发起。一旦一台主机上的 TCP 软件已经主动发起连接请求，运行在另一台主机上的 TCP 软件就会被动地等待握手。图 3-16 为三次握手建立 TCP 连接示意图。

微课　TCP 三次握手

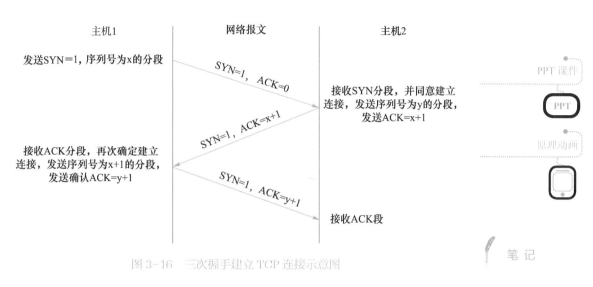

图 3-16　三次握手建立 TCP 连接示意图

在图 3-16 中，主机 1 首先发起 TCP 连接请求，并在所发送的分段中将编码位字段中的 SYN 位置为 "1"、ACK 位置为 "0"。主机 2 收到该分段，若同意建立连接，则发送一个接受连接的应答分段，其中编码位字段的 SYN 位置为 "1"、ACK 位置为 "x+1"，指示对第一个 SYN 报文段的确认，以继续握手操作；否则，主机 2 要发送一个将 RST 位置为 "1" 的应答分段，表示拒绝建立连接。主机 1 收到主机 2 发来的同意建立连接的分段后，还有再次进行选择的机会，若其确认要建立这个连接，则向主机 2 发送确认分段，用来通知主机 2 双方已完成连接的建立；若其不想建立这个连接，则可以发送一个将 RST 位置为 "1" 的应答分段来告知主机 2 拒绝建立连接。

不管是哪一方先发起连接请求，一旦连接建立，就可以实现全双向的数据传输，而不存在主从关系。TCP 将数据流看做字节的序列，将从用户进程接收的任意长的数据，分成不超过 64KB 的分段（包括分段头在内），以匹配 IP 数据报的负载能力。所以对于一次传输要交换大量报文的应用（如文件传输、远程登录等），往往需要以多个分段进行传输。

数据传输完成后，还要进行 TCP 连接的拆除。TCP 使用修改的三次握手协议来拆除连接，以结束会话。TCP 连接是全双工的，可以看做两个不同方向的单工数据流传输。所以一个完整连接的拆除涉及两个单向连接的拆除。如图 3-17 所示，当主机 1 的 TCP 数据已发送完毕时，在等待确认的同时可发送一个将编码位字段的 FIN 位置为"1"的分段给主机 2，若主机 2 已正确接收主机 1 的所有分段，则会发送一个数据分段正确接收的确认分段，同时通知本地相应的应用程序，对方要求关闭连接，接着再发送一个对主机 1 所发送的 FIN 分段进行确认的分段；否则，主机 1 就要重传那些主机 2 未能正确接收的分段。收到主机 2 关于 FIN 分段的确认后，主机 1 需要再次发送一个确认拆除连接的分段，主机 2 收到该确认分段意味着从主机 1 到主机 2 的单向连接已经结束。但是，此时在相反方向上，主机 2 仍然可以向主机 1 发送数据，直到主机 2 数据发送完毕并要求拆除连接。一旦两个单向连接都被拆除，两个端节点上的 TCP 软件就要删除与这个连接有关的记录，于是原来所建立的 TCP 连接被完全释放。

PPT 课件

PPT

原理动画

笔记

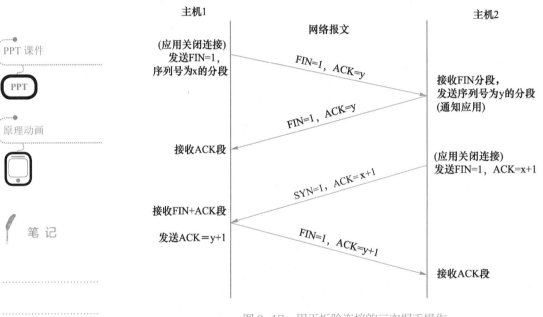

图 3-17　用于拆除连接的三次握手操作

4. TCP 可靠数据传输技术

　　TCP 采用了许多与数据链路层类似的机制来保证可靠的数据传输，如采用序列号、积极确认技术、滑动窗口协议等。只不过 TCP 的目的是实现端到端的可靠数据传输，而数据链路层协议则是为了实现相邻节点之间的可靠数据传输。

　　首先，TCP 要为所发送的每一个分段加上序列号，保证每一个分段能被收方接收，并只被正确地接收一次。

　　其次，TCP 采用具有重传功能的积极确认技术作为可靠数据流传输服务的基础。这里，"确认"是指接收端在正确收到分段之后向发送端回送一个确认（ACK）信息。发送方将每个已发送的分段备份在自己的发送缓冲区里，而且在收到相应的确认之前不会丢弃所保存的分段。"积极"是指发送方在每一个分段发送完毕的同时启动一个定时器，假如定时器的定时期满而关于分段的确认信息尚未到达，则发送方认为该分段已丢失并主动重发。为了避免由于网络延迟引起迟到的确认和重复的确认，TCP 规定在确认信息中捎带一个分段的序列号，使接收方能正确地将分段与确认联系起来。

第三，TCP 采用可变长的滑动窗口协议进行流量控制，以防止由于发送端与接收端之间的不匹配而引起数据丢失。这里所采用的滑动窗口协议与数据链路层的滑动窗口协议在工作原理上是完全相同的，唯一的区别在于滑动窗口协议用于传输层是为了在端到端之间实现流量控制，而用于数据链路层是为了在相邻节点之间实现流量控制。TCP 采用可变长的滑动窗口，使得发送端与接收端可根据自己的 CPU 和数据缓存资源对数据发送和接收能力进行动态调整，从而灵活性更强，也更合理。例如，假设主机 1 有一个大小为 4KB 长的缓冲区，向主机 2 发送 2KB 长度的数据分段，则在未收到主机 2 关于该 2KB 长度分段的确认之前，主机 1 向其他主机只能声明自己有一个 2KB 长度的发送缓冲区。经过一段时间后，假定主机 1 收到了来自主机 2 的确认，但其中声明的窗口大小（缓冲区容量）为 0，这表明主机 2 虽然已经正确收到主机 1 前面所发送的分段，但目前主机 2 已不能接受任何来自主机 1 的新分段了，除非以后主机 2 给出窗口大于 0 的新信息。

5. TCP 流量控制

上面介绍 TCP 的可靠数据传输技术时，提出了采用滑动窗口协议来进行流量控制，下面进行更具体的介绍。

基于滑动窗口协议的流量控制机制，是用接收端接收能力的大小（缓冲区的容量）来控制发送端发送的数据量。在建立连接时，通信双方使用 SYN 分段或 ACK 分段中的窗口字段捎带着各自的接收窗口尺寸，即通知对方从而确定对方发送窗口的上限。在数据传输过程中，发送方按接收方通知的窗口尺寸和序号发送一定量的数据，接收方根据接收缓冲区的使用情况动态调整接收窗口尺寸，并在发送 TCP 分段或确认段时捎带将新的窗口尺寸和确认号通知发送方。

图 3-18 所示为采用滑动窗口协议进行流量控制的示例。设主机 A 向主机 B 发送数据，双方确定的窗口值是 400。设一个分段为 100 字节长，序号的初始值为 1（即 SEQ1＝1）。在图 3-18 中，主机 B 进行了三次流量控制，第一次将窗口减小为 300 字节，第二次将窗口减为 200 字节，最后一次减至 0，即不允许对方再发送数据了。这种暂停状态将持续到主机 B 重新发出一个新的窗口值为止。

在以太网的环境下，当发送端不知道对方窗口大小的时候，便直接向网络发送多个分段，直至收到对方通告的窗口大小为止。但如果在发送方和接收方有多个路由器和较慢的链路时，就可能会出现一些问题，一些中间路由器必须缓存分组，并有可能耗尽存储空间，这样就会严重降低 TCP 连接的吞吐量。这时采用了一种称为慢启动的算法，慢启动为发送方的 TCP 增加一个拥塞窗

微课 TCP 流量控制

口，当与另一个网络的主机建立 TCP 连接时，拥塞窗口被初始化为 1 个分段（即另一端通告的分段大小），每收到一个 ACK，拥塞窗口就增加一个分段（以字节为单位）。发送端取拥塞窗口与通告窗口中的最小值作为发送上限。拥塞窗口是发送方使用的流量控制，而通告窗口是接收方使用的流量控制。开始时发送一个分段，然后等待 ACK。当收到该 ACK 时，拥塞窗口从 1 增加为 2，即可发送两个分段。当收到这两个分段的 ACK 时，拥塞窗口就增加为 4。这是一种指数增加的关系。在网络的中间某些点上可能达到了设备的最大容量，于是中间路由器开始丢弃分组，这时通知发送方它的拥塞窗口开得过大。

图 3-18　采用滑动窗口协议进行流量控制的示例

3.5.2　用户数据报协议（UDP）

1. UDP 概述

UDP 只在 IP 的数据报服务之上增加了很少的功能，这就是端口的功能（有了端口，传输层就能进行复用和分用）和差错检测的功能。UDP 在如下方面具有其特殊的优点。

① 发送数据之前不需要建立连接，减少了开销和发送数据之前的时延。

② UDP 不使用拥塞控制，也不保证可靠交付，因此主机不需要维持具有许多参数的、复杂的连接状态表。

③ UDP 用户数据报只有 8 字节的首部开销。

④ UDP 没有拥塞控制，因此网络出现的拥塞不会使源主机的发送效率降

低，这对某些实时应用是很重要的。很多的实时应用（如 IP 电话、实时视频会议等）要求源主机以恒定的速率发送数据，并且允许在网络发生拥塞时丢失一些数据，但却不允许数据有太大的时延，UDP 正好符合这种要求。

UDP 常用于一次性传输数据量较小的网络应用，如 SNMP、DNS 应用的数据传输。因为对于这些一次性传输数据量较小的网络应用，若采用 TCP 服务，则所付出的关于连接建立、维护和拆除的开销是非常不合算的。表 3-8 列出了一些应用和应用层协议主要使用的传输层协议。

表 3-8　一些应用和应用层协议主要使用的传输层协议

应用	关键字	传输层协议
域名服务	DNS	UDP
简单文件传输协议	TFTP	
路由选择协议	RIP	
IP 地址配置	BOOTP、DHCP	
简单网络管理协议	SNMP	
远程文件服务器	NFS	
IP 电话	专用协议	
流式多媒体通信	专用协议	
多播	IGMP	
文件传输协议	FTP	TCP
远程虚拟终端协议	Telnet	
万维网	HTTP	
简单邮件传输协议	SMTP	
域名服务	DNS	

2. UDP 数据报的格式

UDP 数据报分为两部分：UDP 数据部分和首部，如图 3-19 所示。首部只有 8 字节，由 4 个字段组成，每个字段都是 2 字节，各字段的意义如下。

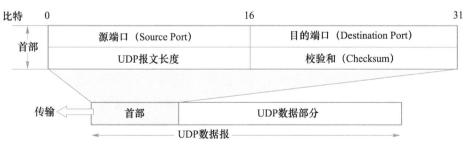

图 3-19　UDP 数据报的格式

① 源端口：占 16 比特，源端口号。
② 目的端口：占 16 比特，目的端口号。
③ UDP 报文长度：占 16 比特，UDP 用户数据报的长度。

④ 校验和：占 16 比特，防止 UDP 用户数据报在传输中出错。

在 UDP 中也采用与 TCP 中类似的端口概念来标识同一主机上的不同网络进程，并且两者在分配方式上也是类似的。UDP 与应用层之间的端口都是用报文队列来实现的。

3.6 其他常用协议

微课 ARP

笔记

3.6.1 地址解析协议（ARP）

为使设备之间能够互相通信，源设备需要目的设备的 IP 地址和 MAC 地址。当一台设备试图与另一台已知 IP 地址的设备通信时，它必须确定对方的 MAC 地址。使用 TCP/IP 协议集中的地址解析协议（Address Resolution Protocol，ARP）可以自动获得 MAC 地址。ARP 允许主机根据 IP 地址查找 MAC 地址。

每一主机都设有一个 ARP 高速缓存，里面有该主机所在局域网中各主机和路由器的 IP 地址到 MAC 地址的映射表。下面以图 3-20 所示的网络为例说明 ARP 的工作原理。

1. 子网内 ARP 解析

一台计算机能够解析另一台计算机地址的条件是这两台计算机都连在同一物理网络中。例如，主机 1 向主机 3 发送数据报，主机 1 以主机 3 的 IP 地址为目的 IP 地址，以自己的 IP 地址为源 IP 地址封装了一个 IP 数据报，在数据报发送以前，主机 1 通过将子网掩码和源 IP 地址及目的 IP 地址进行求"与"操作判断出源和目的在同一网络中，于是主机 1 转向查找本地的 ARP 缓存，以确定在缓存中是否有关于主机 3 的 IP 地址与 MAC 地址的映射信息，若在缓存中存在主机 3 的 MAC 地址信息，则主机 1 的网卡立即以主机 3 的 MAC 地址为目的 MAC 地址、以自己的 MAC 地址为源 MAC 地址进行帧的封装并启动帧的发送，主机 3 收到该帧后，确认是给自己的帧，进行帧的拆封并取出其中的 IP 分组交给网络互连层去处理；若在缓存中不存在关于主机 3 的 MAC 地址映射信息，则主机 1 以广播帧形式向同一网络中的所有节点发送一个 ARP 请求（ARP Request），在该广播帧中 48 位的目的 MAC 地址以全 "1" 即 "ffffffffffff" 表示，并在数据部分发出关于"谁的 IP 地址是 192.168.1.4"的询问，这里 192.168.1.4 代表主机 3 的 IP 地址，网络 1 中的所有主机都会收到该广播帧，并且所有收到该广播帧的主机都会检查一下自己的 IP 地址，但只有主机 3 会以自己的 MAC 地址信息为内容给主机 1 发出一个 ARP 回应（ARP Reply），主机 1 收到该回应后，首先将其中的 MAC 地址信息加入到本地 ARP 缓存中，然后启动相应帧的封装和发送过程。

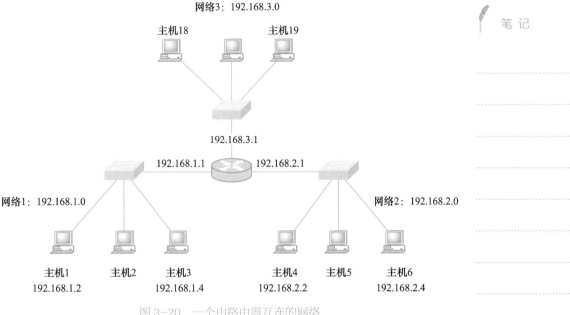

图 3-20　一个由路由器互连的网络

2. 子网间 ARP 解析

当源主机和目的主机不在同一网络中时，如主机 1 向主机 4 发送数据报，若继续采用 ARP 广播方式请求主机 4 的 MAC 地址是不会成功的，因为第 2 层广播（在此为以太网帧的广播）是不可能被第 3 层设备路由器转发的。于是需要采用一种被称为代理 ARP（Proxy ARP）的方案，即所有目的主机不与源主机在同一网络中的数据报均会被发给源主机的默认网关，由默认网关来完成下一步的数据传输工作。注意，所谓默认网关是指与源主机位于同一网段中的某个路由器接口的 IP 地址，在此例中相当于路由器的以太网接口 F0/0 的 IP 地址，即 192.168.1.1。也就是说，在此例中主机 1 以默认网关的 MAC 地址为目的 MAC 地址，而以主机 1 的 MAC 地址为源 MAC 地址，将发往主机 4 的分组封装成以太网帧后发送给默认网关，然后交由路由器来进一步完成后续的数据传输。实施代理 ARP 时需要在主机 1 上缓存关于默认网关的 MAC 地址映射信息，若不存在该信息，则同样可以采用前面所介绍的 ARP 广播方式获取，因为默认网关与主机 1 是位于同一网段中的。

3.6.2 反向地址解析协议（RARP）

RARP 把 MAC 地址绑定在 IP 地址上。这种绑定允许一些网络设备在把数据发送到网络之前对数据进行封装。一台网络设备或工作站可能知道自己的 MAC 地址，但是不知道自己的 IP 地址，为获取 IP 地址，网络设备会发送 RARP 请求，网络中的一个 RARP 服务器出面来应答 RARP 请求，RARP 服务器有一个事先做好的从网络设备 MAC 地址到 IP 地址的映射表，当收到 RARP 请求分组后，RARP 服务器就从这张映射表中查出该设备的 IP 地址，

笔 记

微课 ICMP

然后写入 RARP 响应分组，发回给网络设备。

3.6.3 Internet 控制报文协议（ICMP）

IP 协议提供的是面向无连接的服务，不存在网络连接的建立和维护过程，也不包括流量控制与差错控制功能。但还是需要对网络的状态有一些了解，因此在网络互连层提供了 Internet 控制报文协议（Internet Control Message Protocol，ICMP）来检测网络，包括路由、拥塞、服务质量等问题。ICMP 是在 RFC 792 中定义的，其中给出了多种形式的 ICMP 消息类型，每个 ICMP 消息类型都被封装于 IP 分组中，部分 ICMP 消息类型及其代码和含义见表 3-9。网络测试工具"ping"命令和"tracert"命令都是基于 ICMP 实现的。例如，若在主机 1 上输入一个"ping192.168.1.1"命令，则相当于向目的主机 192.168.1.1 发出了一个以回声请求（Echo Request）为消息类型的 ICMP 包，若目的主机存在，则其会向主机 1 发送一个以回声应答（Echo Reply）为消息类型的 ICMP 包；若目的主机不存在，则主机 1 会得到一个以不可达目的地（Unreachable Destination）为消息类型的 ICMP 错误消息包。

表 3-9 部分 ICMP 消息类型及其代码和含义

类型	代码	含义
0	0	回声应答（对 ping 的回应）
3	0	网络不可到达
	1	主机不可到达
	2	协议不可到达
	3	端口不可到达
	4	数据报需要分段但设置了 DF 位（不允许分段）
	5	源路由失败
4	0	发向源端的抑制信息（如缓存不足时）
5（重定向）	0	对网络重定向
	1	对主机重定向
	2	对服务类型和网络重定向
	3	对服务类型和主机重定向
8	0	回声请求（ping）
9	0	路由器通告
10	0	路由器请求
11（超时）	0	传输期间 TTL 超时
	1	数据段组装期间 TTL 超时
12（参数问题）	0	坏的 IP 首部
	1	缺少必需的选项

ICMP 数据报是封装在 IP 分组内部的，前 4 字节都是相同的，其他字节则互不相同，其结构如图 3-21 所示。

笔 记

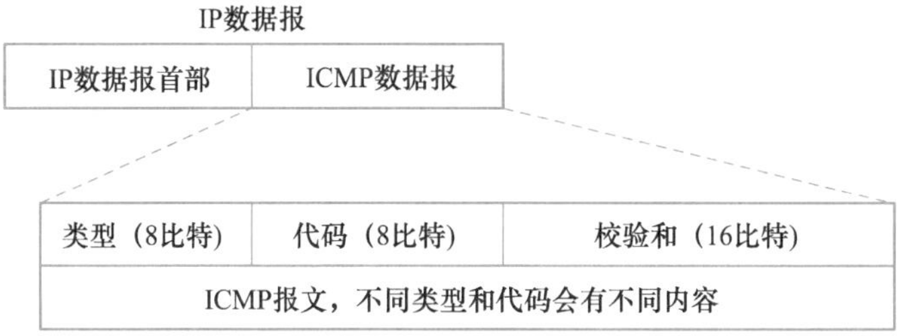

图 3-21　ICMP 数据报结构

ICMP 作为 IP 层的差错报文传输机制，最基本的功能是提供差错报告，但 ICMP 并不严格规定对出现的差错采取什么处理方式。事实上，源主机接收到 ICMP 差错报告后，常常需将差错报告与应用程序联系起来，才能进行相应的差错处理。

ICMP 差错报告都是采用路由器到源主机的模式。也就是说，所有的差错信息都需要向源主机报告。

ICMP 网络错误通告的数据报包括目的端不可达通告、超时通告、参数错误通告等。

（1）目的端不可达通告

路由器主要的功能是对 IP 数据报进行路由和转发，但在实际操作过程中会存在着失败的可能。失败的原因是多种多样的，如目的端硬件故障、路由器没有到达目的端的路径、目的端不存在等。如果发生失败，路由器会向 IP 数据报的源端发送目的端不可达通告，并丢弃出错的 IP 数据报。实际引起目的端不可达错误的原因会以代码的形式通知发送数据的源端。

网络不可达说明路由器选路出现了错误或数据报受到限制。主机不可达说明目的主机存在硬件错误或主机受到限制等，也有可能是目的主机的默认网关出现问题。协议、端口不可达说明协议错误和端口访问受到限制。

（2）超时通告

路由器选择如果出现错误，会导致路由环路的产生，从而引起 TTL 值递减为 0 和定时器到时。若定时器到时，路由器或目的主机会将 IP 数据报丢弃，并向源端发送超时通告。

（3）参数错误通告

如果 IP 数据报中某些字段出现错误，且错误非常严重，路由器会将其抛弃，并向源端发送参数错误通告。

技能实训

任务 1　IP 地址与子网划分

实训报告

【实训目的】

PPT 课件

① 能够确定网络中所需子网的数量。

② 能够确定每个子网中所需主机的数量。

③ 掌握设计合理的编址方案的方法。

④ 能够为设备接口和主机分配合适的地址和子网掩码。

【实训内容】

1. 网络拓扑

网络拓扑如图 3-22 所示。

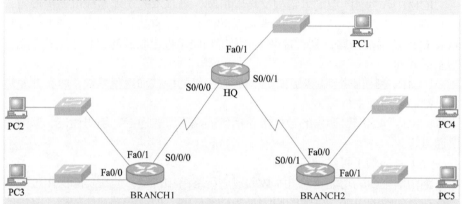

图 3-22　子网划分使用的网络拓扑

2. 地址表

地址表见表 3-10。

表 3-10　地　址　表

设备	接口	IP 地址	子网掩码	默认网关
HQ	Fa0/1			不适用
	S0/0/0			不适用
	S0/0/1			不适用
BRANCH1	Fa0/0			不适用
	Fa0/1			不适用
	S0/0/0			不适用
BRANCH2	Fa0/0			不适用
	Fa0/1			不适用
	S0/0/1			不适用
PC1	网卡			
PC2	网卡			
PC3	网卡			
PC4	网卡			
PC5	网卡			

3. 说明

在本实训中，指定了一个网络地址 192.168.9.0/24，请对它划分子网，并为拓扑图中显示的网络分配 IP 地址。该网络的编址需求如下。

① BRANCH1 的 LAN 1 子网需要 10 个主机 IP 地址。

② BRANCH1 的 LAN 2 子网需要 10 个主机 IP 地址。

③ BRANCH2 的 LAN 1 子网需要 10 个主机 IP 地址。

④ BRANCH2 的 LAN 2 子网需要 10 个主机 IP 地址。

⑤ HQ 的 LAN 子网需要 20 个主机 IP 地址。

⑥ 从 HQ 到 BRANCH1 的链路的两端各需要一个 IP 地址。

⑦ 从 HQ 到 BRANCH2 的链路的两端各需要一个 IP 地址。

注意：网络设备的接口也是主机 IP 地址，已包括在上面的编址需求中。

【实训设备】

可以在 Visio 或 Cisco Packet Tracer 模拟器中完成。

【实训步骤】

1. 分析网络需求

分析上述网络需求并回答以下问题。切记每个 LAN 的接口都需要 IP 地址。

① 需要多少个子网？

② 单个子网最多需要多少个 IP 地址？

③ 每个 LAN 子网需要多少个 IP 地址？

④ 总共需要多少个 IP 地址？

2. 设计 IP 编址方案

（1）将网络 192.168.9.0 划分为适当数量的子网

① 这些子网的子网掩码是什么？

② 每个子网有多少个可用的主机 IP 地址？

在表 3-11 中填写相应的子网信息。

表 3-11　子 网 信 息

子网数量	子网地址	第一个可用 IP	最后一个可用 IP	广播地址

（2）为拓扑图中显示的网络分配子网

① 将第 1 个子网（最低子网）分配给与 BRANCH2 的 Fa0/1 接口相连的 LAN。该子网地址是多少？

② 将第 2 个子网分配给与 BRANCH2 的 Fa0/0 接口相连的 LAN。该子网地址是多少？

③ 将第 3 个子网分配给与 BRANCH1 的 Fa0/0 接口相连的 LAN。该子网地址是多少？

④ 将第 4 个子网分配给与 BRANCH1 的 Fa0/1 接口相连的 LAN。该子网地址是多少？

⑤ 将第 5 个子网分配给从 HQ 到 BRANCH1 的 WAN 链路。该子网地址是多少？

⑥ 将第 6 个子网分配给从 HQ 到 BRANCH2 的 WAN 链路。该子网地址是多少？

⑦ 将第 7 个子网分配给与 HQ 的 Fa0/1 接口相连的 LAN。该子网地址是多少？

注意：本拓扑结构中不需要使用最高子网。

3. 为网络设备分配 IP 地址

为设备接口分配适当的地址。在表 3-10 所示的地址表中记录要使用的地址。

（1）为 HQ 路由器分配地址

① 将 HQ 的 LAN 子网的第一个有效主机地址分配给 LAN 接口。

② 将从 HQ 到 BRANCH1 子网的链路的第一个有效主机地址分配给 S0/0/0 接口。

③ 将从 HQ 到 BRANCH2 子网的链路的第一个有效主机地址分配给 S0/0/1 接口。

（2）为 BRANCH1 路由器分配地址

① 将 BRANCH1 的 LAN 1 子网的第一个有效主机地址分配给 Fa0/0 LAN 接口。

② 将 BRANCH1 的 LAN 2 子网的第一个有效主机地址分配给 Fa0/1 LAN 接口。

③ 将从 HQ 到 BRANCH1 子网的链路的最后一个有效主机地址分配给 WAN 接口。

（3）为 BRANCH2 路由器分配地址

① 将 BRANCH2 的 LAN 1 子网的第一个有效主机地址分配给 Fa0/0 LAN 接口。

② 将 BRANCH2 的 LAN 2 子网的第一个有效主机地址分配给 Fa0/1 LAN 接口。

③ 将从 HQ 到 BRANCH2 子网的链路的最后一个有效主机地址分配给 WAN 接口。

（4）为主机分配地址

① 将 HQ 的 LAN 子网的最后一个有效主机地址分配给 PC1。

② 将 BRANCH1 的 LAN 1 子网的最后一个有效主机地址分配给 PC2。

③ 将 BRANCH1 的 LAN 2 子网的最后一个有效主机地址分配给 PC3。

④ 将 BRANCH2 的 LAN 1 子网的最后一个有效主机地址分配给 PC4。

⑤ 将 BRANCH2 的 LAN 2 子网的最后一个有效主机地址分配给 PC5。

4. 测试网络设计

将编址方案应用到随本实训提供的 Packet Tracer 文件中（Packet Tracer 文件在本书教学资源中提供）。检查在直连网络中，所有设备之间能否 ping 通？请作说明。

【问题与思考】

① 为什么要划分子网？子网掩码的作用是什么？

② 在本实训中，子网划分后比子网划分前的有效地址总数变多了还是变少了，相差多少？

任务 2　使用 ping 命令和 tracert 命令

实训报告

【实训目的】

① 了解 ping 命令功能。

② 了解 ping 命令参数。

③ 掌握使用 ping 命令检查网络连通性的方法。

④ 了解 tracert 命令功能。

⑤ 了解 tracert 命令参数。

⑥ 掌握使用 tracert 命令查看路由信息的方法。

PPT 课件

微课　ping 命令

【实训内容】

1. ping 命令功能

ping 命令的全称是 Packet Internet Grope，即因特网包探索器，简单地说，就是一个测试程序，一般用来测试源主机到目的主机的网络连通性。当网络不通时，可以使用该命令来检查和判断网络出现故障的原因：如果 ping 命令运行结果正常（ping 通），基本可以排除两端之间的网络中网卡、Modem、传输介质和路由器等存在的故障；如果 ping 命令运行结果不正常，则需要运行多个 ping 命令进行多项检查，通过命令运行结果查找问题所在。

在 Windows 中执行 ping 命令，系统按照默认设置向目的主机发送 4 个 ICMP 数据包，该数据包向目的主机提出本地主机"请求回显"的要求，目的主机就要返回一个"回显应答"，根据数据包的往返信息，就可以推断网络参数是否设置正确以及网络

笔 记

运行情况。

2. ping 命令参数

使用 "ping/?" 或 "ping" 命令查看 ping 命令的参数，如图 3-23 所示。

图 3-23　ping 命令的参数

3. tracert 命令功能

tracert 命令的功能与 ping 命令类似，但它获得的信息要比 ping 命令详细得多。使用 tracert 命令不仅能够显示从源主机到目标主机的网络连通性，而且能够显示数据包从源主机到目标主机所经过的路径，以及该路径上各节点的 IP 和到达各节点所需的时间。如果数据包不能传递到目标，tracert 命令将显示成功转发数据包的最后一个路由器。所以，tracert 命令被称为 "跟踪路由" 命令，该命令比较适用于大型网络。

4. tracert 命令参数

使用 "tracert/?" 或者 "tracert" 命令来查看 tracert 命令的参数，如图 3-24 所示。

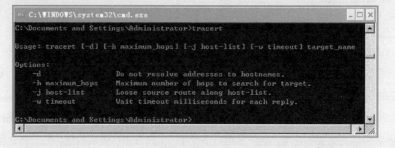

图 3-24　tracert 命令的参数

【实训设备】

普通机房即可（要求计算机已经通过交换机连接成局域网并接入 Internet）。实训时，

2~3 名同学分为一组，共同完成实训。

【实训步骤】

1. ping 命令

（1）ping 127.0.0.1

127.0.0.1 是回送地址，指本地主机。在使用该地址时，不进行任何网络传输，仅验证本机 TCP/IP 协议是否正确安装。

如果运行出错，则表示 TCP/IP 安装或运行存在某些问题。如果出现如图 3-25 所示的结果，则表示本机 TCP/IP 协议安装完好。其中，向目标地址发送了 4 个数据包，返回 4 个数据包，丢包率为 0，所用时间平均值是 3ms。

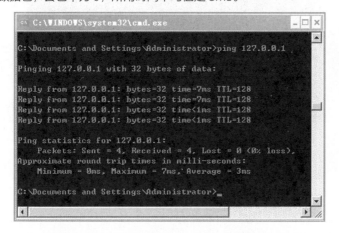

图 3-25　"ping 127.0.0.1" 命令

（2）ping 本机 IP 地址

检测本机 IP 地址是否配置完成以及网卡属性是否完好。如果能 ping 通，则说明网络适配器、网卡工作正常；否则就不正常，需要进行一步检查。本机 IP 地址可以通过 ipconfig 命令得到，ping 通的情况如图 3-26 所示。

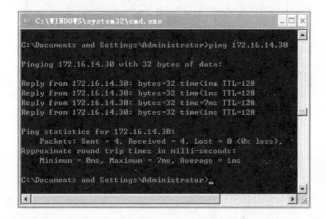

图 3-26　"ping 本机 IP 地址" 命令

笔 记

（3）ping 局域网内其他 IP 地址

从本机发出的数据包，经过网卡及本地网络中的线路送达目的主机，目的主机将应答数据包返回本机。如果收到正确的应答数据包，则表明本地网络中的网卡和载体运行正确；否则，需要检查网络中的传输介质或网络互连设备。图 3-27 所示为本地主机 ping 同一局域网内其他 IP 地址的情况。

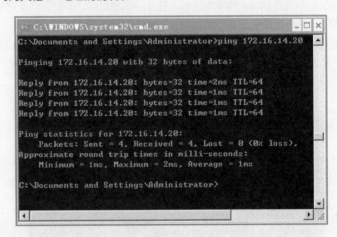

图 3-27 "ping 同一局域网内其他 IP 地址" 命令

（4）ping 网关 IP 地址

检测从本机到网关的物理线路是否连通。网关 IP 地址可以通过 ipconfig 命令得到，ping 通的情况如图 3-28 所示。

图 3-28 "ping 网关 IP 地址" 命令

（5）ping 网址

检测是否能够通过配备的 DNS 服务器成功连入 Internet。ping 通的情况下会出现该网址所对应的 IP 地址，这表明本机的 DNS 设置正确，而且 DNS 服务器工作正常，反之就可能是其中之一出现了故障。例如，执行"ping www.baidu.com"命令，网络正常连通时会出现如图 3-29 所示的结果，从图中可以看到，从本机访问百度网站的对应 IP 地址是"61.135.169.105"。因此，还可以利用此命令查询域名对应的 IP 地址。

笔 记

图 3-29　"ping www.baidu.com"命令

如果按照上面各步骤执行 ping 命令都能 ping 通，那么本机进行本地和远程通信的功能就基本没有问题。

（6）ping 目标地址 –t

"ping 目标地址 –t"命令表示向目标 IP 地址连续发送"请求回显"数据包，直到手动按【Ctrl+C】组合键停止。

（7）ping 目标地址 –l length

"ping 目标地址 –l length"命令表示向目标 IP 地址发送长度为 length 的数据包，默认值为 32 字节。例如，"ping 172.16.14.20 –l 40"表示向 IP 地址为 172.16.14.20 的目的主机发送长度为 40 字节的数据包，如图 3-30 所示。

图 3-30　"ping 目标地址 –l length"命令

（8）ping 目标地址 -n count

"ping 目标地址 -n count" 命令表示向目标 IP 地址发送数据包的次数为 count，默认值为 4 次。例如，"ping 172.16.14.20 -n 2" 表示向 IP 地址为 172.16.14.20 的目的主机发送数据包 2 次，如图 3-31 所示。

图 3-31 "ping 目标地址 -n count" 命令

2. tracert 命令

（1）tracert 目标地址

"tracert 目标地址" 命令如果不使用任何参数，将显示源主机到目的主机之间的路由连接情况。如图 3-32 所示，显示的是从本机到 "www.baidu.com" 服务器所经过的路由器及连接情况。

图 3-32 "tracert 目标地址" 命令

（2）tracert -h maximum_hops 目标地址

"tracert -h maximum_hops 目标地址" 命令表示搜索到达目标地址的路径中前 maximum_hops 个节点数，如图 3-33 所示。

图 3-33 "tracert -h maximum_hops 目标地址"命令

【问题与思考】

① ping 网址或 IP 地址时，不加参数，默认发送多少个数据包？

② 输入 ping www.163.com后，显示信息如下：

来自 60.210.18.169 的回复: 字节=32 时间=5ms TTL=52

其中 60.210.18.169 表示什么?32、5、52 分别表示什么？

③ 总结一下 ping 和 tracert 命令的相同和不同点？

任务 3　使用 arp 命令

【实训目的】

① 掌握 arp 命令的使用。

② 了解 IP 地址和 MAC 地址的映射关系。

【实训内容】

arp 常用命令选项如下：

（1）arp -a 或 arp -g

用于查看高速缓存中的所有项目。-a 和-g 参数的结果是一样的，多年来-g 一直是 UNIX 平台上用来显示 ARP 高速缓存中所有项目的选项，而 Windows 用的是 arp -a（-a 可被视为 all，即全部的意思），但它也可以接受比较传统的-g 选项。

例如，在命令行窗口中输入"arp -a"，如果使用 ping 命令测试并验证过从这台计算机到 IP 地址为 10.0.0.99 的主机的连通性，则 ARP 缓存显示以下项：

Interface:10.0.0.1 on interface 0x1

Internet Address	Physical Address	Type
10.0.0.99	00-e0-98-00-7c-dc	dynamic

（2）arp -a IP

如果有多个网卡，那么使用 arp -a 加上接口的 IP 地址，就可以只显示与该接口相关的 ARP 缓存项目。

实训报告

PPT 课件

PPT

（3）arp –s IP 物理地址

使用该命令可以向 ARP 高速缓存中人工输入一个静态条目。该条目在计算机引导过程中将保持有效状态，或者在出现错误时，人工配置的物理地址将自动更新该条目。

（4）arp –d IP

使用该命令能够人工删除一个静态项目。

可以看到，缓存项指出位于 10.0.0.99 的远程主机解析成 00-e0-98-00-7c-dc 的 MAC 地址，它是在远程计算机的网卡硬件中分配的。

【实训设备】

普通机房即可（要求计算机已经通过交换机连接成局域网并接入 Internet）。实训时，2~3 名同学分为一组，共同完成实训。

【实训步骤】

1. 显示高速 cache 中的 ARP 表

在命令行窗口中输入"arp –a"，结果如图 3-34 所示。

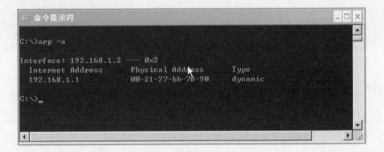

图 3-34　使用"arp –a"命令

2. 添加 ARP 静态表项

在命令行窗口中输入"arp –s 192.168.1.100 00-d0-09-f0-33-71"，表示添加 IP 地址为 192.168.1.100，MAC 地址为 00-d0-09-f0-33-71 的 ARP 表项，如图 3-35 所示。

图 3-35　使用"arp –s"命令

3. 删除 ARP 表项

在命令行窗口中输入"arp –d 192.168.1.100 00-d0-09-f0-33-71",可以
删除上一步手工添加的 ARP 表项,如图 3-36 所示。

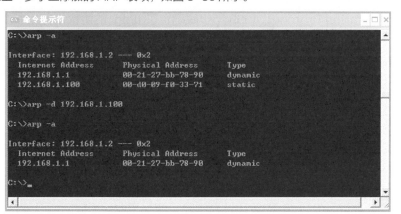

图 3-36 使用"arp –d"命令

在命令行窗口中输入"arp –d *",可以删除所有 ARP 表项,如图 3-37 所示。

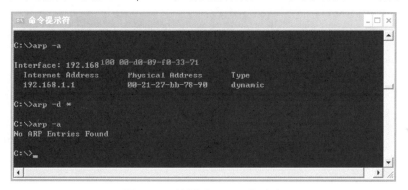

图 3-37 使用"arp –d*"命令

【问题与思考】

① 结合实训说一下 ARP 协议解析的过程?

② 如果某台计算机显示某个地址受到 ARP 攻击,请考虑一下,该如何解决这个问题?

 知识拓展 下一代的网络协议 IPv6

1. IPv6 概述

现有 Internet 的基础是 IPv4,到目前为止有近 30 年的历史了。由于
Internet 的迅猛发展,据统计平均每年 Internet 的规模就扩大一倍,从而 IPv4
的局限性就越来越明显。个人计算机市场的急剧扩大、个人移动计算设备的上
网数量激增、网上娱乐服务的增加、多媒体数据流的加入以及出于安全性等方

面的需求都迫切需要新一代 IP 协议的出现。

20 世纪 90 年代初，人们就开始讨论新的互连网络协议。IETF 的 IPng 工作组在 1994 年 9 月提出了一个正式的草案 The Recommendation for the IP Next Generation Protocol，1995 年年底确定了 IPng 的协议规范，并称为"IP 版本 6"（IPv6），以同现在使用的版本 4 相区别，1998 年进行了较大的改动。IPv6 在 IPv4 的基础上进行改进，它的一个重要的设计目标是与 IPv4 兼容，因为不可能要求立即将所有节点都演进到新的协议版本，如果没有一个过渡方案，再先进的协议也没有实用意义。IPv6 面向高性能网络（如 ATM），同时，它也可以在低带宽的网络（如无线网）上有效地运行。

2. IPv6 定义

IPv6 采用 128 位地址长度，几乎可以不受限制地提供地址。如果按保守方法估算 IPv6 实际可分配的地址，那么整个地球的每平方米面积上可分配 1000 多个地址。在 IPv6 的设计过程中除了解决了地址短缺问题以外，还考虑了在 IPv4 中解决不好的其他问题，主要有端到端 IP 连接、服务质量（QoS）、安全性、多播、移动性、即插即用等。

IPv6 与 IPv4 相比，有以下优点：

① 更大的地址空间。IPv4 中规定 IP 地址长度为 32，即有（$2^{32}-1$）个地址；而 IPv6 中 IP 地址的长度为 128，即有（$2^{128}-1$）个地址。

② 更小的路由表。IPv6 的地址分配一开始就遵循聚类（Aggregation）的原则，这使得路由器能在路由表中用一条记录（Entry）表示一片子网，大大减小了路由器中路由表的长度，提高了路由器转发数据报的速度。

③ 增强的组播（Multicast）支持以及对流的支持（Flow-control）。这使得网络上的多媒体应用有了长足发展的机会，为服务质量（QoS）控制提供了良好的网络平台。

④ 加入了对自动配置（Auto-configuration）的支持。这是对 DHCP 协议的改进和扩展，使得网络（尤其是局域网）的管理更加方便和快捷。

⑤ 更高的安全性。在使用 IPv6 网络时用户可以对网络层的数据进行加密并对 IP 报文进行校验，这极大地增强了网络安全。

3. IPv6 地址方案

和 IPv4 相比，IPv6 的主要改变就是地址的长度为 128 位，也就是说可以有（$2^{128}-1$）个 IP 地址，相当于 10 的后面有 38 个零，足以保证地球上的每个人拥有一个或多个 IP 地址。

（1）IPv6 地址类型

在 RFC1884 中指出了 3 种类型的 IPv6 地址，它们分别占用不同的地址空间。

① 单播：单一接口的地址。发送到单播地址的数据报被送到由该地址标识的接口。

② 任意播送：一组接口的地址。大多数情况下，这些接口属于不同的节点。

发送到任意播送地址的数据报被送到由该地址标识的其中一个接口。由于使用任意播送地址的标准尚在不断完善中，所以目前 HP-UX（Hewlett Packard UNIX，惠普 9000 系列服务器的操作系统）不支持任意播送。

③ 多播：一组接口的地址（通常分属不同节点）。发送到多播地址的数据报被送到由该地址标识的每个接口。

和 IPv4 不同的是，IPv6 中出现了任意点传输地址，并以多点传输地址代替了 IPv4 中的广播地址。

（2）IPv6 地址分配

RFC1881 规定，IPv6 地址空间的管理必须符合 Internet 团体的利益，必须通过一个中心权威机构来分配。目前这个权威机构就是 IANA（Internet Assigned Numbers Authority，Internet 编号管理局）。IANA 会根据 IAB（Internet Architecture Board）和 IEGS 的建议来进行 IPv6 地址的分配。

目前 IANA 已经委派 3 个地方组织来执行 IPv6 地址分配的任务：

① 欧洲的 RIPE-NCC（www.ripe.net）。

② 北美的 INTERNIC（www.internic.net）。

③ 亚太地区的 APNIC（www.apnic.net）。

4. IPv6 地址表示方法

现有的 IP 地址（IPv4 地址）采用 4 段十进制数（"."号隔开）进行表示，每一段如用二进制数表示则包含 8 位。IPv6 的地址在表示和书写时，用冒号将 128 位分割成 8 个 16 位的段，这里的 128 位表示在一个 IPv6 地址中包括 128 个二进制数。

（1）IPv6 地址的文本表示

有 3 种常规格式可用于以文本字符串形式表示 IPv6 地址。

第一种形式是 x:x:x:x:x:x:x:x，其中，"x"是十六进制数值，分别对应于 128 位地址中的 8 个 16 位段。例如，2001:fecd:ba23:cd1f:dcb1:1010:9234:4088。

第二种形式是一些 IPv6 地址可能包含一长串零位，为了便于以文本方式描述这种地址，制定了一种特殊的语法。"::"表示有多组 16 位零。"::"只能在一个地址中出现一次，用于压缩一个地址中的前导、末尾或相邻的 16 位零。例如，fec0:1:0:0:0:0:0:1234 可以表示为 fec0:1::1234。

当处理拥有 IPv4 和 IPv6 节点的混合环境时，可以使用 IPv6 地址的另一种形式，即 x:x:x:x:x:x:d.d.d.d。其中，"x"是 IPv6 地址的 96 位高位的十六进制数值，"d"是 32 位低位的十进制数值。通常，"映射 IPv4 的 IPv6 地址"以及"兼容 IPv4 的 IPv6 地址"可以采用这种方法表示。例如，0:0:0:0:0:0:10.1.2.3 以及 ::10.11.3.123。

（2）IPv6 地址前缀

IPv6 地址前缀与 IPv4 中的 CIDR 相似，并写入 CIDR 表示法中。IPv6

笔　记

笔 记

地址前缀由该表示法表示为：IPv6-address/prefix-length。其中，"IPv6-address"是用上面任意一种表示法表示的 IPv6 地址，"prefix-length"是一个十进制数值，表示前缀由多少个最左侧相邻位构成。例如，fec0:0:0:1::1234/64，地址的前 64 位"fec0:0:0:1"构成了地址的前缀。在 IPv6 地址中，地址前缀用于表示 IPv6 地址中有多少位表示子网。

（3）单播地址

IPv6 单播地址分为多种类型，分别是可聚集全局单播地址、站点本地地址以及链路本地地址。通常，单播地址在逻辑上如下所示。

n位	128-n位
子网前缀	接口ID

IPv6 单播地址中的接口标识符用于在链路中标识接口。接口标识符在该链路中必须是唯一的，链路通常由子网前缀标识。

如果一个单播地址的所有位均为 0，那么该地址称为未指定的地址，以文本形式表示为"::"。

单播地址"::1"或"0:0:0:0:0:0:0:1"称为环回地址。节点向自己发送数据报时采用环回地址。

1）可聚集全局单播地址

可聚集全局单播地址是在全局范围内唯一的 IPv6 地址。在 RFC 2374 中，对该地址格式进行了全面的定义（一种 IPv6 可聚集全局单播地址格式），格式如下。

3位	13位	8位	24位	16位	64位
FP	TLAID	RES	NLAID	SLAID	Interface ID

其中，FP = Format Prefix（格式前缀），对于可聚集全局单播地址，其值为"001"；TLAID = Top-Level Aggregation Identifier（顶级聚集标识符）；RES = Reserved for future use（保留以备将来使用）；NLAID = Next-Level Aggregation Identifier（下一级聚集标识符）；SLAID=Site-Level Aggregation Identifier（站点级聚集标识符）；Interface ID = Interface Identifier（接口标识符）。

2）链路本地地址

链路本地地址具有如下格式。

10位	54位	64位
1111111010	0	接口ID

链路本地地址用于在单个链路上对节点进行寻址。来自或发往链路本地地址的数据报不会被路由器转发。

3）站点本地地址

站点本地地址具有如下格式。

10位	38位	16位	64位
1111111011	0	子网ID	接口ID

站点本地地址应在同一站点内使用。路由器不会转发任何站点本地源地址或目的地址是站点外部地址的数据报。

（4）多播地址

多播地址是一组节点的标识符。多播地址具有如下格式。

8位	4位	4位	112位
11111111	标志	范围	组ID

地址开头的"ff"标识该地址是一个多播地址。

"标志"字段是一组 4 位标志"000T"。高 3 位是保留位，必须为 0。最后一位"T"说明它是否被永久分配。如果该值为 0，说明它被永久分配，否则为暂时分配。

"范围"字段是一个 4 位字段，用于限制多播组的范围。例如，值"1"说明该多播组是一个节点本地多播组；值"2"说明其范围是链路本地。

"组 ID"字段标识多播组。以下是一些常用的多播组： 所有节点地址=ff02:0:0:0:0:0:0:1（链路本地）；所有路由器地址=ff02:0:0:0:0:0:0:2（链路本地）；所有路由器地址= ff05:0:0:0:0:0:0:2（站点本地）。

（5）IPv4 和 IPv6 的兼容性

可以通过很多技术在 IPv6 地址框架内使用 IPv4 地址。

1）兼容 IPv4 的 IPv6 地址

IPv6 转换机制使用一项技术以隧道操作方式在现有的 IPv4 结构上传输 IPv6 数据报。支持这种机制的 IPv6 节点使用一种特殊的 IPv6 地址，这种地址通过其低 32 位携带 IPv4 地址。因此，这种地址称为"兼容 IPv4 的 IPv6 地址"，表示如下。

96位	32位
::	IPv4地址

例如， ::192.168.0.1。

2）映射 IPv4 的 IPv6 地址

有一种特殊类型的 IPv6 地址，其中包含嵌入的 IPv4 地址。可以采用这种地址将只支持 IPv4 的节点的地址表示为 IPv6 地址。该地址特别适用于既支持 IPv6 又支持 IPv4 的应用程序。因此，这种地址称为"映射 IPv4 的 IPv6 地址"，表示如下。

80位	16位	32位
::	ffff	IPv4地址

例如，::ffff:192.168.0.1。

为了便于大家对 IPv6 的理解，下面以表的形式把现在的 IPv4 与 IPv6 中的一些关键项进行对比，参见表 3-12。

表 3-12　IPv4 与 IPv6 比对表

对比项	IPv4 地址	IPv6 地址
地址位数	IPv4 地址总长度为 32 位	IPv6 地址总长度为 128 位，是 IPv4 的 4 倍
地址格式表示	点分十进制格式	冒号分十六进制格式，带零压缩
分类	按 5 类划分总的 IP 地址	不适用，IPv6 没有对应地址划分，而主要是按传输类型划分
网络表示	点分十进制格式的子网掩码或以前缀长度格式表示	仅以前缀长度格式表示
环路地址	127.0.0.1	::1
公共地址	公共 IP 地址	IPv6 的公共地址为"可聚集全球单点传输地址"
本地地址	自动配置的地址（169.254.0.0/16）	链路本地地址（FE80::/64）
多点传输地址	多点传输地址（224.0.0.0/4）	IPv6 多点传输地址（FF00::/8）
广播地址	包含广播地址	不适用，IPv6 未定义广播地址
专用地址	专用 IP 地址（10.0.0.0/8、172.16.0.0/12、192.168.0.0/16）	站点本地地址（FEC0::/48）
域名解析	IPv4 主机地址（A）资源记录	IPv6 主机地址（AAAA）资源记录
逆向域名解析	IN-ADDR.ARPA 域	IP6.INT 域

单元小结

　　本单元学习了 OSI 参考模型和 TCP/IP 模型这两种网络体系结构，并重点介绍了网络互连层协议和传输层协议。通过本单元的学习，要求掌握 OSI 参考模型、TCP/IP 模型、IP 编址及子网划分、传输层协议 TCP 和 UDP 等的相关知识，并能够利用 ping、tracert 等基本的网络命令排除简单的网络故障。

　　单元最后还安排了技能实训，希望通过实训使学生具备 IP 地址应用与配置的能力、子网划分与应用的能力、使用网络命令排除简单网络故障的能力。

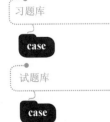

习题库

试题库

思考与练习

一、填空题

　　1. A、B、C 类 IP 地址的两个组成部分是_____和_____，这种结构的好处是

_____。

2. x.y.z.w 表示形式称为 IP 地址的_____表示形式。

3. 主机 130.45.36.78 属于___类网络,其网络号是_____。若该主机要给 IP 地址是 154.56.7.8 的主机所在的网络广播一个报文,其目的 IP 地址是_____,该地址称为_____广播地址;若该主机要给自己所在网络的所有主机广播一个报文,目的 IP 地址是_____,该地址称为_____广播地址。

4. 发送方主机在封装数据帧之前需要获取接收方或路由器的_____地址信息,通过_____协议获取。

5. 如果要为一个网络划分大小不同的若干子网,需要使用_____技术。

6. _____类地址代表一组属于不同地理范围的主机。

二、选择题

1. 下列选项中,能够指定给某个具体主机的 IP 地址是 (　　　)。
　　A. 225.98.45.26　　　　　　B. 192.255.45.213
　　C. 210.46.234.0　　　　　　D. 127.34.5.21

2. 以下哪几个是正确的子网号表示方法。(　　　)
　　A. 255.255.0.0　　　　　　B. 187.230.34.0
　　C. 210.34.78.24　　　　　　D. 132.43.66.22

3. 下列地址中,(　　　)是 B 类地址。
　　A. 211.45.61.9　　　　　　B. 120.232.38.78
　　C. 234.97.221.245　　　　　D. 176.32.12.56

4. 下列选项中,不能够作为子网掩码的是 (　　　)。
　　A. 255.255.0.0　　　　　　B. 255.255.248.0
　　C. 255.255.206.64　　　　　D. 255.255.255.128

5. 一个主机的 IP 地址为 198.0.46.1,其默认掩码是以下哪一个? (　　　)
　　A. 255.0.0.0　　　　　　　B. 255.255.0.0
　　C. 255.255.255.0　　　　　D. 255.255.255.255

6. 下列协议中,不能用于获取 IP 地址的是 (　　　)。
　　A. RARP　　　　　　B. DHCP　　　C. ARP　　　D. BOOTP

7. 下列网络地址中,不是私有地址的是 (　　　)。
　　A. 172.16.0.0　　　　　　B. 192.168.2.0
　　C. 10.0.0.0　　　　　　　D. 211.32.45.0

8. 在 OSI 参考模型中,(　　　)处于模型的最底层。
　　A. 传输层　　　　　　B. 网络层　　　C. 数据链路层　D. 物理层

9. 某单位在划分子网之后,子网之间的连接需要使用 (　　　)设备。
　　A. 集线器　　　　　　B. 网桥　　　　C. 交换机　　　D. 路由器

10. 在 TCP/IP 模型中,(　　　)使用端口向上层提供服务。
　　A. 应用层　　　　　　B. 传输层　　　C. 网络层　　　D. 物理层

11. 下列设备中,不能进行不同局域网数据帧格式转换的是 (　　　)。
　　A. 路由器　　　　　　B. 集线器　　　C. 网桥　　　　D. 交换机

笔 记

三、简答题

1. 一个 B 类网络中最多可以有多少台主机，如何计算？B 类网络最多可以划分多少个子网？

2. 目的 IP 地址是什么情况时，IP 数据报不能跨越路由器？

3. 请叙述网络体系结构中服务与协议的关系。

4. 主机中的 ARP 高速缓存用于存放什么信息？怎样查看？

5. OSI 模型中由底向上的 7 个层分别是什么？

6. 地址转换的概念是什么？有哪几种转换方式？请详细说明。

四、操作题

1. 找出以下 IP 地址的类：

（1）203.17.1.36　　　　　　（2）122.156.2.25

（3）189.22.122.111　　　　　（4）238.33.1.220

2. 找出以下 IP 地址的 NETID（网络号）与 HOSTID（主机号）：

（1）122.56.2.2　　　　（2）129.15.1.36　　　　（3）202.22.122.111

3. 求网络地址：

（1）已知 IP 地址为 144.12.25.1，掩码为 255.255.0.0，其网络地址是什么？

（2）已知 IP 地址为 144.12.25.1，掩码为 255.255.255.0，其网络地址是什么？

4. 试根据以下数据找出子网地址与 HOSTID（主机号）：

IP 地址：120.14.22.16

子网掩码：255.255.128.0

五、计算题

1. 我校有 6 大系，路桥系最大，有计算机 30 台，商贸旅游系最小，只有 18 台计算机，其他各系都有 28 台主机，现申请到一个 C 类地址段：192.168.1.0/24，请按要求划分子网，使每个系都满足要求，且又留有一定余量。请将每个子网的网络号、广播地址及有效主机范围写出来。

2. 某公司有销售部、市场部、工程部、财务部 4 个部门，每个部门 30 台计算机，每个部门 1 个子网，现申请到的网络是 172.1.1.0/25，请写出子网划分的方案。

3. 完成下表的填写。

IP 地址	96.187.222.145
子网掩码	255.240.0.0
地址类别	
网络地址	
直接广播地址	
本地广播地址	
主机号	
子网内最小的可用地址	
子网内最大的可用地址	
子网内能够容纳的主机数量	

单元 4

组建局域网

学习目标

【知识目标】

- 掌握局域网的基本概念。
- 掌握局域网 IEEE 802 模型。
- 掌握介质访问控制方法。
- 掌握以太网帧的基本知识。
- 掌握常见传输介质及其特点。
- 掌握组网硬件设备。

【技能目标】

- 具备局域网组建与维护的能力。
- 具备网络双绞线制作能力。
- 具备网络硬件设备识别及应用能力。
- 具备局域网中软硬件共享配置能力。
- 具备排除局域网中一般网络故障的能力。

【素养目标】

- 实际动手解决以太网一般问题。
- 团结协作的精神。
- 自学探索的能力。

课程标准

教学指导

情境列表

PPT 课件

PPT

原理动画

教学视频

实训案例

case

实训报告

习题库

case

试题库

case

引例描述

学习了这么多网络理论知识，小凡觉得只说不练可不行，他想亲自实践一下组建简单的局域网。组建局域网虽然不难，但是小凡需要知道组网用什么线缆或传输介质，还要了解基本的组网设备。通过学习，小凡知道组网用"网线+交换机+路由器"就足够了，也知道组网是为了实现资源共享，那么组建了自己的局域网后，如何进行资源共享呢？

基础知识

4.1 局域网基础

局域网是计算机网络的重要组成部分，是当今计算机网络技术应用与发展非常活跃的一个领域。公司、企业、政府部门及住宅小区内的计算机都通过局域网连接起来，以达到资源共享、信息传递和数据通信的目的。而信息化进程的加快，更是刺激了通过局域网进行网络互连需求的剧增。因此，理解和掌握局域网技术也就显得很重要。

局域网的发展始于 20 世纪 70 年代，至今仍是网络发展中的一个活跃领域。到了 20 世纪 90 年代，局域网更是在速度、带宽等指标方面有了更大进展，并且在访问、服务、管理、安全和保密等方面有了进一步的改善。例如，以太网技术从传输速率为 10Mbit/s 的以太网发展到 100Mbit/s 的高速以太网，并继续提高至千兆位（1000Mbit/s）以太网、万兆位以太网。

4.1.1 局域网的基本概念

局域网（Local Area Network，LAN）是在一个局部地区范围内，把各种计算机、外围设备、数据库等相互连接起来组成的计算机通信网。它是一种小型网（3~50 个节点），通常布置在一个公司（或组织）的办公区域内。确切地说，局域网只是与广域网相对应的一个词，并没有严格的定义，凡是小范围内的有限个通信设备互连在一起的通信网都可以称为局域网。这里的通信设备可以包括微型计算机、终端、外部设备、电话机、传真机等。按照这种说法，专用小型交换机 PBX（Private Branch eXchange）也是一种局域网。而我们通常所说的都是计算机局部网络，简称为局域网。

微课 局域网概述

局域网一般具有以下特点：

① 有限的地理范围（一般在 10m 到 10km 之内）。

② 通常多个站共享一个传输介质（同轴电缆、双绞线、光纤）。

③ 具有较高的数据传输速率，通常为 1~20Mbit/s，高速局域网可达100Mbit/s。

④ 具有较低的时延。

⑤ 具有较低的误码率，一般在千万分之一到百亿分之一之间。

⑥ 有限的站数。

4.1.2 局域网的组成与分类

一个局域网是什么类型的局域网要看采用什么样的分类方法。由于存在多种分类方法，因此一个局域网可能属于多种类型。对局域网进行分类经常采用以下方法：按拓扑结构分类、按传输介质分类、按访问传输介质的方法分类和按网络操作系统分类。

微课 局域网体系结构

（1）按拓扑结构分类

局域网经常采用总线型、环型、星型、树型和混和型拓扑结构，因此可以把局域网分为总线型局域网、环型局域网、星型局域网、树型局域网和混和型局域网等类型。这种分类方法反映的是网络采用的哪种拓扑结构，是最常用的分类方法。

（2）按传输介质分类

局域网上常用的传输介质有同轴电缆、双绞线、光纤等，因此可以将局域网分为同轴电缆局域网、双绞线局域网和光纤局域网。若采用无线电波、微波，则可以称为无线局域网。

（3）按访问传输介质的方法分类

传输介质提供了两台或多台计算机互连并进行信息传输的通道。在局域网上，经常是在一条传输介质上连有多台计算机，如总线型和环型局域网，用户共享使用一条传输介质，而一条传输介质在某一时间内只能被一台计算机所使用，那么在某一时刻到底谁能使用或访问传输介质呢？这就需要有一个共同遵守的方法或原则来控制、协调各计算机对传输介质的同时访问，这种方法就是协议或称为介质访问控制方法。目前，在局域网中常用的传输介质访问方法有：以太（Ethernet）方法、令牌（Token Ring）方法、FDDE 方法、异步传输模式（ATM）方法等，因此可以把局域网分为以太网（Ethernet）、令牌网（Token Ring）、FDDE 网、ATM 网等。

（4）按网络操作系统分类

局域网的工作是在网络操作系统控制之下进行的。正如微机上的 DOS、UNIX、Windows、OS/2 等不同操作系统一样，局域网上也有多种网络操作系统。网络操作系统决定网络的功能、服务性能等，因此可以把局域网按其所使用的网络操作系统进行分类，如 Novell 公司的 Netware 网，3COM 公司的 3+OPEN 网，Microsoft 公司的 Windows NT 网，IBM 公司的 LAN Manager 网，BANYAN 公司的 VINES 网等。

（5）其他分类方法

按数据的传输速率分类，可分为 10Mbit/s 局域网、100Mbit/s 局域网、1000Mbit/s 局域网等，按信息的交换方式分类，可分为交换式局域网、共享式局域网等。

4.1.3 常见的局域网拓扑结构

在计算机网络中，把计算机、终端、通信处理机等设备抽象成点，把连接这些设备的通信线路抽象成线，并将由这些点和线所构成的拓扑称为网络拓扑结构。网络拓扑结构反映出网络的结构关系，它对于网络的性能、可靠性以及建设管理成本等都有着重要的影响，因此网络拓扑结构的设计在整个网络设计中占有十分重要的地位，在网络构建时，网络拓扑结构往往是首先要考虑的因素之一。

微课 网络拓扑结构

局域网与广域网的一个重要区别在于它们覆盖的地理范围。由于局域网设计的主要目标是覆盖一个公司、一所大学或一幢甚至几幢大楼的"有限的地理范围"，因此它在基本通信机制上选择了"共享介质"方式和"交换"方式。因此，局域网在传输介质的物理连接方式、介质访问控制方法上形成了自己的特点，在网络拓扑上主要有以下几种结构。

1. 星型拓扑（Star Topology）

星型拓扑是由中央节点和通过点对点链路接到中央节点的各站点（网络工作站等）组成，如图 4-1 所示。星型拓扑以中央节点为中心，执行集中式通信控制策略，因此，中央节点相当复杂，而各个站的通信处理负担都很小，又称集中式网络。中央控制器是一个具有信号分离功能的"隔离"装置，它能放大和改善网络信号，外部有一定数量的端口，每个端口连接一个站点，如 Hub（集线器）、交换机等。星型拓扑的交换方式有线路交换和报文交换，尤以线路交换更为普遍，现有的数据处理和声音通信的信息网大多采用这种拓扑。一旦建立了通信的连接，可以没有延迟地在两个连通的站点之间传输数据。

图 4-2 所示为使用配线架的星型拓扑，配线架相当于中间集中点，可以在每个楼层配置一个，并具有足够数量的连接点，以供该楼层的站点使用，站点的位置可灵活放置。

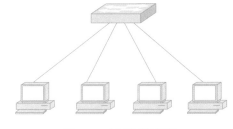

图 4-1 星型拓扑结构

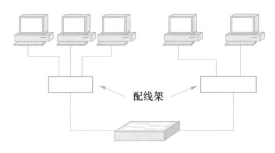

配线架

图 4-2 带有配线架的星型拓扑

星型拓扑的优点是结构简单、管理方便、可扩充性强、组网容易。利用中央节点可方便地提供网络连接和重新配置，且单个连接点的故障只影响一个设备，不会影响全网，容易检测和隔离故障，便于维护。

星型拓扑的缺点是每个站点直接与中央节点相连，需要大量电缆，因此费用较高，如果中央节点产生故障，则全网不能工作，所以对中央节点的可靠性和冗余度要求很高。

星型拓扑广泛应用于网络中智能集中于中央节点的场合。目前在传统的数据通信中，这种拓扑还占支配地位。

2. 总线拓扑（Bus Topology）

总线拓扑采用单根传输线作为传输介质，所有的站点都通过相应的硬件接口直接连接到传输介质或总线上。任何一个站点发送的信息都可以沿着介质传播，而且能被所有其他的站点接收。图 4-3 是典型的总线拓扑结构，图 4-4 是带有中继器的总线拓扑。

由于所有的站点共享一条公用的传输链路，所以一次只能有一个设备传输数据。通常采用分布式控制策略来决定下一次哪一个站点发送信息。

图 4-3 典型的总线拓扑结构

笔 记

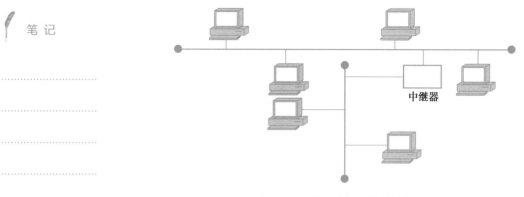

图 4-4　带有中继器的总线拓扑

在发送数据时，发送站点将报文分组，然后一次一次地依次发送这些分组，有时要与其他站点发来的分组交替地在介质上传输。当分组经过各站点时，目的站点将识别分组中携带的目的地址，然后复制这些分组的内容。这种拓扑减轻了网络通信处理的负担，它仅仅是一个无源的传输介质，而通信处理分布在各站点进行。

总线拓扑的优点是：结构简单，实现容易；易于安装和维护；价格低廉，用户站点入网灵活。

总线拓扑的缺点是：传输介质故障难以排除，并且由于所有节点都直接连接在总线上，因此任何一处故障都会导致整个网络的瘫痪。

不过，对于站点不多（10 个站点以下）的网络或各个站点相距不是很远的网络，采用总线拓扑还是比较适合的。但随着在局域网上传输多媒体信息的增多，目前这种网络拓扑正在被淘汰。

3. 环型拓扑（Ring Topology）

环型拓扑由一些中继器和连接中继器的点到点链路首尾相连形成一个闭合的环，如图 4-5 所示。每个中继器都与两条链路相连，它接收一条链路上的数据，并以同样的速度串行地把该数据送到另一条链路上，而不在中继器中缓冲。这种链路是单向的，也就是说，只能在一个方向上传输数据，而且所有的链路都按同一方向传输，数据就在一个方向上围绕着环进行循环。

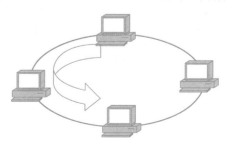

图 4-5　环型拓扑结构

由于多个设备共享一个环，因此需要对此进行控制，以便决定每个站在什

么时候可以把分组放在环上。这种功能是用分布控制的形式完成的，每个站都
有控制发送和接收的访问逻辑。由于信息包在封闭环中必须沿每个节点单向传
输，因此，环中任何一段的故障都会使各站之间的通信受阻。为了增加环型拓
扑的可靠性，还引入了双环拓扑。所谓双环拓扑就是在单环的基础上在各站点
之间再连接一个备用环，从而当主环发生故障时，由备用环继续工作。

环型拓扑结构的优点是能够较有效地避免冲突，其缺点是环型结构中的网
卡等通信部件比较昂贵且管理复杂得多。

在实际的应用中，多采用环型拓扑作为宽带高速网络的结构。

4. 树型拓扑（Tree Topology）

树型拓扑是从总线拓扑演变而来的，它把星型和总线型结合起来，形状像
一棵倒置的树，顶端有一个带分支的根，每个分支还可以延伸出子分支，如
图 4-6 所示。

这种拓扑和带有几个段的总线拓扑的主要区别在于根的存在。当节点发送
信号时，根接收该信号，然后再重新广播发送到全网。

树型拓扑的优点是易于扩展和故障隔离，缺点是对根的依赖性太大，如果
根发生故障，则全网不能正常工作，对根的可靠性要求很高。

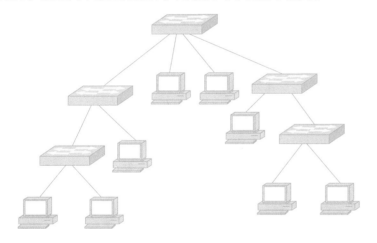

图 4-6　树型拓扑结构

5. 拓扑的选择

拓扑的选择往往和传输介质的选择以及介质访问控制方法的确定紧密相
关。在选择拓扑时，应该考虑的主要因素有以下几个。

（1）经济性

网络拓扑的选择直接决定了网络安装和维护的费用。不管选用什么样的传
输介质，都需要进行安装。例如，安装电线沟、安装电线管道等。最理想的情
况是建楼以前先进行安装，并考虑今后扩建的要求。安装费用的高低与拓扑结
构的选择以及传输介质的选择、传输距离的确定有关。

笔 记

（2）灵活性

灵活性及可扩充性也是选择网络拓扑结构时应充分重视的问题。任何一个网络，随着用户数的增加，网络应用的深入和扩大，网络新技术的不断涌现，特别是应用方式和要求的改变，经常需要加以调整。网络的可调整性、灵活性及可扩充性都与网络拓扑直接相关。一般来说，总线型拓扑和环型拓扑要比星型拓扑的可扩充性好得多。

（3）可靠性

网络的可靠性是任何一个网络的生命。网络拓扑决定了网络故障检测和故障隔离的方便性。

总之，在选择局域网拓扑时，需要考虑的因素很多，这些因素同时影响网络的运行速度和网络软硬件接口的复杂程度等。

4.1.4　局域网和 IEEE 802 模型

局域网出现之后，发展迅速，种类繁多，为了促进产品的标准化以增加产品的互操作性，1980 年 2 月，美国电气和电子工程师学会（IEEE）成立了局域网标准化委员会（简称 IEEE 802 委员会），研究并制定了 IEEE 802 局域网标准。

1. IEEE 802 标准概述

1985 年 IEEE 公布了 IEEE 802 标准的五项标准文本，同年被美国国家标准局（ANSI）采纳，作为美国国家标准。后来，国际标准化组织（ISO）经过讨论，建议将 802 标准定为局域网国际标准。

IEEE 802 为局域网制定了一系列标准，主要有如下几种。

① IEEE 802.1：描述局域网体系结构以及寻址、网络管理和网络互连（1997）。

● IEEE 802.1G：远程 MAC 桥接（1998）。规定本地 MAC 网桥操作远程网桥的方法。

● IEEE 802.1H：局域网中的以太网 2.0 版 MAC 桥接（1997）。

● IEEE 802.1Q：虚拟局域网（1998）。

② IEEE 802.2：定义了逻辑链路控制（LLC）子层的功能与服务（1998）。

③ IEEE 802.3：描述带冲突检测的载波监听多路访问（CSMA/CD）的访问方法和物理层规范（1998）。

● IEEE 802.3ab：描述 1000Base-T 访问控制方法和物理层技术规范（1999）。

● IEEE 802.3ac：描述 VLAN 的帧扩展（1998）。

● IEEE 802.3ad：描述多重链接分段的聚合协议（Aggregation of Multiple Link Segments）（2000）。

● IEEE 802.3i：描述 10Base-T 访问控制方法和物理层技术规范。

● IEEE 802.3u：描述 100Base-T 访问控制方法和物理层技术规范。

笔 记

● IEEE 802.3z：描述 1000Base-X 访问控制方法和物理层技术规范。

● IEEE 802.3ae：描述 10GBase-X 访问控制方法和物理层技术规范。

④ IEEE 802.4：描述 Token-Bus 访问控制方法和物理层技术规范。

⑤ IEEE 802.5：描述 Token-Ring 访问控制方法和物理层技术规范（1997）。

IEEE 802.5t：描述 100 Mbit/s 高速标记环访问方法（2000）。

⑥ IEEE 802.6：描述城域网（MAN）访问控制方法和物理层技术规范（1994）。1995 年又附加了 MAN 的 DQDB 子网上面向连接的服务协议。

⑦ IEEE 802.7：描述宽带网访问控制方法和物理层技术规范。

⑧ IEEE 802.8：描述 FDDI 访问控制方法和物理层技术规范。

⑨ IEEE 802.9：描述综合语音、数据局域网技术（1996）。

⑩ IEEE 802.10：描述局域网网络安全标准（1998）。

⑪ IEEE 802.11：描述无线局域网访问控制方法和物理层技术规范（1999）。

⑫ IEEE 802.12：描述 100VG-AnyLAN 访问控制方法和物理层技术规范。

⑬ IEEE 802.14：描述利用 CATV 宽带通信的标准（1998）。

⑭ IEEE 802.15：描述无线私人网（Wireless Personal Area Network，WPAN）。

⑮ IEEE 802.16：描述宽带无线访问标准（Broadband Wireless Access Standards），由两部分组成。

从图 4-7 可以看出，IEEE 802 标准实际上是一个由一系列协议组成的标准体系。随着局域网技术的发展，该体系在不断地增加新的标准和协议，如 802.3 家族就随着以太网技术的发展出现了许多新的成员。

图 4-7　IEEE 802 标准的内部关系

2. 局域网参考模型

20 世纪 80 年代初期，美国电气和电子工程师学会 IEEE 802 委员会结合局域网自身的特点，参考 OSI/RM，提出了局域网的参考模型（LAN/RM），制定出局域网体系结构，IEEE 802 标准诞生于 1980 年 2 月，故称为 802 标准。

由于计算机网络的体系结构和国际标准化组织（ISO）提出的开放系统互连参考模型（OSI/RM）已得到广泛认同，并提供了一个便于理解、易于开发和加强标准化统一的计算机网络体系结构，因此局域网参考模型参考了 OSI 参考模型。根据局域网的特征，局域网的体系结构一般仅包含 OSI 参考模型的最低两层：物理层和数据链路层，如图 4-8 所示。

PPT 课件

PPT

原理动画

笔 记

图 4-8　OSI 参考模型和局域网参考模型

（1）物理层

物理层的主要作用是处理机械、电气、功能和规程等方面的特性，确保在通信信道上二进制位信号的正确传输。其主要功能包括信号的编码与解码，同步前导码的生成与去除，二进制位信号的发送与接收，错误校验（CRC 校验），提供建立、维护和断开物理连接的物理设施等。局域网物理层制定标准规范的主要内容如下。

① 局域网支持的传输介质及相应的传输距离。

② 传输速率。

③ 物理接口的机械特性、电气特性、性能和规程特性。

④ 传输信号的编码方案。局域网的编码方案有曼彻斯特、差分曼彻斯特、4B/5B、8B/6T 和 8B/10B 等。

⑤ 错误校验码及同步信号的产生与删除。

⑥ 拓扑结构。

⑦ 物理信令（PLS），物理层向介质访问控制子层提供的服务原语，包括请求、证实、指示原语。

（2）数据链路层

在 OSI 参考模型中，数据链路层的功能简单，它只负责把数据从一个节点可靠地传输到相邻的节点。在局域网中，多个站点共享传输介质，在节点间传输数据之前必须首先解决由哪个设备使用传输介质，因此数据链路层要有介质访问控制功能。由于介质的多样性，所以必须提供多种介质访问控制方法。为此 IEEE 802 标准把数据链路层划分为两个子层：逻辑链路控制（Logical Link Control，LLC）子层和介质访问控制（Media Access Control，MAC）子层。

LLC 子层负责向网络层提供服务，它提供的主要功能是寻址、差错控制和流量控制等；MAC 子层的主要功能是控制对传输介质的访问，不同类型的 LAN，需要采用不同的控制法，并且在发送数据时负责把数据组装成带有地址和差错校验段的帧，在接收数据时负责把帧拆封，执行地址识别和差错校验。

1）MAC 子层

介质访问控制子层构成数据链路层的下半部，它直接与物理层相邻。MAC 子层的一个功能是支持 LLC 子层完成介质访问控制功能，MAC 子层为不同的物理介质定义了介质访问控制标准。MAC 子层的另一个主要的功能是在发送数据时，将从上一层接收的数据组装成包含 MAC 地址和差错检测字段的数据帧；在接收数据时拆帧，并完成地址识别和差错检测。

2）LLC 子层

逻辑链路控制子层构成数据链路层的上半部，与网络层和 MAC 子层相邻。LLC 子层在 MAC 子层的支持下向网络层提供服务。LLC 子层与传输介质无关，隐藏了各种局域网技术之间的差别，向网络层提供一个统一的信号格式与接口。LLC 子层的作用是在 MAC 子层提供的介质访问控制和物理层提供的比特服务的基础上，将不可靠的信道处理为可靠的信道，确保数据帧的正确传输。

LLC 子层的功能主要是建立、维持和释放数据链路，提供一个或多个服务访问点，为网络层提供面向连接的或无连接的服务。另外，LLC 子层还提供差错控制、流量控制和发送顺序控制等功能。

尽管将局域网的数据链路层分成了 LLC 和 MAC 两个子层，但这两个子层都是要参与数据的封装和拆封过程的，而不是只由其中某一个子层来完成数据链路层帧的封装及拆封。在发送方，网络层下来的数据分组首先要加上 DSAP（Destination Service Access Point）和 SSAP（Source Service Access Point）等控制信息，在 LLC 子层被封装成 LLC 帧，然后由 LLC 子层将其交给 MAC 子层，加上 MAC 子层相关的控制信息后被封装成 MAC 帧，最后由 MAC 子层交局域网的物理层完成物理传输；在接收方，则首先将物理的原始比特流还原成 MAC 帧，在 MAC 子层完成帧检测和拆封后变成 LLC 帧交给 LLC 子层，LLC 子层完成相应的帧检验和拆封工作，将其还原成网络层的分组上交给网络层。

4.1.5 介质访问控制方法

将传输介质的频带有效地分配给网上各站点用户的方法称为介质访问控制方法。介质访问控制方法是局域网最重要的一项基本技术，对局域网体系结构、工作过程和网络性能产生决定性的影响。设计一个好的介质访问控制协议要包含 3 个基本目标：协议要简单，获得有效的通道利用率，公平合理地对待网上各站点的用户。介质访问控制方法主要是解决介质使用权的算法或机构问题，从而实现对网络传输信道的合理分配。

1. 信道分配问题

通常可将信道分配方法划分为两类：静态分配方法和动态分配方法。

（1）静态分配方法

所谓静态分配方法，也是传统的分配方法，它采用频分多路复用或时分多路复用的办法将单个信道划分后静态地分配给多个用户。

当用户站数较多或使用信道的站数在不断变化或者通信量的变化具有突发性时，静态频分多路复用方法的性能较差，因此，传统的静态分配方法，不能完全适合计算机网络。

（2）动态分配方法

所谓动态分配方法就是动态地为每个用户站点分配信道使用权。动态分配方法通常有 3 种：轮转、预约和争用。

① 轮转：使每个用户站点轮流获得发送的机会，这种技术称为轮转。它适合于交互式终端对主机的通信。

② 预约：预约是指将传输介质上的时间分隔成时间片，网上用户站点若要发送，必须事先预约能占用的时间片。这种技术适用于数据流的通信。

③ 争用：所有用户站点都能争用介质，这种技术称为争用。它实现起来简单，对轻负载或中等负载的系统比较有效，适合于突发式通信。

争用方法属于随机访问技术，而轮转和预约的方法则属于控制访问技术。

2. 介质访问控制方法

介质访问控制方法的主要内容有两个方面：一是要确定网络上每一个节点能够将信息发送到介质上去的特定时刻；二是要解决如何对共享介质的访问和利用加以控制。下面主要介绍常用的介质访问控制方法：总线结构的带冲突检测的载波监听多路访问（CSMA/CD）方法、环型结构的令牌环（Token Ring）访问控制方法和令牌总线（Token Bus）访问控制方法。

（1）带冲突检测的载波监听多路访问（CSMA/CD）

微课 CSMA/CD

CSMA/CD（Carrier Sense Multiple Access/Collision Detection）是采用争用技术的一种介质访问控制方法。CSMA/CD 通常用于总线型拓扑结构和星型拓扑结构的局域网中。它的每个站点都能独立决定发送帧，若两个或多个站同时发送，即产生冲突。每个站点都能判断是否有冲突发生，如冲突发生，则等待随机时间间隔后重发，以避免再次发生冲突。

CSMA/CD 的工作原理可概括成四句话，即先听后发、边发边听、冲突停止、随机延迟后重发。具体过程如下。

① 当一个站点想要发送数据的时候，它检测网络查看是否有其他站点正在传输，即监听信道是否空闲。

② 如果信道忙，则等待，直到信道空闲。

③ 如果信道闲，站点就传输数据。

④ 在发送数据的同时，站点继续监听网络确信没有其他站点在同时传输数据。因为有可能两个或多个站点都同时检测到网络空闲然后几乎在同一时刻开

始传输数据。如果两个或多个站点同时发送数据，就会产生冲突。

⑤ 当一个传输节点识别出一个冲突，它就发送一个拥塞信号，这个信号使得冲突的时间足够长，让其他节点都能发现。

⑥ 其他节点收到拥塞信号后，都停止传输，等待一个随机产生的时间间隙（回退时间，Backoff Time）后重发。

CSMA/CD 转发流程图如图 4-9 所示。

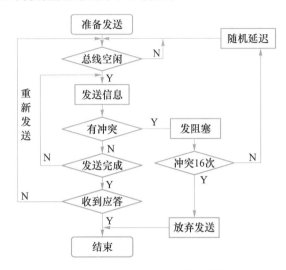

图 4-9　CSMA/CD 转发流程图

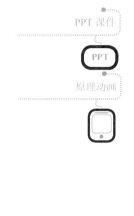

总之，CSMA/CD 采用的是一种"有空就发"的竞争型访问策略，因而不可避免地会出现信道空闲时多个站点同时争发的现象，无法完全消除冲突，只能是采取一些措施减少冲突，并对产生的冲突进行处理。因此采用这种协议的局域网环境不适合对实时性要求较强的网络应用。

（2）令牌环（Token Ring）访问控制

Token Ring 是令牌传输环（Token Passing Ring）的简写。令牌环介质访问控制方法，是通过在环型网上传输令牌的方式来实现对介质的访问控制。只有当令牌传输至环中某站点时，它才能利用环路发送或接收信息。当环线上各站点都没有帧发送时，令牌标记为 01111111，称为空标记。当一个站点要发送帧时，需等待令牌通过，并将空标记置换为忙标记 01111110，紧跟着令牌，用户站点把数据帧发送至环上。由于是忙标记，所以其他站点不能发送帧，必须等待。

令牌环上传输的小的数据（帧）称为令牌，谁有令牌谁就有传输权限。如果环上的某个工作站收到令牌并且有信息发送，它就改变令牌中的一位（该操作将令牌变成一个帧开始序列），添加想传输的信息，然后将整个信息发往环中的下一工作站。当这个信息帧在环上传输时，网络中没有令牌，这就意味着其他工作站想传输数据就必须等待。因此令牌环网络中不会发生传输冲突。

令牌环工作过程如下。

微课　令牌环

① 当网络空闲时，只有令牌在环路上不停流动。令牌实际上是一个特殊的帧，其中有一位称为令牌比特（即帧格式中的 T 比特）。当其为 0 时，表示该令牌空闲；当其为 1 时，表示某站正发送数据。

② 当一个站想发送数据时，必须首先截获空闲令牌，这时发送站将令牌比特置为 1，然后发送数据；如果经过的令牌其令牌比特为 1，则只能耐心等待。

③ 每个站检测所经过的数据帧中的目的地址，如果与本站地址相符，则复制该帧，然后将该帧转发给下一个站；否则仅转发该数据帧。

④ 数据帧回到发送站时，发送站在检查该帧是否已被目的站接收的同时，清除该帧，产生一个新的令牌，并将它发送给下一站，使环路中有令牌继续流动，如图 4-10 所示。

PPT 课件

原理动画

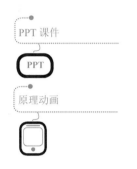
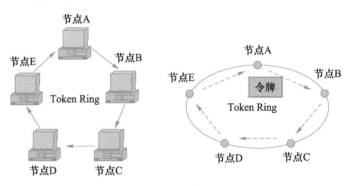

图 4-10 令牌环的工作原理

与以太网 CSMA/CD 网络不同，令牌传递网络具有确定性，这意味着任意终端站能够在传输之前可以计算出最大等待时间。该特征结合另一些可靠性特征，使得令牌环网络适用于需要能够预测延迟的应用程序以及需要可靠的网络操作的情况。

此外，光纤分布式数据接口（FDDI）中也运用了令牌传递协议。

（3）令牌总线（Token Bus）访问控制

令牌总线访问控制是在物理总线上建立一个逻辑环，令牌在逻辑环路中依次传递，其操作原理与令牌环相同。它同时具有上述两种方法的优点，是一种简单、公平、性能良好的介质访问控制方法。

4.2 以太网组网技术

4.2.1 以太网协议标准

以太网（Ethernet）是一种产生较早且使用相当广泛的局域网，美国 Xerox（施乐）公司 1975 年推出了他们的第一个局域网。由于它具有结构简单、工作可靠、易于扩展等优点，因而得到了广泛的应用。1980 年美国 Xerox、DEC 与Intel 三家公司联合提出了以太网规范，这是世界上第一个局域网的技术标准。

后来的以太网国际标准 IEEE 802.3 就是参照以太网的技术标准建立的，两者基本兼容。为了与后来提出的快速以太网相区别，通常又将这种按 IEEE 802.3 规范生产的以太网产品简称为以太网。

4.2.2 以太网物理规范

1. 以太网物理层标准

以太网是目前最流行的局域网架构，从以太网诞生到目前为止，成熟应用的以太网物理层标准主要有以下几种。

① 10BASE2。

② 10BASE5。

③ 10BASE-T。

④ 100BASE-TX。

⑤ 100BASE-T2。

⑥ 100BASE-T4。

⑦ 100BASE-FX。

⑧ 1000BASE-SX。

⑨ 1000BASE-LX。

⑩ 1000BASE-CX。

⑪ 1000BASE-TX。

在这些标准中，前面的 10、100、1000 分别代表运行速率；中间的 BASE 指传输的信号是基带方式；后边的 2、5 分别代表最大距离，例如，5 代表 50 米，2 代表 200 米；TX、T2、T4、FX、SX、LX、CX 等应用于双绞线以太网和光纤以太网，含义如下。

① 100BASE-TX：运行在两对五类双绞线上的快速以太网。

② 100BASE-T4：运行在四对三类双绞线上的快速以太网。

③ 100BASE-T2：运行在两对三类双绞线上的快速以太网。

④ 100BASE-FX：运行在光纤上的快速以太网，光纤类型可以是单模也可以是多模。

⑤ 1000BASE-SX：运行在多模光纤上的 1000M 以太网，S 指发出的光信号是长波长的形式。

⑥ 1000BASE-LX：运行在单模光纤上的 1000M 以太网，L 指发出的光信号是短波长的形式。

⑦ 1000BASE-CX：运行在同轴电缆上的 1000M 以太网。

在这些标准中，10BASE2 和 10BASE5 是同轴电缆的物理标准，现在已经基本被淘汰，10BASE-T 和 100BASE-TX 都是运行在五类双绞线上的以太网标准，所不同的是，线路上信号的传输速率不同，10BASE-T 只能以 10M 的速率工作，而 100BASE-TX 则以 100M 的速率工作，其他方面没有什么不同。100BASE-T2 和 100BASE-T4 现在很少使用，所以这里只选择比较有代表性的 100BASE-TX 进行讲解。

2. 100BASE-TX 物理层

100BASE-TX 是运行在两对五类双绞线上的快速以太网物理层技术，它除了规定运行的介质是五类或更高类双绞线外，还规定了设备之间的接口以及电平信号等。该标准规定设备和链路之间的接口采用 RJ-45 水晶头，电平采用 +5V 和-5V 交替的形式。RJ-45 接口结构如图 4-11 所示。

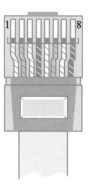

图 4-11　RJ-45 接口结构

五类双绞线的 8 根线压入水晶头的 8 个线槽中，这样可以很容易地插入网络设备的网卡。

实际上，在进行数据的传输时仅仅使用了五类双绞线的两对（四根）线，其中一对作为数据接收线，一对作为数据发送线，在进行数据接收和发送的时候，在一对线上传输极性相反的信号，这样可以避免互相干扰。需要注意的是，在连接两个相同的网络设备时（如网卡），需要把线序进行交叉，因为线路两端的设备（如网卡）的收发顺序是相同的，而两端设备要进行直接连接，其收发必须进行交叉。于是，必须在线路上进行交叉才能达到目的，如图 4-12 所示。

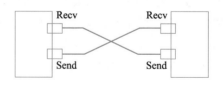

图 4-12　数据收发连接图

但在跟不同类型的网络设备互连，如终端计算机跟 Hub 或以太网交换机连接时，却不需要这样，因为这些网络设备的接口上已经做了交叉，也就是说，这些设备的网络接口跟普通计算机的收发顺序是不一致的，因而只要把五类双绞线直接按照原来顺序压入水晶头，就可以把两端的设备正常连接。

与传统的同轴电缆不同的是，100BASE-TX（10BASE-T）的数据发送和数据接收使用了不同的线对，做到了分离，这样就隐含着一种全新的运作方式：全双工方式。在这种方式下，数据可以同时接收和发送而互不干扰，这样可以大大提高效率，不过这需要中间设备的支持，现在的以太网交换机就是这样一种设备。

3. 自动协商

在基于双绞线的以太网中，可以存在许多种不同的运作模式，在速率上有10M、100M 不等，在双工模式上有全双工和半双工，如果对每个接入网络的设备进行配置，则必然是一项很繁重的工作，而且不容易维护。于是，人们提出了自动协商技术来解决这种矛盾。需要注意的是，自动协商只运行在基于双绞线的以太网上，是一种物理层的概念。

如果链路两端的设备有一端不支持自动协商，则支持自动协商的设备选择一种默认的工作方式，如 10M 半双工模式运行。这时可能会影响效率，因为不支持自动协商的设备可能支持 100M 全双工。针对此种情况，可以禁止自动协商，并手工指定两端设备的运行模式，以增强效率。

4.2.3 以太网帧格式

目前，有四种不同格式的以太网帧在使用，分别介绍如下。

① Ethernet II 即 DIX 2.0：Xerox 与 DEC、Intel 在 1982 年制定的以太网标准帧格式。Cisco 名称为：ARPA。

② Ethernet 802.3 raw：Novell 在 1983 年公布的专用以太网标准帧格式。Cisco 名称为：Novell-Ether。

③ Ethernet 802.3 SAP：IEEE 在 1985 年公布的 Ethernet 802.3 的 SAP 版本以太网帧格式。Cisco 名称为：SAP。

④ Ethernet 802.3 SNAP：IEEE 在 1985 年公布的 Ethernet 802.3 的 SNAP 版本以太网帧格式。Cisco 名称为：SNAP。

在每种格式的以太网帧的开始处都有 64bit（8 字节）的前导字符，如图 4-13 所示。其中，前 7 个字节称为前同步码（Preamble），内容是 16 进制数 0xAA，最后 1 字节为帧起始标志符 0xAB，它标识着以太网帧的开始。前导字符的作用是使接收节点进行同步并做好接收数据帧的准备。

10101010	10101010	10101010	10101010	10101010	10101010	10101010	10101011

图 4-13　以太网帧前导字符

除此之外，不同格式的以太网帧的各字段定义都不相同，彼此也不兼容。

1. Ethernet II 帧格式

如图 4-14 所示，是 Ethernet II 类型以太网帧格式。

6字节	6字节	2字节	46~1500字节	4字节
目的MAC地址	源MAC地址	类型	数据	FCS

图 4-14　Ethernet II 帧格式

Ethernet II 类型以太网帧的最小长度为 64 字节（6+6+2+46+4），最大长度为 1518 字节（6+6+2+1500+4）。其中前 12 字节分别标识出发送数据帧的源节点 MAC 地址和接收数据帧的目标节点 MAC 地址。

接下来的 2 个字节标识出以太网帧所携带的上层数据类型，如 16 进制数 0x0800 代表 IP 协议数据，16 进制数 0x809B 代表 AppleTalk 协议数据，16 进制数 0x8138 代表 Novell 类型协议数据等。

在不定长的数据字段后是 4 个字节的帧校验序列（Frame Check Sequence，FCS），采用 32 位 CRC 循环冗余校验对从"目的 MAC 地址"字段到"数据"字段的数据进行校验。

2. Ethernet 802.3 raw 帧格式

如图 4-15 所示，是 Ethernet 802.3 raw 类型以太网帧格式。

6字节	6字节	2字节	2字节	44~1498字节	4字节
目的MAC地址	源MAC地址	总长度	0xFFFF	数据	FCS

图 4-15　Ethernet 802.3 raw 帧格式

在 Ethernet 802.3 raw 类型以太网帧中，原来 Ethernet II 类型以太网帧中的"类型"字段被"总长度"字段所取代，它指明其后数据域的长度，其取值范围为：46~1500。

接下来的 2 个字节是固定不变的 16 进制数 0xFFFF，它标识此帧为 Novell 以太类型数据帧。

3. Ethernet 802.3 SAP 帧格式

如图 4-16 所示，是 Ethernet 802.3 SAP 类型以太网帧格式。

6字节	6字节	2字节	1字节	1字节	1字节	43~1497字节	4字节
目的MAC地址	源MAC地址	总长度	DSAP	SSAP	控制	数据	FCS

图 4-16　Ethernet 802.3 SAP 帧格式

从图中可以看出，在 Ethernet 802.3 SAP 帧中，将原 Ethernet 802.3 raw 帧中 2 个字节的 0xFFFF 变为各 1 个字节的 DSAP 和 SSAP，同时增加了 1 个字节的"控制"字段，构成了 802.2 逻辑链路控制（LLC）的首部。LLC 提供了无连接（LLC 类型 1）和面向连接（LLC 类型 2）的网络服务。LLC1 是应用于以太网中，而 LLC2 应用在 IBM SNA 网络环境中。

新增的 802.2 LLC 首部包括两个服务访问点：源服务访问点（SSAP）和目标服务访问点（DSAP）。它们用于标识以太网帧所携带的上层数据类型，如 16 进制数 0x06 代表 IP 协议数据，16 进制数 0xE0 代表 Novell 类型协议数据，16 进制数 0xF0 代表 IBM NetBIOS 类型协议数据等：

至于 1 个字节的"控制"字段，则基本不使用（一般被设为 0x03，指明采用无连接服务的 802.2 无编号数据格式）。

4. Ethernet 802.3 SNAP 帧格式

如图 4-17 所示，是 Ethernet 802.3 SNAP 类型以太网帧格式。

6字节	6字节	2字节	1字节	1字节	1字节	1字节	2字节	38~1492字节	4字节
目的MAC地址	源MAC地址	总长度	0xAA	0xAA	0x03	OUI ID	类型	数据	FCS

图 4-17　Ethernet 802.3 SNAP 帧格式

Ethernet 802.3 SNAP 类型以太网帧格式和 Ethernet 802.3 SAP 类型以太网帧格式的主要区别如下。

① 2 个字节的 DSAP 和 SSAP 字段内容被固定下来，其值为 16 进制数 0xAA。

② 1 个字节的"控制"字段内容被固定下来，其值为 16 进制数 0x03。

③ 增加了 SNAP 字段，由下面两项组成。

● 新增了 3 个字节的组织唯一标识符（Organizationally Unique Identifier，OUI ID）字段，其值通常等于 MAC 地址的前 3 字节，即网络适配器厂商代码。

● 2 个字节的"类型"字段用来标识以太网帧所携带的上层数据类型。

4.2.4 以太网冲突域和广播域

冲突域：连接在同一导线上的所有工作站的集合，或者说是同一物理网段上所有节点的集合或以太网上竞争同一带宽的节点集合。这个域代表了冲突在其中发生并传播的区域，这个区域可以被认为是"共享段"。在 OSI 模型中，冲突域被看作是第一层的概念，连接同一冲突域的设备有集线器、中继器或者其他进行简单复制信号的设备。也就是说，用集线器或者中继器连接的所有节点可以被认为是在同一个冲突域内，它不会划分冲突域。而第二层设备（网桥，交换机）和第三层设备（路由器）都是可以划分冲突域的，当然也可以连接不同的冲突域。简单地说，可以将 Repeater 等看成是一根电缆，而将网桥等看成是一束电缆。

微课　冲突域和
广播域

广播域：接收同样广播消息的节点的集合。例如，在该集合中的任何一个节点传输一个广播帧，则所有其他能收到这个帧的节点都被认为是该广播域的一部分。由于许多设备都极易产生广播，所以如果不维护，就会消耗大量的带宽，降低网络的效率。由于广播域被认为是 OSI 模型中的第二层概念，所以像集线器、交换机等第一、二层设备连接的节点被认为都是在同一个广播域。而路由器、第三层交换机则可以划分广播域，即可以连接不同的广播域。

下面将这三种网络设备进行通俗的比喻来帮助理解：

局域网好比一栋大楼，每个人（如同主机）有自己的房间（房间就好比网卡，房号就是物理地址，即 MAC 地址），里面的人（主机）人手一个对讲机，由于工作在同一频道，所以一个人说话，其他人都能听到，这就是广播（向所有主机发送信息包），只有目标才会回应，其他人虽然听见但是不理（丢弃包），而这些能听到广播的所有对讲机设备就构成了一个广播域。而这些对讲机就是集线器（Hub），每个对讲机都像是集线器上的端口，大家都知道对讲机在说话时是不能收听的，必须松开对讲键才能收听，这种同一时刻只能收或者发的工作模式就是半双工。而且对讲机同一时刻只能有一个人说话才能听清楚，如果两个或者更多的人一起说就会产生冲突，都无法听清楚，所以这就构成了一个冲突域。

有一天楼里的人受不了这种低效率的通信了，所以升级了设备，换成每人一部内线电话（交换机，每个电话都相当于交换机上的一个端口），每人都有一个内线号码（逻辑地址即 IP 地址）。（这里要额外说一下 IP 地址和 MAC 地址转译的问题，常见的二层交换机只识别 MAC 地址，它内置一个 MAC 地址表，并不断维护和更新它，来确定哪个端口对应哪台主机的 MAC 地址，而我们所用的通信软件都是基于 IP 的，IP 地址和 MAC 地址的转换工作，就由 ARP 地址解析协议来完成。）在最开始时，没人知道哪个号码对应哪个人，所以要想打电话给某个人得先广播一下："×××，你的号码是多少？""我的号码是××××。"这样你就有了目标的号码，所有的内线号码就是通过这种方式不断加入电话簿中（交换机的 MAC 地址表），下次可以直接拨到他的分机号上去而不用广播了。大家都知道电话是点对点的通信设备，不会影响到其他人，起冲突只会限制在本地，一个电话号码的线路相当于一个冲突域，只有再串联分机时，分机和主机之间才会有冲突的发生，这个冲突不会影响到外面其他的电话。而电话号码就像是交换机上的端口号，也就是说交换机上每个端口自成一个冲突域，所以整个大的冲突域被分割成若干的小冲突域了。而且，电话在接听的同时可以说话，这样的工作模式就是全双工。这就是交换机比集线器性能更好的原因之一。

4.2.5　共享式以太网和交换式以太网

1. 共享式以太网

共享式以太网（即使用集线器或共用一条总线的以太网）采用了载波检测多路侦听（Carries Sense Multiple Access with Collision Detection，CSMA/CD）机制来进行传输控制。共享式以太网的典型代表是使用 10Base2、10Base5 的总线型网络和以集线器为核心的 10Base-T 星型网络。在使用集线器的以太网中，集线器将很多以太网设备（如计算机）集中到一台中心设备上，这些设备都连接到集线器中的同一物理总线结构中。从本质上讲，以集线器为核心的以太网同原先的总线型以太网无根本区别。

（1）集线器的工作原理

集线器也就是常说的 Hub，是一个物理层设备。集线器是一种共享的网络设备，即每个时刻只能有一个端口在发送数据。集线器并不处理或检查其上的通信量，仅通过将一个端口接收的信号重复分发给其他端口来扩展物理介质。所有连接到集线器的设备共享同一介质，其结果是它们也共享同一冲突域、广播和带宽。因此集线器和它所连接的设备组成了一个单一的冲突域。如果一个节点发出一个广播信息，集线器会将这个广播传输给所有同它相连的节点，因此它也是一个单一的广播域。当网络中有两个或多个站点同时进行数据传输时，将会产生冲突，如图 4-18 和图 4-19 所示。

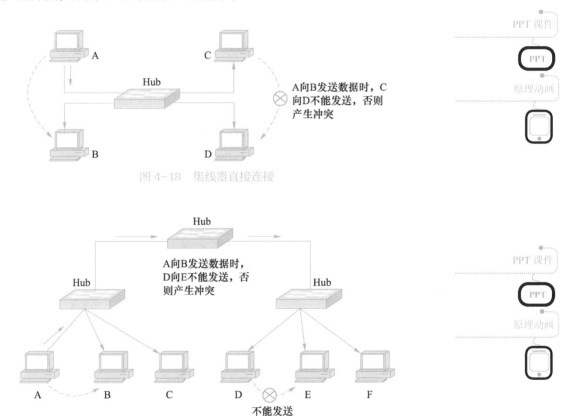

图 4-18　集线器直接连接

图 4-19　多级集线器连接

当网络中节点过多时，冲突将会很频繁，利用 Hub 连网并不适合，这也限制了以太网的可扩展性。后面要介绍的交换机采用将冲突区域分割的方法解决了这个问题。

（2）共享式以太网的工作特点

1）带宽共享

在局域网中，数据都是以"帧"的形式传输的。共享式以太网是基于广播

笔记

的方式来发送数据的，因为集线器不能识别帧，所以它就不知道一个端口收到的帧应该转发到哪个端口，它只好把帧发送到除源端口以外的所有端口，这样网络上所有的主机都可以收到这些帧，如图 4-18 和图 4-19 所示。这就造成了只要网络上有一台主机在发送帧，网络上所有的其他主机都只能处于接收状态，无法发送数据。也就是说，在任何一时刻，所有的带宽只分配给了正在传送数据的那台主机。举例来说，虽然一台 100Mbit/s 的集线器连接了 20 台主机，表面上看起来这 20 台主机平均分配 5Mbit/s 带宽。但是实际上在任何一时刻只能有一台主机在发送数据，所以带宽都分配给它了，其他主机只能处于等待状态。之所以说每台主机平均分配有 5Mbit/s 带宽，是指较在长一段时间内的各主机获得的平均带宽，而不是任何一时刻主机都有 5Mbit/s 带宽。

2）带宽竞争

在共享式以太网中，带宽是如何分配的呢？共享式以太网是一种基于"竞争"的网络技术，也就是说网络中的主机将会"尽其所能"地"占用"网络发送数据。因为同时只能有一台主机发送数据，所以相互之间就产生了"竞争"。

3）冲突检测/避免机制

在基于竞争的以太网中，只要网络空闲，任何一主机均可发送数据。当两个主机发现网络空闲而同时发出数据时，即如果同一时间内网络上有两台主机同时发送数据，那么就会产生"碰撞"（Collision），也称为"冲突"，如图 4-20 所示。这时两个传送操作都遭到破坏，此时 CSMA/CD 机制将会让其中一台主机发出一个"通道拥挤"信号，这个信号将使冲突时间延长至该局域网上所有主机均检测到此碰撞。然后，两台发生冲突的主机都将随机等待一段时间后再次尝试发送数据，避免再次发生数据碰撞的情况。

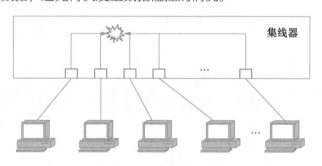

图 4-20　冲突发生

共享式以太网这种"带宽竞争"的机制使得冲突（或碰撞）几乎不可避免。而且网络中的主机越多，碰撞的概率越大。

虽然任何一台主机在任何一时刻都可以访问网络，但是在发送数据前，主机都要侦听网络是否空闲。假如共享式以太网上有一台主机想要传输数据，但是它检测到网上已经有数据了，那么它必须等待一段时间，只有检测到网络空闲时，主机才能发送数据。

4）不能支持多种速率

在共享式以太局域网中的网络设备必须保持相同的传输速率，否则一个设备发送的信息，另一个设备不可能收到。单一的共享式以太网不可能提供多种速率的设备支持。

2. 交换式以太网

通常，解决共享式以太网存在的问题就是利用"分段"的方法。所谓分段，就是将一个大型的以太网分割成两个或多个小型的以太网，每个段（分割后的每个小以太网）使用 CSMA/CD 介质访问控制方法维持段内用户的通信。段与段之间通过一种"交换"设备可以将一段接收到的信息，经过简单的处理转发给另一段。通过分段，既可以保证每个分段内部信息不会流至其他分段，又可以保证分段之间的通信。以太网节点的减少使冲突和碰撞的几率更小，网络效率更高。并且，分段之后，各段可按需要选择自己的网络速率，组成性价比更高的网络。

交换设备有多种类型，局域网交换机、路由器等都可以作为交换设备。交换机工作在 OSI 模型的数据链路层，用于连接较为相似的网络（如以太网和以太网）；而路由器工作在 OSI 模型的网络层，用于实现异构网络的互连（如以太网和帧中继）。

（1）交换式以太网的概念

交换式以太网是指以数据链路层的帧为数据交换单位，以以太网交换机为基础构成的网络。交换式以太网允许多对节点同时通信，每个节点可以独占传输通道和带宽。它从根本上解决了共享以太网所带来的问题。

以太网交换机（以下简称交换机）是工作在 OSI 参考模型数据链路层的设备，外表和集线器相似。它通过判断数据帧的目的 MAC 地址，从而将帧从合适的端口发送出去。交换机的冲突域仅局限于交换机的一个端口上。例如，一个站点向网络发送数据，集线器将会向所有端口转发，而交换机将通过对帧的识别，只将帧单点转发到目的地址对应的端口，而不是向所有端口转发，从而有效地提高了网络的可利用带宽。以太网交换机实现数据帧的单点转发是通过 MAC 地址的学习和维护更新机制来实现的。以太网交换机的主要功能包括 MAC 地址学习、帧的转发及过滤和避免回路。

以太网交换机可以有多个端口，每个端口可以单独与一个节点连接，也可以与一个共享介质式的以太网集线器（Hub）连接。如果一个端口只连接一个节点，那么这个节点就可以独占整个带宽，这类端口通常被称作"专用端口"；如果一个端口连接一个与端口带宽相同的以太网，那么这个端口将被以太网中的所有节点所共享，这类端口被称为"共享端口"。例如，一个带宽为 100Mbit/s 的交换机有 10 个端口，每个端口的带宽为 100Mbit/s。而 Hub 的所有端口共享带宽，同样一个带宽 100Mbit/s 的 Hub，如果有 10 个端口，则每个端口的平均带宽为 10Mbit/s，如图 4-21 所示。

笔 记

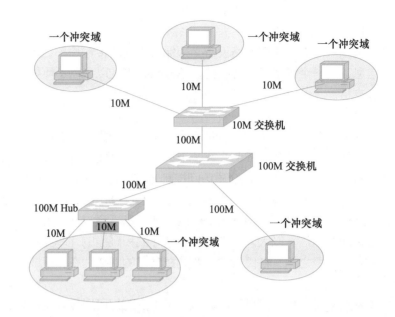

图 4-21 交换机端口独享带宽

（2）数据交换过程

交换机管理着一个 MAC 地址表，交换机就是根据 MAC 地址表来交换数据帧的。在交换机的 MAC 地址表中，一条表项主要由一个主机 MAC 地址和该地址所位于的交换机端口号组成。交换机的 MAC 地址表也可以手工静态配置，也可以通过动态自学习生成。

下面以图 4-22 为例，来说明交换机的数据帧转发过程。

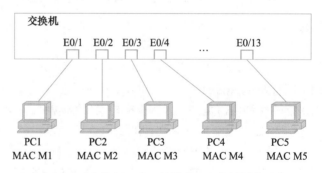

图 4-22 交换机 MAC 地址学习和数据转发过程

① 最初交换机 MAC 地址表为空。

② 如果有数据需要转发，如主机 PC1 发送数据帧给主机 PC3，此时，在 MAC 地址表中没有记录，交换机将向除向 E0/1 以外的其他所有端口转发，在转发数据帧之前，它首先检查这个帧的源 MAC 地址（M1），并记录与之对应的端口（E0/1），于是交换机生成（M1，E0/1）这样一条记录，并加入到 MAC 地址表内。

交换机是通过识别数据帧的源 MAC 地址学习到 MAC 地址和端口的对应

关系的。当得到 MAC 地址与端口的对应关系后，交换机将检查 MAC 地址表中是否已经存在该对应关系。如果不存在，交换机就将该对应关系添加到 MAC 地址表；如果已经存在，交换机将更新该表项。

③ 循环上一步，MAC 地址表不断加入新的 MAC 地址与端口对应信息，直到 MAC 地址表记录完成为止。此时，当主机 PC1 再次发送数据帧给主机 PC3 时，由于 MAC 地址表中已经记录了该帧的目的地址的对应交换机端口号，则直接将数据转发到 E0/3 端口，不再向其他端口转发数据帧。

4.3 传输介质

网络介质指网络中的传输媒体，它连接了网络上的所有设备。计算机网络中采用的传输媒体分为有线和无线两大类，有线介质中又有铜介质和光介质之分，双绞线、同轴电缆、光纤是常用的三种有线传输介质。卫星、无线电通信、红外通信、激光通信及微波通信等属于无线传输介质。

4.3.1 铜介质

铜是最常见的信号传输介质，铜的导电性、抗腐蚀性（不易生锈、不易被腐蚀）、韧性（可以被拉得很细又不被折断）、可塑性（容易定型）等都很强，使其很适合用作电缆，常用的铜质介质有两种：双绞线和同轴电缆。

1. 双绞线

双绞线由两根绞合成有规则的螺旋形图样的绝缘铜线组成，线对扭绞在一起可以减少相互间的辐射电磁干扰。主要有屏蔽双绞线和非屏蔽双绞线之分。

屏蔽双绞线：外皮为金属，具有屏蔽能力，但价格昂贵，安装也很困难，需要接地。

非屏蔽双绞线（UTP）：外皮为塑料，不具有屏蔽能力，但价格便宜，安装方便，如图 4-23 所示。

微课 双绞线

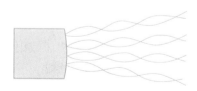

图 4-23 非屏蔽双绞线

（1）常用的 UTP 电缆类型

① 1 类（CAT 1）——用于电话通信，不适合传输数据。

② 2 类（CAT 2）——可传输数据，最大速率为 4Mbit/s。

③ 3 类（CAT 3）——用于 10BASE 以太网，最大速率为 10Mbit/s。

④ 4 类（CAT 4）——用于令牌环网，最大速率为 16Mbit/s。

⑤ 5 类（CAT 5）——用于快速以太网，最大速率为 100Mbit/s。

笔记

⑥ 超 5 类（CAT 5e）——用于最大速率为 1Gbit/s 的以太网。

⑦ 6 类（CAT 6）——是 2003 年 2 月提出的规范，用于最大速率为 1Gbit/s 的以太网。

在旧的网络布线中，3 类用于传输语音，5 类用于传输数据。最新的布线中，超 5 类以上的线缆用于传输数据和语音。

UTP 有两种接头：RJ-45 头和 RJ-11 头。RJ-45 头使用 8 芯，连接以太网网卡。RJ-11 头使用 2 芯，连接电话线路。

（2）RJ-45 头制作标准

根据 AT&T 接线标准，双绞线与 RJ-45 头的连接方法主要有两种标准：TIA-568-A 标准和 TIA-568-B 标准。具体接线标准如表 4-1 所示。

表 4-1 RJ-45 头接线标准

标准	线序							
	1	2	3	4	5	6	7	8
TIA-568-A	白绿	绿	白橙	蓝	白蓝	橙	白棕	棕
TIA-568-B	白橙	橙	白绿	蓝	白蓝	绿	白棕	棕

在普通以太网的应用标准中，通常在 4 对电缆中，只有两对真正用于发送和接收数据，分别是白绿、绿、白橙和橙。

（3）直通线缆和交叉线缆

根据双绞线两端使用的 RJ-45 头标准，双绞线线缆可分为直通线缆和交叉线缆。

1）直通线缆

水晶头两端都是遵循 568A 或 568B 标准，双绞线的每组绕线是一一对应的，颜色相同的为一组绕线，适用场合如下。

交换机（或集线器）UPLINK 口——交换机（或集线器）普通端口。

交换机（或集线器）普通端口——计算机（终端）网卡。

2）交叉线缆

水晶头一端遵循 568A，而另一端遵循 568B 标准，即两个水晶头的连线交叉连接，适用场合如下。

交换机（或集线器）普通端口——交换机（或集线器）普通端口。

计算机网卡（终端）——计算机网卡（终端）。

3）双绞线的特点

① 结构简单，容易安装，普通 UTP 较便宜。

② 信号衰减较大，传输距离有限（100m 以内）。

③ 抗高频干扰能力较低，容易被窃听。

2. 同轴电缆

微课 同轴电缆

（1）同轴电缆的结构

同轴电缆由同心的内导体、电绝缘体、屏蔽层、保护外套组成。内导体是一根实心铜线，用于传输信号；外导体被织成网状，用于屏蔽电磁干扰和辐射，如图 4-24 所示。

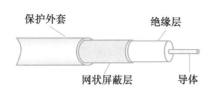

图 4-24 同轴电缆结构

（2）同轴电缆的分类

根据同轴电缆的阻抗不同，可分为 50Ω 同轴电缆和 75Ω 同轴电缆两种。

1）50Ω 同轴电缆

用于传送基带数字信号，又称基带同轴电缆，能够以 10Mbit/s 的速率传送基带数字信号。根据直径的不同又将 50Ω 同轴电缆分为粗缆和细缆，粗缆直径为 1.47cm（含保护外套），抗干扰性能好，传输距离远，不使用任何中继设备能够传输 500m，细缆直径为 0.70cm，价格便宜但距离近，在不使用中继设备的情况下只能传输 185m，故实现远距离传输必须使用中继器。

细缆标准是 10BASE-2 以太网，粗缆标准是 10BASE-5 以太网。

2）75Ω 同轴电缆

用于模拟信号的传输，传输过程中采用了频分多路复用方式，又称为宽带同轴电缆，是有线电视 CATV 中使用的标准同轴电缆。

（3）同轴电缆的特点

① 频带较宽（是指宽带同轴电缆），传输速率较高。

② 损耗较低，传输距离较远（200~500m）。

③ 辐射低，保密性好，抗干扰能力强。

尽管同轴电缆有许多优点，但是因为安装时必须考虑接地问题，难度比双绞线大得多，所以在新的以太网中已经很少采用同轴电缆作为传输介质了。

4.3.2 光介质

在局域网的骨干通道和广域网的长距离、高带宽、点到点传输中，光纤是最普遍的介质。光纤在网络中广泛应用是因为有如下特点。

① 光纤对闪电、电磁干扰、无线电频率干涉不敏感，抗干扰能力很强。

② 光纤的带宽非常宽，可采用波分多路复用技术传输多路信号。

③ 光纤中的信号衰减很低，能够保证很长距离的传输和良好的信号质量。

④ 光纤比其他介质更安全，因为很难在光纤中插入分接器，即使插入了也容易检测到。

⑤ 在长距离传输中，光纤成本低于铜线介质。

⑥ 光纤不用考虑接地问题等。

1. 光纤的构造及工作原理

光纤的全称为光导纤维（Optical Fiber），单根光纤主要是由纤芯和覆层

微课 光纤

笔记

构成的通信圆柱体。纤芯是光纤中心供光传输的通道，所有的光信号都通过纤芯传送，有光信号相当于"1"，没有光信号相当于"0"。纤芯主要由二氧化硅和其他元素制成。纤芯的外层是覆盖层，也是由二氧化硅制成的，但折射率比纤芯低得多。通过纤芯的光线在纤芯与覆盖层的交界处反射回纤芯，从而保证光线沿着纤芯传播。围绕覆盖层的是缓冲材料，通常是塑料，用于保护纤芯和覆盖层不受破坏，如图 4-25 所示。

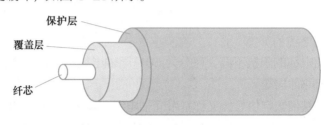

图 4-25 单根光纤的结构

2. 光纤分类

上面提到，纤芯是光的传输通道，但并不是所有角度的光都能够进入纤芯，即光的入射角是有限制的。同样，一旦光线进入了纤芯，在纤芯内可以使用的光的路数也是有限制的，这些光路被称为模式，根据纤芯内提供的光路数量，将光纤分为多模光纤和单模光纤。

（1）多模光纤

光纤的纤芯直径很大，光线传输时可以使用的路径很多。标准的多模光纤是局域网中最常用的光缆，一般采用 62.5μm 或 50μm 的纤芯，再加上直径 125μm 的覆盖层，由于纤芯的直径比光的波长大得多，所以光在传播过程中不断反射，如图 4-26 所示。

多模光纤通常采用红外发光二极管 LED 作为光源，相比激光，发光二极管的造价便宜很多，需要注意的安全问题也非常少，但是发射的光在光缆中传输的距离没有激光远，多模光纤传输数据的距离最远可达 2km，主要用在局域网中。

（2）单模光纤

光纤的纤芯直径非常小，几乎没有空间供光线进行来回反射，只允许光纤沿着一条路径通过，如图 4-26 所示。

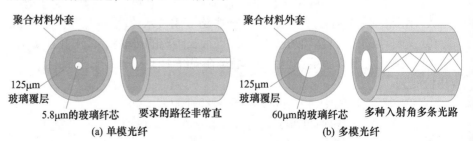

图 4-26 单模与多模的对比

单模光纤使用非常汇聚的红外激光作为光源，激光光源所产生的光线以 90 度进入纤芯。因此单模光纤中承载数据的光脉冲基本上沿着直线在传输，大大提高了数据传送的速度和距离，单模光纤可将局域网数据传递 3km 的距离。

3. 关于光缆

套塑后的光纤还不能直接在工程中使用，必须把若干根光纤疏松地放在特殊的塑料或铝皮内，加上一些缓冲材料和保护外套后做成光缆，一根光缆可以包括一到数百根光纤，加上加强芯和填充物后就可以大大提高光缆的机械强度，最后加上包带层和保护外套即可使抗拉强度达到几公斤，可以满足工程施工的要求。

4.3.3 无线介质

无线类的传输介质都不需要架设或铺埋电缆或光缆，而是通过大气传输，常用的无线传输方式有无线电通信、微波通信、红外通信和激光通信。

微课 无线传输
介质

1. 无线电通信

无线电通信在无线电广播和电视广播中已经广泛使用，使用的主要是频率在 30kHz ~ 300MHz 的无线电波。国际电信联盟的 ITU-R 已将无线电的频率范围划分为若干波段，即低频段（30 ~ 300kHz）、中频段（300kHz ~ 3MHz）、高频段（3 ~ 30MHz）、甚高频段（30 ~ 300MHz）、超高频段（300MHz ~ 3GHz）和特高频段（3 ~ 30GHz），其中后面两种使用的频率范围已经是微波的范围。

在低频和中频波段内，无线电波可以轻易地通过障碍物，但能量随着与信号源距离的增大而急剧减少，因而可沿着地球表面传播，但距离有限。

在高频和甚高频波段内，无线电波的传输主要靠离地表数百千米高度电离子层反射完成，而电离子层的不稳定会产生衰落现象，且电离子层反射将产生多径效应。多径效应是指同一信号经不同的反射路径到达同一个接收点，其强度和时延都不相同，使得最后得到的信号失真很大，传输质量比较差，一般用于传输几十至几百 bit/s 的低速数据。

2. 微波通信

微波通信系统在长途大容量的数据通信中占有极其重要的地位，微波的频率范围为 300MHz ~ 300GHz，但主要是使用 2 ~ 40GHZ 的频率范围。微波通信主要有两种方式：地面微波接力通信和卫星通信。

（1）地面微波接力通信

由于地球表面是曲面的，而微波在空气中是直线传播的，因此其传输距离受到限制，一般只有 50km 左右，若采用 100m 高的天线塔，距离可增大到 100km。故实现远距离的通信必须在两个终端之间建立若干个中继站，并且两个中继站之间必须是直视的，不能有任何障碍物，中继站把前一站送来的信号经过整形放大后再发送到下一站，称为"接力"。

使用地面微波接力通信有以下缺点。

① 相邻站之间必须直视，不能有任何障碍物。

② 微波的传输有时也会受到恶劣天气的影响。

③ 与有线通信相比，微波通信的隐蔽性和保密性较差。

（2）卫星通信

卫星通信是利用位于 3 万 6 千公里高空的人造地球同步卫星作为中继站来转发微波信号的一种特殊微波通信形式。卫星通信可以克服地面微波通信距离的限制，同步卫星发出的信号电磁波可以辐射到地球三分之一以上的表面，只要在地球赤道上空的同步轨道上，等距离地放置三颗同步卫星就可以覆盖地球上全部通信区域。

目前常用的卫星通信频段为 6/4GHz，即上行（从地球发往卫星）频率为 5.925～6.425GHz，下行频率为 3.7～4.2GHz，频段的宽度都是 500MHz。

特点：容量大、距离远、质量高，但一次性投资较大，传播延迟时间长。

3. 红外线和激光通信

和微波通信一样，红外线和激光也有很强的方向性，都是沿直线传播的。但红外通信和激光通信要把传输的信号分别转换为红外光信号和激光信号后才能直接在空间沿直线传播。

4.3.4　双绞线的制作及组网连接方法

1. 双绞线的制作

制作网线是组建局域网的基础技能，制作方法并不复杂。究其实质就是把双绞线的 4 对 8 芯网线按一定的规则制作到 RJ-45 接头中。所需材料为双绞线和 RJ-45 接头，使用的工具为一把专用的网线钳。以制作最常用的遵循 T568B 标准的直通线为例，制作过程如下。

① 用双绞线网线钳把双绞线的一端剪齐，然后把剪齐的一端插入到网线钳用于剥线的缺口中。顶住网线钳后面的挡位以后，稍微握紧网线钳慢慢旋转一圈，让刀口划开双绞线的保护胶皮并剥除外皮，如图 4-27 所示。

实训报告

PPT 课件

PPT

微课　双绞线的
制作

图 4-27　双绞线插入剥线缺口

提示：网线钳挡位离剥线刀口长度通常恰好为水晶头长度，这样可以有效避免剥线过长或过短。如果剥线过长往往会因为网线不能被水晶头卡住而容易松动；剥线过短则会造成水晶头插针不能跟双绞线完好接触。

② 剥除外包皮后会看到双绞线的 4 对芯线，用户可以看到每对芯线的颜色各不相同。将绞在一起的芯线分开，按照橙白、橙、绿白、蓝、蓝白、绿、棕白、棕的颜色一字排列，并用网线钳将线的顶端剪齐，如图 4-28 所示。

笔 记

图 4-28　排列芯线

按照上述线序排列的每条芯线分别对应 RJ-45 接头的 1、2、3、4、5、6、7、8 针脚，如图 4-29 所示。

图 4-29　RJ-45 接头的针脚顺序

③ 使 RJ-45 接头的弹簧卡朝下，然后将正确排列的双绞线插入 RJ-45 接头中。在插的时候一定要将各条芯线都插到底部。由于 RJ-45 接头是透明的，因此可以观察到每条芯线插入的位置，如图 4-30 所示。

④ 将插入双绞线的 RJ-45 接头插入网线钳的压线插槽中，用力压下网线钳的手柄，使 RJ-45 接头的针脚都能接触到双绞线的芯线，如图 4-31 所示。

⑤ 完成双绞线一端的制作工作后，按照相同的方法制作另一端即可。注意双绞线两端的芯线排列顺序要完全一致，制作完成的双绞线如图 4-32 所示。

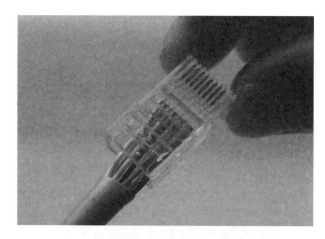

图 4-30 将双绞线插入 RJ-45 接头

图 4-31 将 RJ-45 接头插入压线插槽

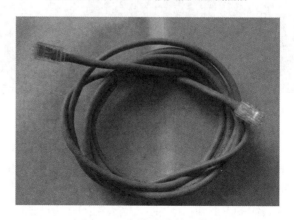

图 4-32 制作完成的双绞线

⑥ 在完成双绞线的制作后，建议使用网线测试仪对网线进行测试。将双绞线的两端分别插入网线测试仪的 RJ-45 接口，并接通测试仪电源。如果测试仪

上的 8 个绿色指示灯都顺利闪过，说明制作成功。如果其中某个指示灯未闪烁，则说明插头中存在断路或者接触不良的现象。此时应再次对网线两端的 RJ-45 接头用力压一次并重新测试，如果依然不能通过测试，则只能重新制作，如图 4-33 所示。

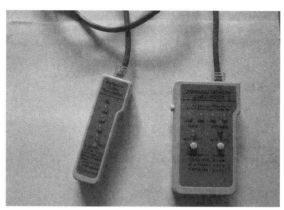

图 4-33　使用测试仪测试网线

> 提示：实际上在目前的 **100Mbit/s** 带宽的局域网中，双绞线中的 **8** 条芯线并没有完全用上，而只有第 **1**、**2**、**3**、**6** 线有效，分别起着发送和接收数据的作用。因此在测试网线的时候，如果网线测试仪上与芯线线序相对应的第 **1**、**2**、**3**、**6** 指示灯能够被点亮，则说明网线已经具备了通信能力，而不必关心其他的芯线是否连通。

2. 双绞线组网连接方法

双绞线制作工作完成以后就可以进行网络设备之间的连接。网络设备的连接主要包括两种情况：一种是有线网络的连接，即使用双绞线来连接；另一种是无线网络的连接，即无线网络设备的连接。下面讲解的内容仅限于使用双绞线连接网络设备，不涉及无线设备的连接。

（1）网线类型

根据所连接的网络设备的不同，所使用的双绞线类型也不同。常见的网络设备连接方法见表 4-2。

表 4-2　常见的网络设备连接方法

直通线	交叉线
计算机—集线器	计算机到计算机
计算机—交换机	集线器级联口—集线器级联口
集线器普通口—集线器级联口	集线器普通口—集线器普通口
集线器级联口—交换机	集线器普通口—交换机
交换机普通口—交换机级联口	交换机级联口—交换机级联口
交换机—路由器	交换机—路由器

（2）双绞线长度

在连接网络设备的时候，一定要注意双绞线的长度不能超过上限标准。在

100Mbit/s 的网络环境中，当双绞线的长度大于 100m 的时候，信号衰减会非常严重，相应的数据传输质量和传输速度会明显下降。

4.4　组网硬件设备

在以太网中主要的组网硬件设备有网卡、中继器、集线器、网桥、交换机和路由器等，其中交换机是现代局域网中最普遍的设备。在上述设备中，中继器和集线器属于 OSI 模型的第 1 层，网卡、网桥和交换机属于 OSI 模型的第 2 层，路由器属于 OSI 模型的第 3 层。

4.4.1　网卡

微课　网卡

✒ 笔记

网卡是局域网中提供各种网络设备与网络通信介质相连的接口，全名是网络接口卡（NIC，Network Interface Card），也被称为网络适配器，其品种和质量的好坏，直接影响网络的性能和网上所运行软件的效果。网卡作为一种 I/O 接口卡插在主机板的扩展槽上，其基本结构包括接口控制电路、数据缓冲器、数据链路控制器、编码解码电路、内收发器、介质接口装置 6 大部分。因为网卡的功能涵盖了 OSI 参考模型的物理层与数据链路层，所以通常将其归于数据链路层的组件。

1. 网卡的功能

网卡有如下 3 个主要功能。

（1）数据帧的封装与拆封

发送数据时将来自上层（网络层）的数据封装成以太网帧格式，接收到数据帧时则去掉帧头、帧尾，将数据交给上层处理。

（2）链路管理

主要是指 CSMA/CD 协议的实现。

（3）编码与译码

指基带数据编码方式的实现，如曼彻斯特编码与译码。

2. 网卡与 MAC 地址

每一网卡在出厂时都被分配了一个全球唯一的地址标识，该标识被称为网卡地址或 MAC 地址，由于该地址是固化在网卡上的，所以又被称为物理地址或硬件地址。网卡地址由 48 位长度的二进制数组成。其中，前 24 位表示生产厂商（由 IEEE802.3 委员会分配给各网卡生产厂家），后 24 位为生产厂商所分配的产品序列号。若采用 12 位的十六进制数表示，则前 6 个十六进制数表示厂商，后 6 个十六进制数表示该厂商网卡产品的序列号。如网卡地址 00-90-27-99-11-cc，其中前 6 个十六进制数表示该网卡由 Intel 公司生产，相应的网卡序列号为 99-11-cc。网卡地址主要用于设备的物理寻址，与 IP 地址所具有的逻辑寻址作用有着截然不同的区别。

3.　网卡的分类

网卡的分类方法有多种,可分别按照传输速率、总线类型、所支持的传输介质、用途或网络技术等来进行分类。

按照网络技术的不同可分为以太网卡、令牌环网卡、FDDI 网卡等。目前以太网卡最常见。

按照传输速率,仅以太网卡就提供了 10Mbit/s、100Mbit/s、1000Mbit/s 和 10Gbit/s 等多种速率。数据传输速率是网卡的一个重要指标。

按照总线类型分类,网卡可分为 ISA 总线网卡、EISA 总线网卡、PCI 总线网卡及其他总线网卡等。16 位 ISA 总线网卡的带宽一般为 10Mbit/s,没有100Mbit/s 以上带宽的 ISA 网卡。目前 PCI 网卡最常用,PCI 总线网卡常用的为 32 位,其带宽从 10Mbit/s 到 1000Mbit/s。

按照所支持的传输介质,网卡可分为双绞线网卡、粗缆网卡、细缆网卡、光纤网卡和无线网卡。连接双绞线的网卡带有 RJ-45 接口,连接粗缆的网卡带有 AUI 接口,连接细缆的网卡带有 BNC 接口,连接光纤的网卡则带有光纤接口。当然有些网卡同时带有多种接口,如同时具备 RJ-45 接口和光纤接口。目前,市场上还有带 USB 接口的网卡,这种网卡可以用于具备 USB 接口的各类计算机网络。

另外,按照用途,网卡还可分为工作站网卡、服务器网卡和笔记本式计算机网卡等。

4.4.2　中继器

在前面的内容里介绍了各种传输介质往往都有最大线缆长度限制,例如在无中继设备情况下,细同轴电缆只有185m的传输距离,粗缆传输距离为500m,5 类非屏蔽双绞线传输距离为 100m,即使是性能最强的光缆也只能保证几公里的传输距离,因此若要对物理网络范围进行扩展,超出相应的线缆限制范围时,必须使用中继器(Repeater)。

微课　中继器

术语中继器源于早期的可视通信,当时站在某座山上的人将重复前一座山上的人传来的信号,从而将信号传递给后面的人。电报、电话、微波和光通信都使用中继器在长距离传输中对信号进行增强。

中继器是一个有着两个端口的设备,使用的目的是在比特级(即第 1 层)对网络信号进行再生和重定时,以使其在介质上能传输更远的距离。在扩展局域网段时,以 10Mbit/s 总线型以太网的 4 中继器规则(也称为 "5-4-3 规则")作为标准,该规则规定,总线以太网最多可以使用 4 个中继器实现 5 个网段的连接,但其中只有 3 个网段能够连接主机。

4.4.3　集线器

微课　集线器

集线器的主要功能是对接收到的信号进行再生整形放大,以扩大网络的传输距离，同时把所有节点集中在以它为中心的节点上。它工作于 OSI 模型的物理层。集线器与网卡、网线等传输介质一样，属于局域网中的基础设备，采用 CSMA/CD 访问方式。集线器实际上就是中继器的一种，其区别仅在于集线器能够提供更多的端口服务，所以集线器又被称为多端口中继器。在很多情况下，这两种设备间的差距只是各自提供的端口数量不同。典型的中继器只有两个端口，而集线器通常有 4 到 24 个端口。另外集线器通常用在使用双绞线的 10Base-T 或 100Base-T 网络中。

利用集线器连接站点，网络拓扑转变为星型结构。使用集线器时，从一个端口进入的数据帧会从其他所有端口被中继转发，因此所有连接到集线器上的设备都能接收全部通信，即采用集线器的网络中计算机的通信采用的仍然是广播方式。

使用集线器组网有如下缺点。

① 用户数据包向所有节点发送，很可能带来数据通信的不安全因素，一些别有用心的人很容易就能非法截获他人的数据包。

② 由于所有数据包都是向所有节点同时发送，加上以上所介绍的共享带宽方式，就更可能会造成网络塞车现象，更加降低了网络执行效率。

③ 非双工传输，网络通信效率低。集线器的同一时刻每一个端口只能进行一个方向的数据通信，而不能像交换机那样进行双向双工传输，网络执行效率低，不能满足较大型网络通信需求。

4.4.4 网桥

为了减少单个局域网内的通信量，有时需要将一个大型的局域网分解为多个更小、更易于管理的网段，而用于将各个网段连接起来的设备包括网桥、交换机、路由器等。交换机和网桥都工作在 OSI 模型的数据链路层。网桥的功能可以这样描述：当其从一个端口接收到来自某个网段上的数据帧时，它能够智能决定是否需要将该数据帧传递到下一个网段。

对上面功能可进一步描述如下，网桥从网络上接收到数据帧后，会在网桥表中查找目的 MAC 地址以确定该如何处理该数据帧，结果有三种情况：过滤该数据帧、对其进行泛洪、复制到另一个网段。决策过程如下。

① 如果目的设备所在网段与发送数据帧的源设备相同，网桥将组织该数据帧进入其他网段，这个过程称为过滤。

② 如果目的设备与源设备处于不同的网段中，网桥则将该数据帧转发到相应的网段。

③ 如果目的地址对网桥而言是未知的（即从网桥表中没有找到目的 MAC 地址），网桥则将该数据帧转发到接收端口以外的所有端口，这个过程称为泛洪。

网桥的工作原理如图 4-34 所示。

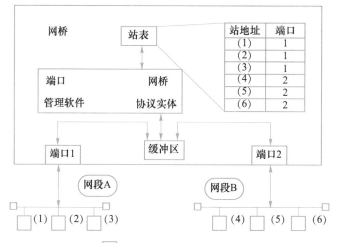

图中 □ 表示工作站，而 (1) ～ (6) 表示
相应站点的MAC地址

图 4-34　网桥的工作原理

网桥主要具有如下功能。

（1）在物理上扩展网络

一个网桥可以连接多个网络，同时一个网络又可以使用多个网桥与其他网络互连。所以通过网桥，可以在物理上将多个不同的网段互连在一起，从而扩大了网络的地址覆盖范围和主机规模。从这一点上看，网桥具备和中继器、集线器类似的在物理上扩展网络的功能。

（2）数据过滤功能

在网桥中，要维持一个交换表，该表给出关于网桥不同接口所连主机的MAC 地址信息，网桥根据数据帧中的目的地址判断是否转发该帧。也就是说，网桥从某一接口收到数据帧时，将首先获取目的 MAC 地址，然后查看交换表，若发送节点与目的节点在同一个网段内时，则网桥就不转发该帧，只有源节点与目的节点不在同一个网段时，网桥才转发该帧。也就是说，网桥具有基于第2 层地址进行帧过滤的功能。

（3）逻辑划分网络的功能

通过对帧的过滤，网桥实现了物理网络内部通信的相互隔离，源和目标在同一物理网段中的数据帧由于网桥的数据过滤作用是不会被转发或渗透到其他网段中的，尽管从物理上看，这些网段通过网桥和源与目标主机所在的网段是互连在一起的。我们将网桥所具备的这种隔离功能称为逻辑划分网络的功能，这项功能也是网桥与物理网络互连设备中继器及集线器之间的最大区别，物理层设备只能转发原始比特流，而不能根据某种地址信息实现数据过滤功能。

（4）数据推进功能

网桥根据数据过滤的结果实现数据帧的转发。在网桥中可以设置缓冲区以缓存输出端口无法立即传输的数据，从而可以使网桥输出帧的速率与接收 LAN

的速率相同。

（5）帧格式转换功能

当数据帧通过网桥到达另一个执行不同局域网协议的 LAN 时，网桥还能够对帧格式进行转换处理。也就是将一种帧格式转换为另一种帧格式，其中包括位组的重新排列、帧长度的限制以及重新生成校验序列等。

4.4.5　交换机

微课　交换机

交换机是一种基于 MAC（网卡的硬件地址）识别，能完成封装转发数据包功能的网络设备。交换机可以"学习"MAC 地址，并把其存放在内部地址表中，通过在数据帧的始发者和目标接收者之间建立临时的交换路径，使数据帧直接由源地址到达目的地址，因此交换机是数据链路层设备。

交换机也被称为多口网桥，交换机的运行速度远远高于网桥，并且可以支持其他功能，例如虚拟局域网。

1.　交换技术的基本原理

局域网交换技术是 OSI 参考模型中的第 2 层——数据链路层（Data-Link Layer）上的技术，所谓"交换"实际上就是指转发数据帧（Frame）。在数据通信中，所有的交换设备（即交换机）执行两个基本的操作。

① 交换数据帧，将从输入介质上收到的数据帧转发至相应的输出介质。

② 维护交换操作，构造和维护交换地址表。

（1）交换数据帧

交换机根据数据帧的 MAC（Media Access Control）地址（即物理地址）进行数据帧的转发操作。交换机转发数据帧时，遵循以下规则。

① 如果数据帧的目的 MAC 地址是广播地址或者组播地址，则向交换机所有端口转发（除数据帧来的端口）。

微课　交换机的配置

② 如果数据帧的目的地址是单播地址，但是这个地址并不在交换机的地址表中，那么也会向所有的端口转发（除数据帧来的端口）。

③ 如果数据帧的目的地址在交换机的地址表中，那么就根据地址表转发到相应的端口。

④ 如果数据帧的目的地址与数据帧的源地址在一个网段上，它就会丢弃这个数据帧，交换也就不会发生。

前面已经简要介绍过数据帧的交换过程，为了加强理解，下面以图 4-35 为例来详细介绍具体的数据帧交换过程。

① 当主机 D 发送广播帧时，交换机从 E3 端口接收到目的地址为 ffff.ffff.ffff 的数据帧，则向 E0、E1、E2 和 E4 端口转发该数据帧。

② 当主机 D 与 E 主机通信时，交换机从 E3 端口接收到目的地址为 0260.8c01.5555 的数据帧，查找地址表后发现 0260.8c01.5555 并不在表中，因此交换机仍然向 E0、E1、E2 和 E4 端口转发该数据帧。

③ 当主机 D 与主机 F 通信时，交换机从 E3 端口接收到目的地址为

0260.8c01.6666 的数据帧,查找地址表后发现 0260.8c01.6666 也位于 E3 端口,
即与源地址处于同一个网段,所以交换机不会转发该数据帧,而是直接丢弃。

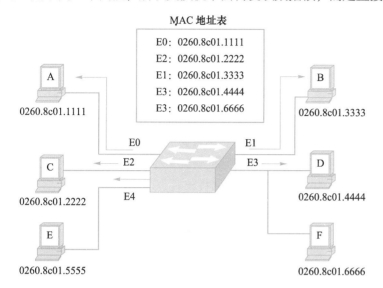

图 4-35　数据帧交换过程

④ 当主机 D 与主机 A 通信时,交换机从 E3 端口接收到目的地址为
0260.8c01.1111 的数据帧,查找地址表后发现 0260.8c01.1111 位于 E0 端口,
所以交换机将数据帧转发至 E0 端口,这样主机 A 即可收到该数据帧。

⑤ 如果在主机 D 与主机 A 通信的同时,主机 B 也正在向主机 C 发送数据,
交换机同样会把主机 B 发送的数据帧转发到连接主机 C 的 E2 端口。这时 E1
和 E2 之间,以及 E3 和 E0 之间,通过交换机内部的硬件交换电路,建立了两
条链路,这两条链路上的数据通信互不影响,因此网络亦不会产生冲突。所以,
主机 D 和主机 A 之间的通信独享一条链路,主机 C 和主机 B 之间也独享一条
链路。而这样的链路仅在通信双方有需求时才会建立,一旦数据传输完毕,相
应的链路也随之拆除。这就是交换机主要的特点。

从以上的交换操作过程中,可以看到数据帧的转发都是基于交换机内的
MAC 地址表,但是这个地址表是如何构造和维护的呢? 下面就来介绍这个问题。

（2）构造和维护交换地址表

交换机的交换地址表中,一条表项主要由一个主机 MAC 地址和该地址所
位于的交换机端口号组成。整张地址表的生成采用动态自学习的方法,即当交
换机收到一个数据帧以后,将数据帧的源地址和输入端口记录在交换地址表中。
思科的交换机中, 交换地址表放置在内容可寻址存储器（Content-
Addressable Memory，CAM）中,因此也被称为 CAM 表。

当然,在存放交换地址表项之前,交换机首先应该查找地址表中是否已经
存在该源地址的匹配表项,仅当匹配表项不存在时才能存储该表项。每一条地
址表项都有一个时间标记,用来指示该表项存储的时间周期。地址表项每次被

使用或者被查找时，表项的时间标记就会被更新。如果在一定的时间范围内地址表项仍然没有被引用，它就会从地址表中被移走。因此，交换地址表中所维护的一直是最有效和最精确的地址—端口信息。

2. 交换机数据交换方式

以太网交换机的数据交换与转发方式可以分为直接交换、存储转发交换和改进的直接交换 3 类。

（1）直接交换

在直接交换方式下，交换机边接收边检测。一旦检测到目的地址字段，便将数据帧传送到相应的端口上，而不管这一数据是否出错，出错检测任务由节点主机完成。这种交换方式交换延迟时间短，但缺乏差错检测能力，不支持不同输入/输出速率的端口之间的数据转发。

（2）存储转发交换

在存储转发方式中，交换机首先要完整地接收站点发送的数据，并对数据进行差错检测。如接收数据是正确的，再根据目的地址确定输出端口号，将数据转发出去。这种交换方式具有差错检测能力并能支持不同输入/输出速率端口之间的数据转发，但交换延迟时间较长。

（3）改进的直接交换

改进的直接交换方式是将直接交换与存储转发交换结合起来，在接收到数据的前 64 字节之后，判断数据的头部字段是否正确，如果正确则转发出去。这种方式对于短数据来说，交换延迟与直接交换方式比较接近；而对于长数据来说，由于它只对数据前部的主要字段进行差错检测，交换延迟将会减小。

3. 局域网交换机的种类

① 从广义上来看，交换机分为两种：广域网交换机和局域网交换机。广域网交换机主要应用于电信领域，提供通信基础平台；而局域网交换机则应用于局域网络，用于连接终端设备，如 PC 及网络打印机等。

② 按照现在复杂的网络构成方式，网络交换机被划分为接入层交换机、汇聚层交换机和核心层交换机。其中，核心层交换机全部采用机箱式模块化设计，已经基本上都设计了与之相配备的 1000Base-T 模块。接入层支持 1000Base-T 的以太网交换机基本上是固定端口式交换机，以 10/100M 端口为主，并且以固定端口或扩展槽方式提供 1000Base-T 的上联端口。汇聚层 1000Base-T 交换机同时存在机箱式和固定端口式两种设计，可以提供多个 1000Base-T 端口，一般也可以提供 1000Base-X 等其他形式的端口。接入层和汇聚层交换机共同构成完整的中小型局域网解决方案。

③ 从传输介质和传输速度上看，局域网交换机可以分为以太网交换机、快速以太网交换机、千兆位以太网交换机、FDDI 交换机、ATM 交换机和令牌环交换机等多种，这些交换机分别适用于以太网、快速以太网、FDDI、ATM 和令牌环网等环境。

④ 从规模应用上又有企业级交换机、部门级交换机和工作组交换机等。一

般来讲，企业级交换机都是机架式的，部门级交换机可以是机架式，也可以是固定配置式，而工作组级交换机则一般为固定配置式，功能较为简单。另一方面，从应用的规模来看，当作为骨干交换机时，支持 500 个信息点以上大型企业应用的交换机为企业级交换机，支持 300 个信息点以下中型企业的交换机为部门级交换机，而支持 100 个信息点以内的交换机为工作组级交换机。

⑤ 根据 OSI 参考模型，交换机又可以分为第 2 层交换机、第 3 层交换机、第 4 层交换机等，一直到第 7 层交换机。基于 MAC 地址工作的第 2 层交换机最为普遍，用于网络接入层和汇聚层。基于 IP 地址和协议进行交换的第 3 层交换机普遍应用于网络的核心层，也少量应用于汇聚层。部分第 3 层交换机也同时具有第 4 层交换功能，可以根据数据帧的协议端口信息进行目标端口判断。第 4 层以上的交换机称为内容型交换机，主要用于互联网数据中心。

⑥ 按照交换机的可管理性，又可把交换机分为可管理型交换机和不可管理型交换机，它们的区别在于对 SNMP、RMON 等网管协议的支持。可管理型交换机便于网络监控、流量分析，但成本也相对较高。大中型网络在汇聚层应该选择可管理型交换机，在接入层视应用需要而定，核心层交换机则全部是可管理型交换机。

⑦ 按照交换机是否可堆叠，交换机又可分为可堆叠型交换机和不可堆叠型交换机两种。设计堆叠技术的一个主要目的是为了增加端口密度。

⑧ 按照最广泛的普通分类方法，局域网交换机可以分为桌面型交换机（Desktop Switch）、工作组型交换机（Workgroup Switch）和校园网交换机（Campus Switch）3 类。桌面型交换机是最常见的一种交换机，使用最广泛，尤其是在一般办公室、小型机房和业务受理较为集中的业务部门、多媒体制作中心、网站管理中心等部门。在传输速度上，现代桌面型交换机大都提供多个具有 10/100Mbit/s 自适应能力的端口。工作组型交换机常用来作为扩充设备，在桌面型交换机不能满足需求时，大多直接考虑工作组型交换机。虽然工作组型交换机只有较少的端口数量，但却支持较多的 MAC 地址，并具有良好的扩充能力，端口的传输速度基本上为 100Mbit/s。校园网交换机的应用相对较少，仅应用于大型网络，且一般作为网络的骨干交换机，并具有快速数据交换能力和全双工能力，可提供容错等智能特性，还支持扩充选项及第 3 层交换中的虚拟局域网（VLAN）等多种功能。

⑨ 根据交换技术的不同，有人又把交换机分为端口交换机、帧交换机和信元交换机 3 种。

⑩ 从应用的角度划分，交换机又可分为电话交换机（PBX）和数据交换机（Switch）。当然，目前在数据上的语音传输 VoIP 又被称为"软交换机"。

4. 交换机之间的连接

交换机之间最简单的一种连接方法就是采用一根交叉的双绞线（1、2 和 3、6 对调）并将它们连接起来。如果下级交换机有 Uplink 口，也可以接到 Uplink 口上，用直连线连接。总的来讲，交换机之间的连接有以下几种。

笔记

（1）级联

交换机可以通过上联端口实现与骨干交换机的连接。

（2）冗余连接

在以太网环境下是不允许出现环路的，生成树（Spanning Tree）则可以在交换机之间实现冗余连接又避免出现环路。当然，这要求交换机支持Spanning Tree。

不过，Spanning Tree 冗余连接的工作方式是待机（Stand By），也就是说，除了一条链路工作外，其余链路实际上处于 Stand By 状态，这显然影响传输的效率。对于一些最新的技术，例如 FEC（Fast Ethernet Channel）、ALB（Advanced Load Balancing）和 Port Trunking 技术，则可以允许每条冗余连接链路实现负载分担。其中 FEC 和 ALB 技术用来实现交换机与服务器之间的连接（Server to Switch），而 Port Trunking 技术则实现交换机之间的连接（Switch to Switch）。通过 Port Trunking 的冗余连接，交换机之间可以实现几倍于线速带宽的连接。

（3）堆叠

提供堆叠接口的交换机之间可以通过专用的堆叠线连接起来。通常，堆叠的带宽是交换机端口速率的几十倍，例如，一台 100Mbit/s 交换机，堆叠后两台交换机之间的带宽可以达到几百兆位甚至上千兆位。

多台交换机的堆叠是靠一个提供背板总线带宽的多口堆叠母模块与单口的堆叠子模块相连实现的，并插入不同的交换机实现交换机的堆叠。上联交换机可以通过上联端口实现与骨干交换机的连接。例如，一台具有 24 个 10Mbit/s 和 1 个 100Mbit/s 端口的交换机，就可以通过 100Mbit/s 端口与 100Mbit/s 主干交换机实现 100Mbit/s 速率的连接。

交换机作为多端口网桥，确实具备了网桥所拥有的全部功能，如物理上扩展网络、逻辑上划分网络等。但是作为对网桥的改进设备，首先，交换机可以提供高密度的连接端口；其次，交换机由于采用的基于交换背板的虚电路连接方式，从而可为每个交换机端口提供更高的专用带宽，而集中网桥在数据流量大时易形成瓶颈效应。另外，交换机的数据转发是基于硬件实现的，所以较网桥采用软件实现数据的存储转发也具有更高的交换性能。正因为如此，在交换机问世后，网桥已逐渐退出了第 2 层网络互连设备的市场。

5. 交换机和网桥的比较

交换机与网桥的比较如下。

① 网桥一般只有两个端口，而交换机通常有很多端口。

② 网桥的速度比交换机慢。

③ 网桥发送数据一般只存储/转发模式，而交换机不止一种模式。

④ 交换机的硬件结构比较合理。

⑤ 交换机拥有比网桥更多的功能，如 VLAN，第三层交换。

⑥ 交换机比网桥拥有更多的存储器（RAM）容量以存储和转发数据。

⑦ 网桥工作在 OSI 模型的第 2 层，交换机则在第 2、3 层工作。

4.4.6 路由器

路由器（Router）是网络之间互连的设备。路由器通过路由决定数据的转发，转发策略称为路由选择（Routing），这也是路由器名称的由来（Router，转发者）。如果说交换机的作用是实现计算机、服务器等设备之间的互连，从而构建局域网络，那么路由器的作用则是实现网络与网络之间的互连，从而组成更大规模的网络。

微课 路由技术简介

路由器工作在 TCP/IP 网络模型的网络层，对应于 OSI 参考模型的第 3 层，因此，路由器也常称为网络层互连设备。

1. 路由器基本功能

路由器的主要作用和基本功能如下。

（1）连接网络

大型企业处在不同地域的局域网之间通过路由器连接在一起可以构建企业广域网。企业局域网内的计算机用户要访问 Internet，可以使用路由器将局域网连接到 ISP（Internet Service Provider）网络，实现与全球 Internet 的连接和共享接入。实际上 Internet 本身就是由数以万计的路由器互相连接而构成的超大规模的全球性公共信息网。

（2）隔离以太广播

交换机会将广播包发送到每一个端口，大量的广播会严重影响网络的传输效率。当由于网卡等设备发生硬件损坏或计算机遭受病毒攻击时，网络内广播包的数量将会剧增，从而导致广播风暴，使网络传输阻塞或陷于瘫痪。

微课 路由器 I

路由器可以隔离广播。路由器的每个端口均可视为一个独立的网络，它会将广播包限定在该端口所连接的网络之内，而不会扩散到其他端口所连接的网络，如图 4-36 所示。

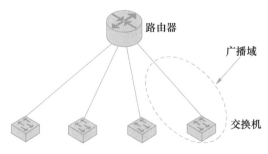

图 4-36 路由器隔离广播

（3）路由选择和数据转发

"路由（Routing）"功能是路由器最重要的功能。所谓路由，就是把要传送的数据包从一个网络经过优选的传输路径最终传送到目的网络。传输路径可以是一条链路，也可以由一系列路由器及其级联链路组成。

路由器是智能很高的一类设备，它能根据管理员的设置和运用路由协议，自动生成一个到各个目的网络的路由表，当网络状态发生变化时，路由器还能动态地修改、更新路由表。当路由器收到数据包时，路由器根据数据包中的目的 IP 地址查找路由表，从所有路由条目中选出一条最佳路由，作为数据包转发的出口，将该数据包进行第 2 层封装后再发送出去。

网络中的每个路由器都维护着一张路由表，如果每一个路由表都正确，那么，IP 数据包就会一跳一跳地经过一系列路由器，最终到达目的主机，这就是 IP 网（也是整个 Internet）运作的基础。

2. 路由器的工作原理

路由器的主要工作包括以下三个方面。

① 生成和动态维护路由表。

② 根据收到的数据包中的 IP 地址信息查找路由表，确定数据转发的最佳路由。

③ 数据转发。

在本书中我们不详细讲解路由器的具体工作原理和数据转发过程，仅通过一个例子来简要说明路由器工作原理。

网络拓扑如图 4-37 所示。工作站 A 需要向工作站 B 传送信息（并假定工作站 B 的 IP 地址为 12.0.0.5），它们之间需要通过多个路由器的接力传递。其工作原理如下。

① 工作站 A 将工作站 B 的地址 12.0.0.5 连同数据信息以数据帧形式发送给路由器 1。

② 路由器 1 收到工作站 A 的数据帧后，先从报头中取出地址 12.0.0.5，并根据路由表计算出发往工作站 B 的最佳路径：R1->R2；并将数据帧发往路由器 2。

③ 路由器 2 重复路由器 1 的工作，并将数据帧转发给路由器 5。

④ 路由器 5 同样取出目的地址，发现 12.0.0.5 就在该路由器所连接的网段上，于是将该数据帧直接交给工作站 B。

⑤ 工作站 B 收到工作站 A 的数据帧，一次通信过程宣告结束。

微课　路由器 2

PPT 课件

PPT

原理动画

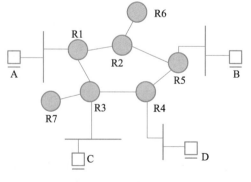

图 4-37　路由器工作原理

3. 两种路由方式

每台路由器上都存储着一张关于路由信息的表格，这个表格称为路由表。路由表是路由器工作的重要依据和参考，路由表可分为以下两种。

（1）静态路由表

由系统管理员事先设置好固定的路径表称为静态（Static）路由表，一般是在系统安装时就根据网络的配置情况预先设定的，它不会随未来网络结构的改变而改变。

（2）动态路由表

动态（Dynamic）路由表是路由器根据网络系统的运行情况而自动调整的路径表。路由器根据路由选择协议（Routing Protocol）提供的功能，自动学习和记忆网络运行情况，在需要时自动计算数据传输的最佳路径。

4. 路由器的集成功能

除了路由选择和数据转发等基本的功能外，很多路由器上还集成了一些网络安全等方面的功能，如网络地址转换（NAT）功能、访问控制列表（ACL）等。

（1）网络地址转换

由于合法 IP 地址紧缺、申请困难，一般情况下企业网络内部使用私有 IP 地址。当内部计算机需要与外部网络通信时，路由器提供网络地址转换，将私有 IP 地址转换为合法 IP 地址，实现与 Internet 的连接。使用 NAT 还有一个好处是隐藏了内部网络的结构，可以有效避免来自外网的恶意攻击。

（2）访问控制列表

借助于 ACL，在路由器上可以设置多种访问控制策略，规定哪些用户、哪段时间、哪种网络协议和哪种网络服务是被允许外出和进入的。这不仅可以避免网络的滥用，提高网络传输性能和带宽利用效率，也可以有效地避免蠕虫病毒、黑客工具对内部网络的侵害。

5. 路由器与网桥、交换机的比较

① 工作层次不同。最初的交换机是工作在 OSI 模型的数据链路层，也就是第二层，而路由器一开始就设计工作在 OSI 模型的网络层。

② 数据转发所依据的地址不同。交换机是利用物理地址（MAC 地址）来确定转发数据的目的地址。而路由器则是利用不同网络的 ID 号（即 IP 地址）来确定数据转发的地址。

③ 传统的交换机只能分割冲突域，不能分割广播域；而路由器可以分割广播域。

④ 路由器提供了防火墙、地址转换等服务。

4.5 组网软件基础

4.5.1 局域网常见通信协议

各种网络协议都有所依赖的操作系统和工作环境，同样的通信协议在不同

微课 常见网络
设备的比较

笔 记

网络上运行的效果不一定相同。所以，组建网络时通信协议的选择尤为重要。无论是 Windows 95/98 对等网，还是规模较大的 Windows NT、Novell 或 Unix/Xenix 局域网，组建者都遇到过如何选择和配置网络通信协议的问题。在选择通信协议时应遵循 3 个原则：所选协议要与网络结构和功能相一致；尽量只选择一种通信协议；注意协议不同的版本具有不尽相同的功能。

下面介绍局域网中常用的 3 种通信协议。

1. NetBEUI 协议

NetBEUI 协议是一种体积小、效率高、速度快的通信协议。在微软公司的主流产品中，如 Windows 95/98 和 Windows NT，NetBEUI 已成为固有的默认协议。NetBEUI 是专门为几台到百余台计算机所组成的单网段小型局域网而设计的，不具有跨网段工作的功能，即 NetBEUI 不具备路由功能。如果一个服务器上安装多块网卡，或采用路由器等设备进行两个局域网的互连时，不能使用 NetBEUI 协议。否则，在不同网卡（每一块网卡连接一个网段）相连的设备之间，以及不同的局域网之间将无法进行通信。虽然 NetBEUI 存在许多不尽如人意的地方，但它也具有其他协议所不具备的优点。在 3 种常用的通信协议中，NetBEUI 占用内存最少，在网络中基本不需要任何配置。

NetBEUI 中包含一个网络接口标准 NetBIOS，是 IBM 公司在 1983 年开发的一套用于实现计算机间相互通信的标准。随后，IBM 公司发现 NetBIOS 存在着许多缺陷，于 1985 年对其进行了改进，推出了 NetBEUI 通信协议。随即，微软公司将 NetBEUI 作为其客户机/服务器网络系统的基本通信协议，并进一步进行了扩充和完善。最有代表性的是在 NetBEUI 中增加了名为 SMB（服务器消息块）的组成部分。因此，NetBEUI 协议也被人们称为 SMB 协议。

2. IPX/SPX 及其兼容协议

IPX/SPX 是 Novell 公司的通信协议集。与 NetBEUI 的明显区别是：IPX/SPX 比较庞大，在复杂环境下有很强的适应性。因为 IPX/SPX 在开始就考虑了多网段的问题，具有强大的路由功能，适合大型网络使用。当用户接入 NetWare 服务器时，IPX/SPX 及其兼容协议是最好的选择。但在非 Novell 网络环境中，一般不使用 IPX/SPX。尤其在 Windows NT 网络和由 Windows 95/98 组成的对等网中，无法使用 IPX/SPX 协议。

IPX/SPX 及其兼容协议不需要任何配置，它可通过网络地址来识别自己的身份。Novell 网络中的网络地址由两部分组成：标明物理网段的网络 ID 和标明特殊设备的节点 ID。其中网络 ID 集中在 NetWare 服务器或路由器中，节点 ID 即为每个网卡的 ID 号（网卡卡号）。所有的网络 ID 和节点 ID 都是独一无二的内部 IPX 地址，正是由于网络地址的唯一性，才使 IPX/SPX 具有较强的路由功能。

在 IPX/SPX 协议中，IPX 是 NetWare 最底层的协议，它只负责数据在网络中的移动，并不保证数据是否传输成功，也不提供纠错服务。IPX 在负责数据传送时，如果接收节点在同一网段内，就直接按该节点的 ID 将数据传给它；

笔 记

如果接收节点是远程的，数据将交给 NetWare 服务器或路由器中的网络 ID，继续数据的下一步传输。SPX 在整个协议中负责对所传输的数据进行无差错处理，所以 IPX/SPX 也叫做 Novell 的协议集。

Windows NT 中提供了两个 IPX/SPX 的兼容协议，NWLink SPX/SPX 兼容协议和 NWLink NetBIOS，两者统称为 NWLink 通信协议。NWLink 协议是 Novell 公司 IPX/SPX 协议在微软公司网络中的实现，它在继承 IPX/SPX 协议优点的同时，更加适应微软公司的操作系统和网络环境；NWLink NetBIOS 协议不但可在 NetWare 服务器与 Windows NT 之间传递信息，而且能够实现 Windows NT、Windows 95/98 相互之间任意通信。

3. TCP/IP（传输控制协议/网际协议）

前面已经介绍过，TCP/IP 是目前最常用的一种通信协议，它是计算机世界里的一个通用协议，是互联网的基础协议。

TCP/IP 具有很高的灵活性，支持任意规模的网络，几乎可连接所有的服务器和工作站，但同时设置也较复杂，在使用 NetBEUI 和 IPX/SPX 协议时不需要进行配置，而在使用 TCP/IP 协议时首先要进行复杂的设置，每个节点至少需要一个 IP 地址、子网掩码、默认网关和主机名。不过，在 Windows NT 中提供了一个称为动态主机配置协议（DHCP）的工具，它可自动为客户机分配连入网络时所需的信息，减轻了连网工作的负担，避免出错。IPX/SPX 及其兼容协议与 TCP/IP 之间存在着一些差别。TCP/IP 的地址是分级的，而 IPX/SPX 协议中的 IPX 使用的是一种广播协议。

局域网中的一些通信协议，在安装操作系统时会自动安装，如在安装 Windows NT 或 Windows 95/98 时，系统会自动安装 NetBEUI 通信协议；在安装 NetWare 时，系统会自动安装 IPX/SPX 通信协议。在 3 种协议中，NetBEUI 和 IPX/SPX 在安装后不需要进行设置就可以直接使用，但 TCP/IP 要经过必要的设置。下面主要以 Windows NT 环境下的 TCP/IP 协议为例，介绍其安装、设置和测试方法，其他操作系统中协议的有关操作与 Windows NT 基本相同，甚至更为简单。

（1）TCP/IP 通信协议的安装

在 Windows NT 中，如果未安装有 TCP/IP 通信协议，可选择"开始"→"设置"→"控制面板"→"网络"命令，出现"网络"对话框后，选择对话框中的"协议/添加"命令，选取其中的 TCP/IP 协议，然后单击"确定"按钮。系统会询问用户是否要进行"DHCP 服务器"的设置。如果用户的 IP 地址是固定的，可选择"否"。随后，系统开始从安装盘中复制所需的文件。

（2）TCP/IP 通信协议的设置

在"网络"对话框中选择已安装的 TCP/IP 协议，打开其"属性"对话框，在指定的位置输入已分配好的"IP 地址"和"子网掩码"。如果该用户还要访问其他 Windows NT 网络的资源，还可以在"默认网关"处输入网关的地址。

（3）TCP/IP 通信协议的测试

当 TCP/IP 协议安装并设置结束后，为了保证其能够正常工作，在使用前一定要进行测试。建议大家使用系统自带的工具程序 ping 命令，该工具可以检查出任何一个用户是否与同一网段的其他用户连通，是否与其他网段的用户正常连接，同时还能检查出自己的 IP 地址是否与其他用户的 IP 地址发生冲突。

4.5.2　网络操作系统

操作系统（OS）是计算机系统中负责提供应用程序的运行环境以及用户操作环境的系统软件，同时也是计算机系统的核心与基石。它的职责包括对硬件的直接监管、对各种计算资源的管理，以及提供诸如作业管理之类的面向应用程序的服务等。

网络操作系统（NOS）除了实现单机操作系统全部功能外，还具备管理网络中的共享资源，实现用户通信以及方便用户使用网络等功能，是网络的心脏和灵魂。

网络操作系统是网络用户与计算机网络之间的接口，是计算机网络中管理一台或多台主机的软硬件资源、支持网络通信、提供网络服务的程序集合。

1. Windows 9x/ME/XP/NT/2000/2003

（1）Windows 9x/ME/XP

Windows 9x/ME/XP 系列操作系统是微软推出的面向个人计算机的操作系统。严格来说，它并不属于网络操作系统。但是，Windows 系列系统都集成了丰富的网络功能，可以利用其强大的网络功能组建简单的对等网。

（2）Windows NT4.0

Windows NT4.0 是微软于 1996 年发布的网络操作系统，主要是针对局域网开发的。因其界面友好、易于使用、功能强大，当时抢占了几乎 80% 的中低端网络操作系统的市场份额。

Windows NT4.0 共有两个版本：Windows NT Workstation（工作站版）和 Windows NT Server（服务器版）。工作站版主要作为单机和网络客户机操作系统，而服务器版用于配置局域网服务器。

（3）Windows 2000

Windows 2000 是微软 Windows 家族的一个重量级产品，是微软众多程序开发者集体的智慧的结晶。其主要特性如下。

① 多任务。

② 大内存。

③ 多处理器。

④ 即插即用。

⑤ 集群：利用集群技术，Windows 2000 可以将多个服务器虚拟为一个功能强大的服务器，同时为用户提供服务，以增强其处理能力和提供容错功能。

⑥ 文件系统：Windows 2000 在原有文件系统基础上引入了 NTFS 5.0 文件系统，从而支持文件级安全、加密、压缩、磁盘配额等功能。

⑦ 良好的服务质量：服务质量即对网络通信带宽的保障。

⑧ 终端服务：通过终端服务，可以使多个用户通过终端窗口同时连接到一台服务器，使用一台计算机的资源，真正实现分步操作。同时，也可以通过终端服务，远程管理服务器。

⑨ 远程安装服务：通过远程安装服务，可以快速安装网络客户端。可以通过远程安装服务器同时安装整个网络的客户端系统，大大提高工作效率。

⑩ 活动目录：Windows 2000 的活动目录是一个大型数据库，用于保存 Windows 2000 网络的资源信息、管理和控制信息。有了活动目录，我们访问、管理、控制网络资源更加方便。

Windows 2000 共有 3 个版本，是一个从低端到高端的全方位的操作系统。这 3 个版本的简介如下。

① Windows 2000 Professional 是单用户及网络客户机操作系统，是 Windows NT Workstation 4.0 的升级版。支持 2 个处理器，4GB 的物理内存。

② Windows 2000 Server 是服务器平台的标准版本，是 Windows NT Server 4.0 的升级版，适合作为中小企业服务器操作系统。它包含了 Professional 的所有功能，并可以此基础上支持活动目录 IIS 等。它最多支持 4 个处理器、4GB 的物理内存。

③ Windows 2000 Advanced Server 适合作为大型企业服务器操作系统，它包含了服务器版的所有功能，同时提供了对集群的支持。最大支持 8 个处理器、8GB 的物理内存。

（4）Windows Server 2003

Windows Server 2003 是微软于 2003 年 4 月正式推出。Windows Server 2003 与 Windows 2000 相比速度更快、更稳定和更安全，同时也增加了一些新功能，如邮件服务、IPv6、微软.NET 技术等。Windows Server 2003 同样分 4 个版本，但全部为服务器版，没有单机版本。

Windows Server 2003 的 4 个版本分别如下。

① Web 服务器版：是微软针对 Web 服务器开发的操作系统，支持 2 个处理器、2GB 物理内存，支持 IIS6.0 和 Internet 防火墙，同时提供了对微软 ASP.NET 的支持，是构建 Web 服务器的理想平台。

② 标准版：是微软针对于中小企业服务器开发的操作系统，相当于 Windows 2000 服务器版，支持 4 个处理器、4GB 物理内存，可以作为中小企业服务的操作系统。

③ 企业版：是微软针对于大型企业服务器开发的操作系统，相当于 Windows 2000 的高级服务器版，支持 8 个处理器、32GB 物理内存，可以作为大型企业服务器的操作系统。

笔 记

④ 数据中心版：是微软针对于大型数据仓库开发的操作系统。分两个版本，分别为 32 位版本和 64 位版本。其中 32 位版本支持 32 个处理器、64GB 物理内存；64 位版本支持 64 个处理器、512GB 物理内存，可以作为大型数据仓库的操作系统。

2. Linux 操作系统

Linux 是一个"类 UNIX"的操作系统，最早是由芬兰赫尔辛基大学的一名学生开发的。Linux 是自由软件，也称源代码开放软件，用户可以免费获得并使用 Linux 系统。它主要有以下特点。

① Linux 是免费的。

② 较低的系统资源需求。

③ 广泛的硬件支持。

④ 极强的网络功能。

⑤ 极高的稳定性与安全性。

Linux 的缺点是，相对于 Windows 系统而言，Linux 的易用性较差。

3. UNIX 操作系统

UNIX 是美国贝尔实验室开发的一种多用户、多任务的操作系统。作为网络操作系统，UNIX 以其安全、稳定、可靠的特点和完善的功能，被广泛应用于网络服务器、Web 服务器、数据库服务器等高端领域。它主要有以下几个特点。

① 可靠性高：UNIX 在安全性和稳定性方面具有非常突出的表现，对所有用户的数据都有非常严格的保护措施。

② 网络功能强：作为 Internet 技术基础的 TCP/IP 协议就是在 UNIX 上开发出来的，并成为 UNIX 不可分割的组成部分。UNIX 还支持所有最通用的网络通信协议，这使得 UNIX 能方便地与单主机、局域网和广域网通信。

③ 开放性好。

UNIX 的缺点是系统过于庞大、复杂，一般用户很难掌握。

4. NetWare 操作系统

NetWare 是 Novell 公司开发的网络操作系统，也是以前最流行的局域网操作系统。NetWare 主要使用 IPX/SPX 协议进行通信。它主要具有以下特点。

① 强大的文件和打印服务功能：NetWare 通过高速缓存的方式实现文件的高速处理，还可以通过配置打印服务实现打印机共享。

② 良好的兼容性及容错功能：NetWare 不仅与不同类型的计算机兼容，还与不同的操作系统兼容。同时，NetWare 在系统出错时具有自我恢复的能力，从而将因文件丢失而带来的损失降到最小。

③ 比较完备的安全措施：NetWare 采取了四级安全控制，以管理不同级别用户对网络资源的使用。

NetWare 的缺点是，相对于 Windows 操作系统而言，NetWare 网络管理比较复杂。它要求管理员熟悉众多的管理命令和操作，易用性差。

4.6 组建局域网

4.6.1 组建对等网

前面已经介绍过，对等网也称工作组网，在这种体系架构下，网内成员的地位都是对等的，网络中不存在管理或服务核心的主机，即各个主机间无主从之分，并没有客户机和服务器的区别。在对等网中没有域，只有工作组。由于工作组的概念没有域的概念那样广，因此在对等网组建时不需要进行域的配置，而只需对工作组进行配置。对等网中所包含的计算机数量一般不多，通常限制在一个小型机构或部门内部，各主机之间的对等交换数据和信息。网络中任一台计算机既可作为网络服务器，为其他计算机提供共享资源，也可作为工作站，用来分享其他网络服务器所共享的资源。通过对等网可以实现部门或组织内部数据资源、软件资源、硬件资源的共享。对等网网络具有结构简单、易于实现、网络成本低、网络建设和维护简单、网络组建方式灵活、可选用的传输介质较多等优点。其不足之处在于网络支持的用户数量较少、网络性能较低、网络安全及保密性差、文件管理分散、计算机资源占用大。

虽然对等网结构比较简单，但根据具体的应用环境和需求，对等网也因其规模和传输介质类型的不同，其实现的方式也有多种，下面分别进行介绍。

1. 对等网连接方式

（1）两台机的对等网

这种对等网的组建方式比较多，在传输介质方面既可以采用双绞线，也可以使用同轴电缆，还可采用串、并行电缆。所需网络设备只需相应的网线或电缆和网卡，如果采用串、并行电缆还可省去网卡的投资，直接用串、并行电缆连接两台机即可，显然这是一种最廉价的对等网组建方式。这种方式中的"串／并行电缆"俗称"零调制解调器"，所以这种方式也称为"远程通信"领域。但这种采用串、并行电缆连接的网络的传输速率非常低，并且串、并行电缆制作比较麻烦，在网卡如此便宜的今天这种对等网连接方式比较少用。

比较常见的是使用交叉双绞线，分别插在两台计算机的网卡上，组成双机直连的对等网，如图 4-38 所示。

图 4-38 双机直连的对等网

（2）三台或三台以上机组建对等网

如果网络所连接的计算机不是两台，而是三台或三台以上，则此时就不能采用串、并行电缆连接了，必须采用双绞线作传输介质，添加一个交换机或集

实训报告

PPT 课件

PPT

线器作为集结线设备，组建一个星形对等网，计算机都直接与交换机或集线器相连。如图 4-39 所示是三台计算机组成的对等网。

图 4-39　三台计算机组成的对等网

2. 组建对等网步骤

（1）拓扑连接

选择合适的双绞线，把计算机与交换机或集线器连接起来，也就是实现物理层的连接。

（2）配置网络协议

按前面单元讲述，依次安装网络协议、配置工作组、配置计算机网卡的 IP 地址。

（3）网络连通性测试

首先，判断"本地连接"的图标是否正常显示，若能正常显示，则表示网络物理连接正常。

然后，检查在"网上邻居"上是否能看到其他计算机。

> 提示："计算机名"可以通过右键单击"我的电脑"，在快捷菜单中选择"属性"命令进行查看和修改。

最后，在计算机上打开"开始"菜单，选择"程序"→"附件"→"命令提示符"菜单命令，并在"命令提示符"窗口中执行命令"ping **********"（*号部分为其他计算机 IP 地址）。当出现"Reply from **********: bytes=32 time<10ms TTL=64"则表示被测试计算机与本机通信正常；当出现"Request timed out."表示被测试计算机与本机通信不正常，需要对网络的连接进行检测。

实训报告

4.6.2　对等网文件的共享

与企业客户机/服务器模式下的网络不同，文件资源是采用访问权限来限制的，而在对等网中只是通过共享文件夹的设定来实现资源的共享。

PPT 课件

PPT

1. 简单共享

① 在需共享的文件夹上单击鼠标右键，在弹出的快捷菜单中选择"属性"命令，然后单击"共享"选项卡，如图 4-40 所示。

② 选择"在网络上共享这个文件夹(S)"复选框，如果希望其他计算机上的用户可以修改此文件夹中的文件，则将"允许网络用户更改我的文件"复选框选中，否则网络用户将以只读的方式访问该文件夹。

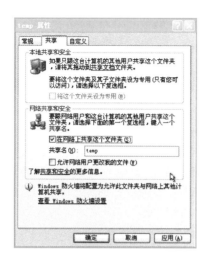

图 4-40 文件夹属性对话框

如果还是不能访问，可能是本地安全策略限制了该用户访问。在启用了 GUEST 用户或者本地有相应账号的情况下，选择"开始"→"设置"→"控制面板"→"管理工具"→"计算机管理"→"本地安全设置"菜单命令，打开"用户权利指派"→"拒绝从网络访问这台计算机"的用户列表，如果看到 GUEST 或者相应账号请删除，设置简单文件共享，网络上的任何用户都可以访问，无须密码，过程如图 4-41 所示。

图 4-41 安全策略设置

> 提示：共享特性不适用于 Documents and Settings、Program Files 以及 Windows 系统文件夹。此外，无法在其他用户的配置文件中共享文件夹。

③ 如需设置、查看、修改或删除文件与文件夹权限，请依次执行以下操作步骤。

打开 Windows 资源管理器并定位所希望设置权限的文件或文件夹，依次选择"开始"→"所有程序"→"附件"→"Windows 资源浏览器"菜单命令，即可打开 Windows 资源管理器。

如图 4-42 所示，右键单击所定位的文件或文件夹，在随后出现的快捷菜单中选择"属性"命令并单击"安全"选项卡。

④ 如需对未显示在（组或用户名称）列表中的组或用户设置权限，可单击"添加"按钮。弹出的对话框如图 4-43 所示，输入希望设置权限的组或用户名称并单击"确定"按钮。

如图 4-42 所示，如需针对现有组或用户修改或删除权限，请单击相应组或用户名称，并执行以下任意一项操作。

⑤ 如需允许或拒绝某种权限，在"权限"列表中，选择"允许"或"拒绝"复选框。

如需从"组或用户名称"列表框中删除某个组或用户，可单击"删除"按钮。

图 4-42　设置文件与文件夹权限

图 4-43　新建组或用户权限

> 提示：
> ① 在 Windows XP Professional 中，Everyone 组不在包含于匿名登录中。
> ② 只能在使用 NTFS 文件系统进行格式化的驱动器上设置文件与文件夹权限，而 FAT32 文件系统不能设置。
> ③ 如需修改某种权限，必须是相应文件或文件夹的所有者，或者拥有由文件或文件夹所有者授予的管理权限。
> ④ 拥有特定文件夹完全控制权限的组或用户可以从该文件夹中任意删除文件或子文件夹，而无须考虑相应文件或文件夹受到何种权限保护。
> ⑤ 如果针对特定组或用户的权限复选框处于禁用状态，或删除按钮无法使用，则意味着相应文件或文件夹的权限从父文件夹继承而来。
> ⑥ 在默认情况下，当添加新的组或用户时，该组或用户将具备读取与执行、查看文件夹内容读取权限。

笔 记

通过以上各步的配置，现在就可以通过网上邻居查看其他计算机上的共享资源了。

⑥ 在其他计算机上，双击"网上邻居"图标，然后双击"查看工作组计算机"选项即可打开如图 4-44 所示的对话框，在这个对话框中就显示了对等网中的所有计算机。要查看某计算机的共享资源，只需双击相应计算机名即可。

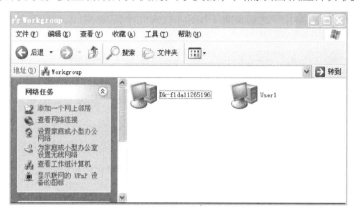

图 4-44　查看工作组计算机

如果看不到工作组的计算机，可在地址栏中输入"\\工作组中计算机的 IP"来访问，如在地址栏输入"\\192.168.145.144"，即可查看工作组中 IP 为192.168.145.144 主机的共享文件夹情况。也可以选择"开始"→"查找"菜单命令，单击"计算机"命令项，输入计算机名或 IP 地址来访问相应主机上的共享资源。

2. 高级文件共享

Windows XP 的高级文件共享是通过设置不同的账户，分别给予不同的权限，即设置 ACL（Access Control List，访问控制列表）来规划文件夹和硬盘分区的共享情况达到限制用户访问的目的。

（1）禁止简单文件共享

首先打开一个文件夹，在菜单栏中选择"工具"→"文件夹选项"→"查看"命令，在高级设置里，取消选择"使用简单文件共享（推荐）"复选框。

（2）设置账户

进入控制面板的用户账户，包含计算机的账户和来宾账户。仅仅是开启 GUEST 账户并不能达到多用户不同权限的目的。而且在高级文件共享中，Windows XP 默认不允许网络用户通过没有密码的账号访问系统。所以，必须为不同权限的用户设置不同的账户。

假如网络其他用户的访问权限都一样（大多数情况都是这样），只需设置一个用户就行了。在用户账户里，新建一个用户，由于必须考虑网络安全性，所以所设用户必须为最小的权限和最少的服务，类型设置为"受限制用户"，如AAA 用户。

在默认的情况下，新建账户是没有密码的，上面说过，默认情况下是不允许网络用户通过没有密码的账户访问的。所以，必须给刚刚添加的 AAA 用户填上密码。

添加用户也可以：选择"控制面板"→"管理工具"→"计算机管理"→"系统工具"→"本地用户和组"→"用户"菜单命令，在右边的窗口，按右键新建用户。

如果希望网络用户通过此账户访问系统而不需要密码，需要更改系统的安全策略。

选择"控制面板"→"管理工具"→"本地安全设置"命令，展开"本地策略"→"安全选项"，双击"账户"→"使用空白密码的本地账户只允许进行控制台登录"，并停用它，然后单击"确定"按钮，如图 4-45 所示。

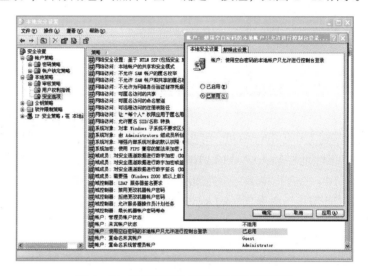

图 4-45　设置账户访问系统而不需要密码

提示：在 Home 版的 Windows XP 里是没有组策略的。

（3）设置共享

单击要共享的文件夹，选择"属性"命令，单击"共享"选项卡，增加了"权限"按钮，如图 4-46 所示。

单击"权限"按钮，默认是"Everyone"，也就是每个用户都有完全控制的权限，如图 4-47 所示。

考虑到这样设置不安全，可以删除 Everyone，并添加自己信任的用户。

如添加 AAA 的权限，单击"添加"按钮，查找用户名"AAA"，确定之后在"组或用户名称"列表框中就有了，如图 4-48 所示。

如果要设置 AAA 为只读权限，只需要在"读取"后面选中"允许"即可。

权限的说明如下。

● 读取权限允许用户：浏览或执行文件夹中的文件。

● 更改权限允许用户：改变文件内容或删除文件。

● 完全控制权限允许用户：完全访问共享文件夹。

可以根据需要为不同用户设置不同的权限。

图 4-46 设置共享

图 4-47 设置用户共享权限

图 4-48 添加文件夹信任用户

高级共享的访问和简单文件共享的方法相同，只是这时需要输入用户名和密码才能访问共享的内容。

4.6.3 对等网打印机的共享

在现实工作中，经常会有一个办公室有多人使用计算机办公，但只有一台打印机的情况。这时设置打印共享，使办公室的所有人都能共享打印机就很有必要。在 Windows 操作系统下，设置打印共享的步骤如下。

① 首先在其中的一台计算机上安装打印机。

② 打开"控制面板"，双击"打印机和传真"图标，然后右键单击要共享的打印机，选择"共享"命令（或选择"属性"后再选择"共享"命令），然后

选择"共享这台打印机",如图 4-49 所示。

图 4-49 设置打印机共享图

③ 在其他要使用打印机的计算机上,选择"控制面板"→"打印机和传真"命令,然后在左边"打印机任务"中选择"添加打印机",启动"添加打印机向导",单击"下一步"按钮后选择"网络打印机或连接到其他计算机的打印机",选择"连接到这台打印机(或浏览打印机,并选择这个选项单击'下一步'",然后在其中的文本输入框中输入"\\主机名\打印机名"(如\\L1-2\\hp LaserJet 6L),或输入"\\192.168.1.110\ hp LaserJet 6L",如图 4-50 所示,然后单击"下一步"按钮。

图 4-50 添加打印机向导

④ 系统能够将提示安装网络打印机的驱动程序,选择"是"后系统会安装该打印机的驱动程序,安装完成后系统提示是否将该打印机设为默认打印机,选择"是",以后所有的打印任务都会提交到这台网络打印机,实现打印共享。

4.6.4 映射与使用网络驱动器

如果想在资源管理器中直接观察其他计算机的共享目录，可以使用映射网络驱动器与共享文件夹进行连接。选中"网络邻居"图标，单击鼠标右键，在弹出的菜单中选择"映射网络驱动器"命令，如图 4-51 所示。

在"映射网络驱动器"界面的驱动器列表中选择一个尚未使用的盘符，单击"浏览"按钮，选择要映射的文件夹，如图 4-52 所示，或者在路径文本框中输入"\\计算机名\共享文件名"，如图 4-53 所示。单击"确定"按钮，完成共享文件夹的映射，这时，打开"我的电脑"，会发现多了一个网络驱动器 Z，如图 4-54 所示。

图 4-51　映射网络驱动器

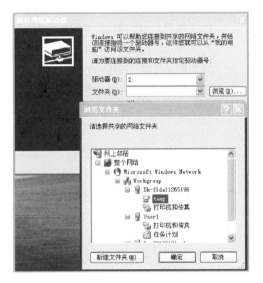

图 4-52　通过浏览映射文件夹

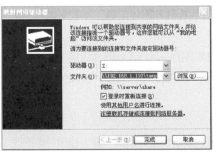

图 4-53　通过输入网络地址映射文件夹

图 4-54　映射网络驱动器 Z 盘

如果想在资源管理器中断开映射的网络驱动器，可以先选中已映射的驱动器，单击鼠标右键，在弹出的菜单中选择"断开"命令即可断开与共享文件夹的连接。

技能实训

实训报告

PPT 课件

PPT

笔 记

任务1 制作双绞线

【实训目的】

① 了解 RJ-45 接口标准和直通线、交叉线使用场合。

② 掌握双绞线的两种制作规范、制作步骤。

③ 掌握剥线钳、压线钳的使用。

④ 掌握双绞线网线连通性的测试方法。

【实训内容】

① 制作直通线 1 条。

② 制作交叉线 1 条。

③ 测试所制作网线的连通性。

【实训设备】

双绞线 2m、水晶头 3 个/人、压线钳 1 把、测线仪 1 台。

【实训步骤】

在 4.3.4 小节中已经详细讲述了双绞线的制作过程，这里简要总结一下制作双绞线的步骤。以制作直通线为例。

（1）备线

准备好长 1~2 米的双绞线 1 条，水晶头 2 个，压线和测线工具。

（2）剥线

用双绞线网线钳把双绞线的一端剪齐然后把剪齐的一端插入到网线钳用于剥线的缺口中，稍微握紧网线钳慢慢旋转一圈，让刀口划开双绞线的保护胶皮并剥除外皮，剥线长度约为 1.5~2cm。

（3）整线

将绞在一起的 4 对芯线分开，按照橙白、橙、绿白、蓝、蓝白、绿、棕白、棕的颜色一字排列（EIA/TIA568B 线序），并用网线钳将线的顶端剪齐。

（4）插线

左手水平握住水晶头（塑料扣的一面朝下，开口朝右），然后把剪齐、并列排列的 8

条芯线对准水晶头开口并排插入水晶头中，注意一定要使各条芯线都插到水晶头的底部。

（5）压线

确认所有芯线都插到水晶头底部后，将插入网线的水晶头直接放入网线钳压线缺口中，因缺口结构与水晶头结构一样，一定要正确放入才能使后面压下网线钳手柄时所压位置正确。水晶头放好后，即可压下网线钳手柄，一定要使劲，使水晶头的插针都能插入到网线芯线之中，与之接触良好。然后再用手轻轻拉一下网线与水晶头，确认是否压紧。这样，双绞线的一端就制作完成了，另外一端重复第（2）~（5）步，即可完成直通双绞线的制作。

（6）测线

双绞线两端插入测试仪的两个接口之后，打开测线仪，可以看到测线仪上的两组指示灯都在闪动。因为测试的线缆为直通线缆，在测试仪上的 8 个指示灯应该依次为绿色闪过，证明网线制作成功。若出现任何一个灯不亮，都证明存在断路或者接触不良现象，此时先对两端水晶头再用网线钳压一次，再测，如果故障依旧，再检查一下两端芯线的排列顺序是否正确，如果不正确，剪掉错误水晶头后，重新按正确线序制作，并重新测试，直到测试全为绿色指示灯闪过为止。

（7）交叉线的制作

交叉线的制作过程与直通线相同，只是在选择线序时注意一端为 568A，另外一端为 568B 即可，另外，在测线时，与直通线不同，其中一侧同样是依次由 1~8 闪动绿灯，而另外一侧则会按照 3、6、1、4、5、2、7、8 的顺序闪动绿灯。

【问题与思考】

① 根据实际制作结果填写交叉线两端的连线情况。连线是否正确？如不正确，为什么会错？

连接号	第 1 对	第 2 对	第 3 对	第 4 对	第 5 对	第 6 对	第 7 对	第 8 对
A 端 RJ-45								
B 端 RJ-45								

② 根据实际制作结果填写直通线两端的连线情况。连线是否正确？如不正确，为什么会错？

连接号	第 1 对	第 2 对	第 3 对	第 4 对	第 5 对	第 6 对	第 7 对	第 8 对
A 端 RJ-45								
B 端 RJ-45								

笔记

③ 描述直通线和交叉线在测试仪上两端指示灯怎样闪亮网线才算制作合格。

④ 双绞线中的一对线缆为何要绞在一起，其作用是什么？

⑤ 制作的双绞线可以连接上网，最低要求哪几号线必须确保畅通？网速有何局限？

任务 2　组建小型以太网并实现资源共享

【实训目的】

① 理解对等网的基本概念、特点。

② 掌握对等网的组建方法。

③ 掌握对等网中资源共享的设置方法。

【实训内容】

① 组建由两台计算机构成的对等网。

② 组建由三台计算机构成的对等网。

③ 测试对等网的连通性。

④ 对等网中的文件夹、打印机等共享以及网络驱动器的映射。

【实训设备】

① RJ-45 交叉线 1 条。

② RJ-45 直通线 3 条。

③ 交换机或集线器 1 台。

④ 实验用计算机 3 台（安装 Windows XP 操作系统且安装有网卡）。

【实训步骤】

（1）使用交叉线连接 2 台计算机组建对等网

① 连接网络拓扑。选择交叉线 1 条，把 2 端分别插入 2 台计算机的网卡接口。

② 配置 IP 地址等网络参数。第一台计算机 IP 地址配置为 192.168.100.1，子网掩码配置为 255.255.255.0，网关和 DNS 不需配置。第二台计算机 IP 地址配置为 192.168.100.2，子网掩码配置为 255.255.255.0，网关和 DNS 无须配置。

③ 测试网络连通性。在第一台计算机中，选择"开始"→"所有程序"→"附件"→"命令提示符"命令，打开命令行窗口，输入"ping 192.168.100.2"，若提示"Reply from 192.168.1.2: bytes=32 time<10ms TTL=127"，则表示两台计算机已经连通，组网成功。若提示"Request timed out."或"Destination host unreachable."，则需查看网线或 IP 配置。注意，如果防火墙已经打开，请关闭计算机上的防火墙，否则影响连通性测试。

（2）使用交换机（集线器）组建对等网

① 连接网络拓扑。选择直通线 3 条，分别把 3 台计算机与交换机连接起来。

实训报告

PPT 课件

PPT

笔 记

② 配置 IP 地址等网络参数。第一台计算机 IP 地址配置为 192.168.200.10，子网掩码配置为 255.255.255.0，网关和 DNS 无须配置。第二台计算机 IP 地址配置为 192.168.200.20，子网掩码配置为 255.255.255.0，网关和 DNS 无须配置。第三台计算机 IP 地址配置为 192.168.200.30，子网掩码配置为 255.255.255.0，网关和 DNS 无需配置。

③ 测试网络连通性。按照步骤一中测试连通性的做法，测试第一台计算机到另外两台的连通性，既从第一台分别 ping 192.168.200.20 和 ping 192.168.200.30。若不通，请检查网线连接、IP 地址配置和计算机防火墙配置情况，直到计算机两两之间 ping 通。

（3）配置网络共享

① 配置文件夹共享。按本单元的讲述，在第一台计算机 C 盘下新建文件夹"我的文件夹"，并设为网络共享。从另外两台计算机上分别查找本计算机，并打开所共享的文件夹。

② 配置打印机共享。按本单元的讲述，在第一台计算机上添加一台虚拟打印机（随意选择即可），并把它设为共享打印机，从另外两台计算机上，添加网络打印机，查找共享的打印机，完成打印机共享。

③ 配置网络驱动器映射。按本单元的讲述，接上述文件夹共享，在另外两台计算机上，添加网络驱动器，映射目标文件夹为上述共享的文件夹，网络驱动器设为 K 盘。

【问题与思考】

① 为什么在配置文件夹共享之前要测试网络的连通性？

② 如果两台计算机直接无法 ping 通，都有哪些原因？

③ 本实训中，在测试连通性时，为什么可以不用配置网关？

④ 在添加和设置连接到计算机上的打印机时，为什么必须以 Administrators 组成员的身份登录到服务器？

知识拓展　虚拟局域网技术

有关 VLAN 的技术标准 IEEE 802.1Q 早在 1999 年 6 月份就由 IEEE 委员正式颁布实施了，而且最早的 VLAN 技术早在 1996 年Cisco（思科）公司就提出了。随着几年来的发展，VLAN 技术得到了广泛的支持，在各个企业网络中广泛应用，成为当前最为热门的一种以太局域网技术。下面为大家介绍交换机的一个最常见技术的应用——VLAN 技术。

1. 虚拟局域网基础

VLAN（Virtual Local Area Network）的中文名为虚拟局域网，是一种将局域网设备从逻辑上划分成一个个网段，从而实现虚拟工作组的新兴数据交换技术。这一新兴技术主要应用于交换机和路由器中，但主流应用还是在交换机之中。但是，并不是所有交换机都具有此功能，只有 VLAN协议的第三层以上交换机才具有此功能。

IEEE 于 1999 年颁布了用以标准化 VLAN 实现方案的 802.1Q协议标准草

案。随着 VLAN 技术的出现，使得管理员可根据实际应用需求，把同一物理局域网内的不同用户逻辑地划分成不同的广播域，每一个 VLAN 都包含一组有着相同需求的计算机工作站，与物理上形成的 LAN 有着相同的属性。由于它是从逻辑上划分，而不是从物理上划分，所以同一个 VLAN 内的各个工作站没有限制在同一个物理范围中，即这些工作站可以属于不同的物理 LAN 网段。划分 VLAN 之后一个 VLAN 内部的广播和单播流量都不会转发到其他 VLAN 中，从而有助于控制流量、减少设备投资、简化网络管理、提高网络的安全性。

交换技术的发展，也加快了新的交换技术（VLAN）的应用速度。通过将企业网络划分为虚拟网络 VLAN 网段，可以强化网络管理和网络安全，控制不必要的数据广播。在共享网络中，一个物理的网段就是一个广播域。而在交换网络中，广播域可以是由一组任意选定的第二层网络地址（MAC 地址）组成的虚拟网段。这样，网络中工作组的划分可以突破共享网络中的地理位置限制，而完全根据管理功能来划分。这种基于工作流的分组模式，大大提高了网络规划和重组的管理功能。在同一个 VLAN 中的工作站，不论它们实际与哪个交换机连接，它们之间的通信就好像在独立的交换机上一样。同一个 VLAN 中的广播只有 VLAN 中的成员才能听到，而不会传输到其他 VLAN 中去，这样可以很好地控制不必要的广播风暴的产生。同时，若没有路由的话，不同 VLAN 之间不能相互通信，这样增加了企业网络中不同部门之间的安全性。网络管理员可以通过配置 VLAN 之间的路由来全面管理企业内部不同管理单元之间的信息互访。交换机是根据用户工作站的 MAC 地址来划分 VLAN 的。所以，用户可以自由地在企业网络中移动办公，不论他在何处接入交换网络，他都可以与VLAN 内其他用户自如通讯。

VLAN 网络可以是有混合的网络类型设备组成，如 10M 以太网、100M以太网、令牌网、FDDI、CDDI 等，可以是工作站、服务器、集线器、网络上行主干等。

VLAN 除了能将网络划分为多个广播域，从而有效地控制广播风暴的发生，以及使网络的拓扑结构变得非常灵活的优点外，还可以用于控制网络中不同部门、不同站点之间的互相访问。VLAN 是为解决以太网的广播问题和安全性而提出的一种协议，它在以太网帧的基础上增加了 VLAN 头，用 VLAN ID把用户划分为更小的工作组，限制不同工作组间的用户互访，每个工作组就是一个虚拟局域网。虚拟局域网的好处是可以限制广播范围，并能够形成虚拟工作组，动态管理网络。

2. 虚拟局域网的划分方式

虚拟局域网是一种软技术，如何划分，将决定此技术在网络中能否发挥到预期作用，下面将介绍虚拟局域网的划分以及特性。常见的虚拟局域网划分方式有三种：基于端口、基于 MAC 地址、基于网络层。

（1）基于端口

基于端口的虚拟局域网划分是比较流行和最早的划分方式，其特点是将交换机按照端口进行分组，每一组定义为一个虚拟局域网。这些交换机端口分可以在一台交换机上也可以跨越几个交换机，例如，1号交换机的端口1和2以及2号交换机的端口4、5、6和7上的最终工作站组成了虚拟局域网A；而1号交换机的端口3、4、5、6、7、8加上2号交换机的端口1、2、3、8上的最终工作站组成了虚拟局域网B，如图4-55所示。

端口分组是目前定义虚拟局域网成员最常用的方法，而且配置也相当直截了当。纯粹用端口分组来定义虚拟局域网不会容许多个虚拟局域网包含同一个实际网段（或交换机端口）。其特点是一个虚拟局域网的各个端口上的所有终端都在一个广播域中，它们相互可以通信，不同的虚拟局域网之间进行通信需经过路由来进行。这种虚拟局域网划分方式的优点在于简单，容易实现，从一个端口发出的广播，直接发送到虚拟局域网内的其他端口，也便于直接监控。但是，使用端口定义虚拟局域网的主要局限性是：使用不够灵活，当用户从一个端口移动到另一个端口的时候，网络管理员必须重新配置虚拟局域网成员。不过这一点可以通过灵活的网络管理软件来弥补。

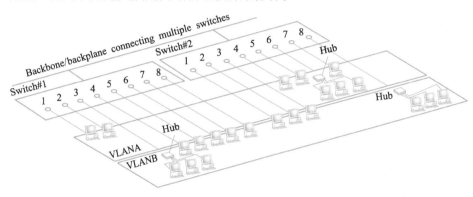

图4-55　基于端口的虚拟局域网

（2）基于MAC地址

这种划分VLAN的方法是根据每个主机的MAC地址来划分的，即对每个MAC地址的主机都配置它属于哪个组，它实现的机制就是每一块网卡都对应唯一的MAC地址，VLAN交换机跟踪属于VLAN MAC的地址。这种方式的VLAN允许网络用户从一个物理位置移动到另一个物理位置时，自动保留其所属VLAN的成员身份。

微课 物理地址

由这种划分的机制可以看出，这种VLAN的划分方法的最大优点就是当用户物理位置移动时，即从一个交换机换到其他交换机时，VLAN不用重新配置，因为它是基于用户的，而不是基于交换机的端口。这种方法的缺点是初始化时，所有的用户都必须进行配置，如果有几百个甚至上千个用户，配置是非常烦琐的，所以这种划分方法通常适用于小型局域网。而且这种划分方法也导致了交换机执行效率的降低，因为在每一个交换机的端口都可能存在很多个VLAN组的成员，保存了许多用户的MAC地址，查询起来相当不容易。另外，对于使用笔记本式计算机的用户来说，其网卡可能经常更换，

VLAN 就必须经常配置。

（3）基于网络层

基于网络层的虚拟局域网划分也叫做基于策略（Policy）的划分，是这几种划分方式中最高级也是最为复杂的。基于网络层的虚拟局域网使用协议（如果网络中存在多协议的话）或网络层地址（如 TCP/IP 中的子网段地址）来确定网络成员。利用网络层定义虚拟网有以下几点优势。第一，这种方式可以按传输协议划分网段。第二，用户可以在网络内部自由移动而不用重新配置自己的工作站。第三，这种类型的虚拟网可以减少由于协议转换而造成的网络延迟。这种方式看起来是最为理想的方式，但是在采用这种划分之前，要明确两件事情：一是 IP 盗用，二是对设备要求较高，不是所有设备都支持这种方式。

3. 虚拟局域网的应用

由于虚拟局域网具有比较明显的优势，在各种企业中都有了很好的应用。下面就根据不同的案例来分析虚拟局域网的应用情况。

（1）局域网内部的局域网

往往很多企业已经具有一个相当规模的局域网，但是现在企业内部因为保密或者其他原因，要求各业务部门或者课题组独立成为一个局域网，同时，各业务部门或者课题组的人员不一定是在同一个办公地点，各网络之间不允许互相访问。根据这种情况，可以有几种解决方法，但是虚拟局域网解决方法可能是最好的。为了完成上述任务，我们要做的工作是收集各部门或者课题组的人员组成、所在位置、与交换机连接的端口等信息。根据部门数量对交换机进行配置，创建虚拟局域网，设置中继，最后，在一个公用的局域网内部划分出来若干个虚拟的局域网，同时减少了局域网内的广播，提高了网络传输性能。这样的虚拟局域网可以方便地根据需要增加、改变、删除。

（2）共享访问——访问共同的接入点和服务器

在一些大型写字楼或商业建筑（酒店、展览中心等），经常存在这样的现象：大楼出租给各个单位，并且大楼内部已经构建好了局域网，提供给入驻企业或客户网络平台，并通过共同的出口访问 Internet 或者大楼内部的综合信息服务器。由于大楼的网络平台是统一的，使用的客户有物业管理人员、有其他不同单位的客户。在这样一个共享的网络环境下，解决不同企业或单位对网络的需求的同时，还要保证各企业间信息的独立性。这种情况下，虚拟局域网提供了很好的解决方案。大厦的系统管理员可以为入驻企业创建一个个独立的虚拟局域网，保证企业内部的互相访问和企业间信息的独立，然后利用中继技术，将提供接入服务的代理服务器或者路由器所对应的局域网接口配置成为中继模式，实现共享接入。这种配置方式还有一个好处，可以根据需要设置中继的访问许可，灵活地允许或者拒绝某个虚拟局域网的访问。

（3）交叠虚拟局域网

交叠虚拟局域网是在基于端口划分虚拟局域网的基础上提出来的，最早的交换机每一个端口只能同时属于一个虚拟局域网，交叠虚拟局域网允许一个交换机端口同时属于多个虚拟局域网。这种技术可以解决一些突发性的、临时性的虚拟局域网划分。例如，在一个科研机构，已经划分了若干个虚拟局域网，但是因为某个科研任务，从各个虚拟局域网里面抽调出来技术人员临时组成课题组，要求课题组内部通信自如，同时各科研人员还要保持和原来的虚拟局域网进行信息交流。如果采用路由和访问列表控制技术，成本会较大，同时会降低网络性能。交叠技术的出现，为这一问题提供了廉价的解决方法；只需要将要加入课题组的人员所对应的交换机端口设置成为支持多个虚拟局域网，然后创建一个新虚拟局域网，将所有人员划分到新虚拟局域网，保持各人员原来所属虚拟局域网不变即可。

笔 记

单元小结

通过本单元的学习，要求掌握局域网的基本概念、局域网 IEEE 802 模型、介质访问控制方法、掌握以太网帧的基本知识、常见传输介质及其使用、了解组网硬件设备。在掌握基本知识的基础上，培养局域网组建与维护的能力、网络双绞线制作能力、网络硬件设备识别及应用能力、局域网中软硬件共享配置能力，能够做到初步排除局域网中一般网络故障。

思考与练习

习题库

试题库

case

一、填空题

1. 10Base2 以太网中每一网段最大长度为_____米。100Base-T 以太网中每一网段最大长度为_____米。

2. 星形网络中，站点与集线器之间以_____线相连。

3. 当前应用最广泛的局域网协议是_____协议，它所发送的消息的名称是_____，它规定的消息大小的范围是_____。

4. 局域网常用的拓外结构有总线、星形和_____等。著名的以太网（Ethernet）就是采用其中的_____结构。

5. 以太网为了检测和防止冲突采用了_____介质访问控制机制。

二、选择题

1. 如果某种局域网的拓扑结构是（   ）的，则局域网中任何一个节点出现故障都不会影响整个网络的工作。

    A. 总线型结构   B. 树型结构   C. 星型结构   D. 环型结构

2. 5 类双绞线允许的最长距离为（   ）。

    A. 50 米   B. 100 米   C. 150 米   D. 视网络速度而定

3. 下面对网络的分类方法，哪一类是按照网络拓扑结构对网络进行划分的？（   ）

    A. 局域网、城域网、广域网   B. 有线网络、无线网络

    C. 总线型、星型、环型、网型   D. 10M 网、100M 网、1000M 网

4. 以太网 10 BASE T 代表的含义是（　　　）。

　　A. 10Mbit/s 基带传输的粗缆以太网　B. 10Mbit/s 基带传输的双绞线以太网

　　C. 10Mbit/s 基带传输的细缆以太网　D. 10Mbit/s 基带传输的双绞线以太网

5. 在以太网中，帧的长度最小为（　　　）。

　　A. 64Byte　　　　　　B. 64bit　　　　　C. 128Byte　　　　D. 128bit

6. 按照 EIA568-B 标准，用于连接计算机网卡与交换机的网线线序应该为（　　　）。

　　A. 一端是：白橙｜橙｜白绿｜蓝｜白蓝｜绿｜白棕｜棕；

　　　　　另一端是：白绿｜绿｜白橙｜蓝｜白蓝｜橙｜白棕｜棕

　　B. 两端都是：白橙｜橙｜白绿｜蓝｜白蓝｜绿｜白棕｜棕

　　C. 只要两端一样就可以

　　D. 设定好一端的线序，另一端 1-3，2-6 对调就可以

7. 采用了（　　　）的网络中，工作站在发送数据之前，要检查网络是否空闲，只有在网络不阻塞时，工作站才能发送数据。

　　A. TCP　　　　　　B. IP　　　　　　C. ICMP　　　　　D. CSMA/CD

8. 局域网的硬件组成包括网络服务器、（　　　）、网络适配器、网络传输介质和网络连接部件。

　　A. 发送设备和接收设备　　　　　　B. 网络工作站

　　C. 配套的插头和插座　　　　　　　D. 代码转换设备

9. 为实现计算机网络的一个网段的通信电缆长度的延伸，应选择（　　　）。

　　A. 网桥　　　　　　B. 中继器　　　　　C. 网关　　　　　D. 路由器

10. 以下说法正确的是（　　　）。

　　A. 局域网交换机（LAN Switch）主要是根据数据包的 MAC 地址查找相应的 IP 地址，实现数据包的转发

　　B. 局域网交换机（LAN Switch）可以不识别 MAC 地址，但是必须识别 IP 地址

　　C. 和共享式集线器（Hub）比较起来，局域网交换机（LAN Switch）的一个端口可以说是一个单独的冲突域

　　D. 局域网交换机（LAN Switch）在收到包含不能识别的 MAC 地址数据包时，将该数据包从所收到的端口直接送回去

三、判断题

1. 所有以太网交换机端口既支持 10BASE-T 标准，又支持 100BASE-T 标准。（　　　）

2. Ethernet、Token Ring 与 Frame Ralay 都是局域网技术。（　　　）

3. 双绞线是目前带宽最宽、信号传输衰减最小、抗干扰能力最强的一类传输介质。（　　　）

四、简答题

1. 局域网中常有哪几种拓扑结构，哪几种传输介质，哪几种介质访问控制方法？

2. CSMA/CD 的含义是什么？简要描述该协议的工作过程。

3. 以太网交换机通常有哪几种交换方式？各有什么优缺点？

4. 对等网的特点是什么？

单元 5

组建无线局域网

学习目标

【知识目标】

- 掌握无线局域网的概念和优缺点。
- 掌握无线局域网的标准及标准的比较。
- 掌握无线局域网的组件。
- 掌握无线局域网的模式。

【技能目标】

- 具备进行无线局域网基本配置的能力。
- 具备配置无线局域网安全的能力。

【素养目标】

- 实际动手配置无线局域网。
- 团结协作的精神。
- 自学探索的能力。

引例描述

组建一个有线的局域网相对容易，但现在最流行的是无线局域网，也就是 WLAN。说起无线局域网，可真是太方便了，现在只要有 WLAN，笔记本、手机就可以随时上网。小凡很想了解一下如何来组建无线局域网（WLAN）。

基础知识

5.1 无线局域网概述

与传统的有线网络相比，无线网络具有很多优点：一方面，摆脱了有线的束缚，不受地理环境的限制，让无线用户能够随时随地连接；另一方面，无线技术非常经济，且安装起来非常简单。家庭和企业无线设备的价格在不断下降，而数据速率和功能却在不断提高，能够支持更快、更可靠、更安全的无线连接。作为有线网络的延伸，无线网络的应用越来越深入各行各业中。

5.1.1 无线局域网的基本概念和优缺点

1. 无线局域网的概念

无线局域网（Wireless Local Area Network，WLAN）是无线通信和计算机网络技术相结合的产物，是不使用任何导线或传输电缆连接的局域网，是有线连网方式的重要补充和延伸，并逐步成为网络中一个至关重要的组成部分。

无线局域网的第一个版本发表于 1997 年，其中定义了介质访问接入控制层（MAC 层）和物理层。物理层定义了工作在 2.4GHz 的 ISM 频段上的两种无线调频方式和一种红外传输的方式，总数据传输速率设计为 2Mbit/s。两个设备之间的通信可以自由直接（Ad hoc）的方式进行，也可以在基站（Base Station，BS）或者访问点（Access Point，AP）的协调下进行。

1999 年，增加了两个补充版本：802.11a定义了一个在 5GHz 的 ISM 频段上的数据传输速率可达 54Mbit/s 的物理层；802.11b定义了一个在 2.4GHz 的 ISM 频段上但数据传输速率高达 11Mbit/s 的物理层。2.4GHz 的ISM 频段为世界上绝大多数国家所通用，因此 802.11b 得到了更为广泛的应用。苹果公司把自己开发的 802.11 标准起名为 AirPort。1999 年工业界成立了WiFi 联盟，致力于解决符合 802.11 标准的产品的生产和设备兼容性问题。

目前，无线通信一般有两种传输手段，即无线电波和光波。无线电波包括短波、超短波和微波；光波指激光、红外线。

短波、超短波类似电台或者电视台广播采用的调幅、调频或者调相的载波，通信距离可达数十千米，这种通信方式速率慢、保密性差、易受干扰、可靠性差，一般不用于无线局域网。激光、红外线由于易受天气影响，不具备穿透的能力，在无线局域网中一般也不用。因此，微波是无线局域网通信传输媒介的最佳选择。

2. 无线局域网的优缺点

无线局域网具有如下优点。

① 移动性：通过无线可轻松地连接固定和移动客户端。

② 可扩展性：可以轻松地扩展网络，让更多用户连接或者增大覆盖范围。

③ 灵活性：可随时随地连接。

④ 节约成本：设备成本随技术的不断成熟而持续下降。

⑤ 安装时间短：只需要安装一台设备就可以连接大量用户。

⑥ 恶劣环境下的可靠性：在紧急情况下和恶劣环境中很容易安装。

虽然无线技术非常灵活，且有很多优点，但也有一些局限性和风险。首先，WLAN 技术使用无须许可的 RF 频段。由于这些频段不受管制，因此很多设备都使用它们，其结果是这些频段非常拥挤，来自不同设备的信号经常相互干扰。另外，微波炉和无绳电话等设备也使用这些频率，它们也会干扰 WLAN 通信。

无线的另一个主要问题是缺乏安全性。无线技术提供了便捷的访问，这是通过通告其存在和广播数据实现的，这让任何人都可以访问数据。然而，这种功能也限制了无线技术对数据的保护，任何人（包括非目标接收方）都可以截取到通信流。为解决这些安全问题，人们开发了许多保护无线通信的技术，例如加密和身份验证。

除上述两个问题外，无线局域网还存在其他一些局限性。例如，无线技术让用户能够毫无阻拦地进入有线网络；无线局域网技术在不断发展，当前它们提供的速度和可靠性还无法和有线局域网相比。

5.1.2　无线局域网的标准

负责制定无线技术标准的主要组织是电子和电气工程师协会（IEEE），为

笔 记

确保无线设备之间能互相通信，已经产生了许多标准。这些标准规定了使用的 RF 频谱、数据速率、信息传输方式等。

IEEE 802.11 标准用于管理 WLAN 环境。该标准有 4 个附录，即 802.11a、802.11b、802.11g 和 802.11n，用于描述无线通信的不同特征，这些技术统称为无线标准（Wireless Fidelity，Wi-Fi）。

表 5-1 列出了 802.11a、802.11b、802.11g、802.11n 这 4 种无线标准的特点。

表 5-1　4 种无线标准的特点

标准	特点
802.11a	使用 5GHz RF 频段 最大传输速率为 54Mbit/s 与 2.4GHz 频段（即 802.11b/g/n 设备）不兼容 覆盖范围大约是 802.11b/g 的 33% 与其他技术相比，实现起来比较昂贵 遵循 802.11a 标准的设备越来越少
802.11b	首次采用 2.4GHz 的技术 最大传输速率为 11Mbit/s 覆盖范围大约是室内 46m/室外 96m
802.11g	使用 2.4GHz RF 频段 最大传输速率增至 54Mbit/s 覆盖范围与 802.11b 相同 对 802.11b 向下兼容
802.11n	2009 年颁布的最新标准 支持 2.4GHz 和 5GHz 技术 最大传输速率提高至 300Mbit/s 甚至 600Mbit/s 对现有的 802.11g 和 802.11b 设备向下兼容

一家名为 WiFi Alliance 的组织负责测试不同制造商的无线局域网设备。如果设备上印有 WiFi 徽标，则表示该设备符合表 5-1 中所列的某一标准，并能与符合同一标准的其他设备交互操作。

除上述 4 个标准外，IEEE 还推出以下标准：

① IEEE 802.11d：该标准旨在制定在其他频率上工作的多个 802.11 版本，使之适合于世界上现在还未使用 2.4GHz 频段的国家和地区。

② IEEE 802.11e：该标准将对 IEEE802.11 网络增加 QoS（服务质量）能力，它将用时分多址方案取代以太网的 MAC 层，并对重要的业务增加额外的纠错功能。

③ IEEE 802.11f：该标准旨在改进 IEEE802.11 的切换机制，以使用户能够在两个不同的交换分区（无线信道）之间，或在加到两个不同网络上的接入点之间漫游的同时保持连接。

④ IEEE 802.11h：该标准意在对 IEEE802.11a 的传输功率和无线信道选择增加更好的控制能力，它与 IEEE802.11e 相结合，适用于欧洲地区。

⑤ IEEE 802.11i：该标准用于消除 IEEE802.11 最明显的缺陷：安全问题。它将是基于高级加密标准，即美国政府官方加密算法的一个完整标准。

⑥ IEEE 802.11j：针对日本标准进行的补充，类似于 802.11h 对欧洲标准的补充。802.11j 的主要意图是在 4.9GHz 到 5.0GHz 之间的这个无线频率范围内增加信道。此外还提出了一些新的变化，这些变化将在无线传输输出功率、操作模式、信道配置和伪造发射标准方面满足日本的一些合法需求。

5.2　无线局域网组建的基础知识

经过十多年的发展，无线网络技术正日渐成熟，相关产品越来越丰富，包括无线网桥、无线接入器、无线网卡、户外天线等。其中，无线网桥可实现局域网间的连接；无线接入器相当于有线网络中的集线器，可实现无线与有线的连接；无线网卡一般分为 PCMCIA 网卡、PCI 网卡和 USB 网卡，PCMCIA 网卡用于笔记本式计算机、PCI 网卡用于台式机、USB 网卡无限制。

目前，各大网络产品厂商均提供无线网络产品及相关服务。

5.2.1　无线局域网组件

一旦无线局域网采用了某个标准，其所有组件必须符合该标准，或至少与该标准兼容。无线局域网中必须考虑的组件包括：无线接入点、无线客户端、无线网桥和天线，如图 5-1 所示。

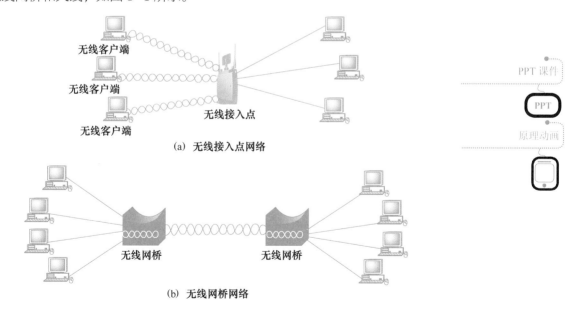

图 5-1　无线局域网中的组件

（1）无线接入点

无线接入点（AP）是将无线网络和有线局域网相连的设备。大多数家庭和小型企业环境都使用的一种多功能设备，这种设备兼具 AP、交换机和路由器的功能，其通常被称为无线路由器。图 5-2 所示为 Linksys 无线路由器。

　　AP 充当传统的网桥，将帧在无线网络使用的 802.11 格式和以太网格式之间转换。其还跟踪所有关联的无线客户端，并负责传输前往或来自无线客户端的帧。AP 在有限的区域内支持无线连接，这种区域被称为蜂窝或基本服务集（BSS），如图 5-3 所示。

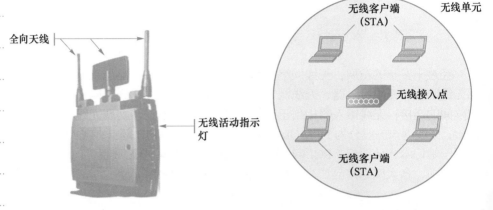

图 5-2　Linksys 无线路由器　　　图 5-3　无线蜂窝或基本服务集（BSS）

　　（2）无线客户端

　　无线客户端也称为 STA。和以太网一样，无线网络也使用 MAC 地址来标识终端设备。STA 是无线网络中任何可编址的主机，其可以是固定的也可以是移动的，如装有无线网卡的 PC、笔记本式计算机或者 PDA（个人数字助理）。客户端软件运行在 STA 中，让 STA 能够连接到无线网络。

　　（3）无线网桥

　　无线网桥用于提供远距离的点到点或点到多点连接，它很少用于连接STA，而是使用无线技术将两个有线局域网网段连接起来。在使用无须许可的RF 频段时，桥接技术可连接相隔 40 公里甚至更远的网络。

　　（4）天线

　　天线用于 AP、STA 和无线网桥中，以提高无线设备输出的信号强度。一般而言，发射信号越强，覆盖范围就越大，这意味着天线的增益（发射功率的提高称为增益）越大，相传的距离越远。

　　可根据发射信号的方式将天线分类。定向天线将信号强度集中到一个方向发射，而全向天线则朝所有方向均匀发射信号。通过将所有信号集中到一个方向，定向天线可实现远距离传输。定向天线常用于点到点桥接，即将两个相隔遥远的场点连接起来。AP 通常使用全向天线，以便在较大的区域内提供连接性。

5.2.2　服务集标识符（SSID）

　　在构建无线网络时，需要将无线组件连接到适当的无线局域网，这可以使用服务集标识符（SSID）来完成。

SSID 是一个区分大小写的字母数字字符串，最多可以包含 32 个字符。它包含在所有帧的报头中，并通过无线局域网传输。SSID 用于标识无线设备所属的无线局域网以及能与其相互通信的设备。无论是哪种类型的无线局域网，同一个无线局域网中的所有设备必须使用相同的 SSID 配置才能进行通信。

5.2.3 无线局域网的两种模式

无线局域网有两种模式：对等模式和基础架构模式。

1. 对等模式

在点对点网络中，将两台或两台以上的客户端连接到一起，就可以创建最简单的无线网络。以这种方式建立的无线网络称为对等网络，其中不含 AP。一个对等网络中的所有客户端是平等的。简单的对等网络可用于在设备之间交换文件和信息，而免除了购买和配置 AP 的成本与麻烦。

对等网络覆盖的区域称为独立的基本服务集（IBSS）。图 5-4 所示为 IBSS 和 BSS 之间的区别。在 BSS 中，AP 负责控制所有的通信，而在 IBSS 中，没有 AP 负责这项工作。

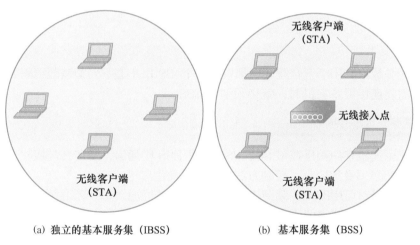

（a）独立的基本服务集（IBSS）　　　（b）基本服务集（BSS）

图 5-4　IBSS 和 BSS 之间的区别

2. 基础架构模式

对等模式适用于小型网络，而大型网络需要一台设备来控制无线单元中的通信。如果存在 AP，则 AP 将会承担此角色，控制可以通信的用户及通信时间。这种模式称为基础架构模式，它是家庭和企业环境中最常用的无线通信模式。在这种模式的无线局域网中，不同 STA 之间无法直接通信。为了进行通信，每台设备都必须从 AP 获取许可。AP 控制所有通信，确保所有 STA 都能平等访问介质。单个 AP 覆盖的区域称为蜂窝或基本服务集（BSS），如图 5-3 所示。

基本服务集（BSS）是无线局域网最小的构成单位。由于单个 AP 的覆盖区域有限，要扩大覆盖区域，可以通过分布系统（DS）连接多个 BSS，从而形成扩展服务集（ESS）。ESS 使用了多个 AP，每个 AP 都位于一个独立的 BSS 中。虽然包含独立的 BSS，但整个 ESS 使用的 SSID 相同。

为了让客户端在 BSS 之间移动时不至于丢失信号，两个 BSS 之间必须具有大约 10%的重叠量，以允许客户端在与第一个 AP 断开之前连接到第二个 AP，如图 5-5 所示。

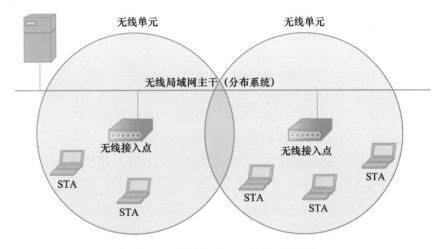

图 5-5　通过重叠 BSS 实现无缝漫游

大多数家庭和小型企业环境都只有一个 BSS。但是，当覆盖范围需要扩大以及需要连接更多主机时，就必须创建 ESS。

5.2.4　无线频道

无论无线客户端是在 IBSS、BSS 还是 ESS 中通信，发送方与接收方之间的通信都必须受到控制。控制方法之一就是使用频道。

频道是对可用的 RF 频谱进一步划分形成的通道，每个频道都可以传送不同的会话。此方式类似于多个电视频道通过一个介质传输。只要使用不同的频道进行通信，多个 AP 即使相隔很近也能够正常运行。

但是，不同频道使用的频率可能会存在重叠，因而不同的会话必须在不重叠的频道中传输。频道的数量和分布随地区和技术而异。如果北美使用 2.4GHz 频段，将有 3 个彼此不重叠的频道：1、6 和 11。在这个频谱范围内，频道号相隔 5 个以上，频率就不会重叠。在北美，5GHz 频段范围使用 3 个不同的 UNII 频段，每个频段包含 4 个互不相重叠的频道。组建 ESS 时，务必确保相邻的 BSS 使用不重叠的频道进行通信，如图 5-6 所示。

可以根据当前用途及可用的吞吐量，手动或自动选择用于特定会话的频道。通常每个无线会话使用一个独立的频道，IEEE802.11n 将多个频道合并成一个宽频道，从而提供了更高的带宽和数据速率。

在无线局域网中，没有清晰地定义边界，所以无法检测到传输过程中是否发生冲突。因此，必须在无线网络中使用可避免发生冲突的访问方法。

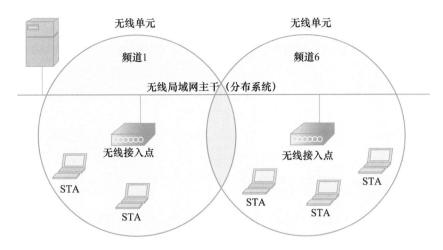

微课 CSMA/CA

图 5-6 ESS 中的频道分配

无线技术使用的访问方法称为"载波侦听多路访问/冲突避免"(Carrier Sense Multiple Access with Collision Avoidance,CSMA/CA)。采用 CSMA/CA 时,无线客户端通过侦听确定频道是否空闲,如果空闲,则等待一段随机时间后开始传输。

CSMA/CA 可以将频道保留给特定会话使用。在保留期间,其他设备就无法使用该频道传输数据,从而避免冲突。

这种申请频道保留的情况是如何实现的呢?如果一台设备需要使用 BSS 中的特定通信频道,就必须向 AP 申请权限,称为"请求发送"(Request to Send,RTS)。如果频道可用,AP 将使用"允许发送"(Clear to Send,CTS)报文响应该设备,表示设备可以使用该频道传输。CTS 将广播到 BSS 中的所有设备,因此,BSS 中所有设备都知道所申请的频道正在使用中。

通信完成之后,请求该频道的设备将给 AP 发送另一条消息,称为"确认"(Acknowledgement,ACK),告知 AP 可以释放该频道。此消息也会广播到 BSS 中的所有设备,所有设备都会收到 ACK,并知道该频道重新可用。上述通信过程如图 5-7 所示。

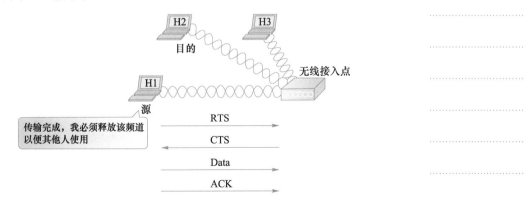

图 5-7 BSS 中的频道保留

5.3 配置无线局域网

部署任何无线网络时，第一步都是仔细规划，这是通过与各相关方协商完成的，包括将要使用、管理或支持网络的人员。这一步有助于确定要使用的标准、所需的设备、网络布局和频道分配。规划完成后，下一步就是配置无线接入点。

5.3.1 配置无线接入点

大多数集成路由器同时提供有线和无线连接，且在无线网络中可充当 AP。无论设备用于连接有线还是无线主机，密码、IP 地址和 DHCP 设置等基本配置都相同。更改默认密码等基本配置任务应在将 AP 连接到网络前完成。

要使用集成路由器的无线功能，还必须配置其他参数，如设置无线模式、SSID 以及要使用的无线频道。

1. 无线模式

大多数家庭 AP 设备都支持各种模式，主要包括 802.11b、802.11g 和 802.11n。虽然它们都使用 2.4GHz 频段范围，但通过不同的技术来获得最大吞吐量。在 AP 上启用哪种模式取决于它连接的主机类型，如果只有一种主机连接到 AP 设备，将模式设置为支持该主机类型的模式即可；如果要连接多种类型的主机，则应选择混合模式。启用混合模式时，将导致支持各种模式所需的开销叠加在一起，因此网络性能将下降。Linksys 无线路由器配置无线模式的界面如图 5-8 所示。

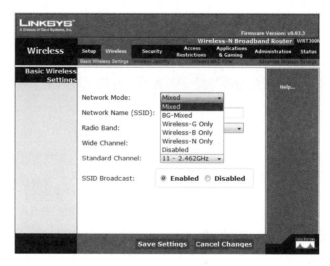

图 5-8　配置无线模式

2. SSID

SSID 用于标识无线局域网，参与同一个无线局域网的所有设备必须使用相同的 SSID。为方便于客户端检测无线局域网，通常将广播 SSID。Linksys 无线路由器配置 SSID 的界面如图 5-9 所示。

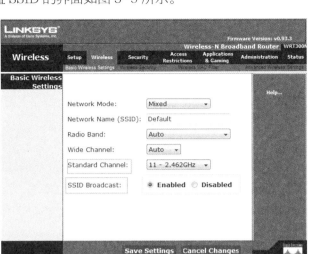

图 5-9　配置 SSID

可禁用广播 SSID 的功能。如果不广播 SSID，无线客户端将需要手动配置这个值。这虽然会使检测无线局域网更困难。

3. 无线频道

为 AP 选择频道时，必须考虑其周围的其他无线网络。为优化吞吐量，相邻 BSS 必须使用不重叠的频道。当前，大多数 AP 允许手动配置频道，也可以让 AP 自动查找最空闲的频道或者提供最大吞吐量的频道。802.11n 技术还支持将多个频道合并成一个宽频道，这种频道传输数据的速率比标准频道高。Linksys 无线路由器配置无线频道的界面如图 5-10 所示。

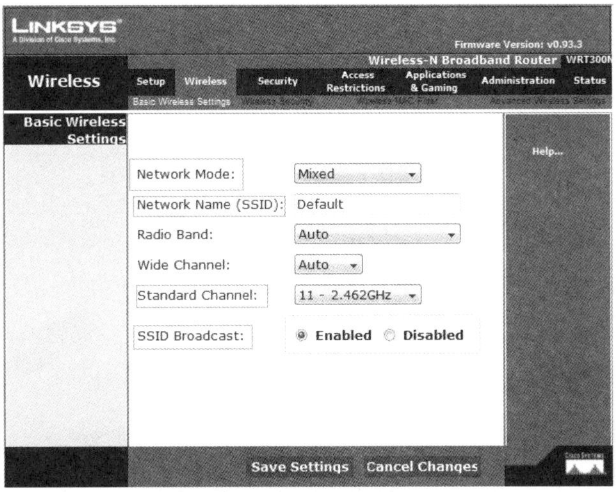

图 5-10　配置无线频道

5.3.2　配置无线客户端

完成无线接入点的配置后，下一步是配置无线客户端。

无线客户端要想连接到无线局域网，其配置必须与 AP 的配置匹配，这包括 SSID、安全设置和无线频道信息（如果在 AP 中手动设置了频道）。这些设置都是在管理客户端连接的客户端软件中指定的。

使用的无线客户端软件可能是集成到操作系统中的软件，也可能是可下载的独立无线应用程序，它是专门为特定的无线网卡设计的。

（1）集成的无线应用程序

Windows XP 无线客户端软件是一种常用的无线客户端应用程序，包含在设备的操作系统中。该客户端软件能够控制大部分的无线客户端基本配置，但对于任何特定的无线网卡来说，并非是最佳选择。它易于使用并提供简单的连接过程。

（2）独立的无线应用程序

独立的无线应用程序通常随无线网卡提供，用于支持特定的网卡。它提供的功能通常比 Windows XP 无线应用程序更强大，主要包含如下功能：

① 链路信息：显示无线信号的当前强度和质量。

② 配置文件：允许为每个无线网络指定配置选项，如频道、SSID。

③ 现场勘查：用于检测邻近的所有无线网络。

需要注意的是，无法让独立的无线应用程序和 Windows XP 无线客户端软件同时管理无线连接。在大多数情况下，使用 Windows XP 无线客户端软件就足够了。然而，如果要为每个无线网络创建配置文件或者需要进行更高级的配置，则使用网卡随附的应用程序可能是更好的选择。图 5-11 所示为 Linksys 无线网卡的客户端软件界面。

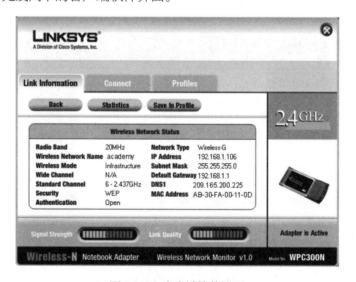

图 5-11　客户端软件界面

配置客户端软件之后，需要验证客户端与 AP 之间的连接。

打开无线连接信息界面，显示连接数据速率、连接状态、使用的无线通道等信息。如果有"连接信息"功能，将会显示无线信号的当前强度和质量。

除了验证无线连接状态以外，还要验证数据是否能够实际传输。验证数据是否能成功传输的常用方法是 ping 测试，如果 ping 成功，则表示可以传输数据。

如果从源地址到目的地址的 ping 不成功，可从无线客户端 ping AP 以确认该无线连接可用。如果这个 ping 操作也失败，则表明无线客户端与 AP 之间有问题，如图 5-12 所示。请检查设置信息，并尝试重新建立连接。

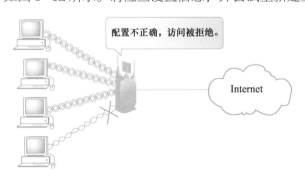

配置不正确，访问被拒绝。

Internet

图 5-12 无线客户端的配置不正确

如果无线客户端可以成功连接到 AP，则检查从 AP 到目的路径中下一跳的连通性。如果成功，则问题很可能不是在 AP 配置，而是在目的路径上的其他设备或目的设备本身。

5.3.3 无线局域网的安全考虑

无线网络的一个主要优点是连接设备非常简便。但是，正是由于连接的简便性，再加上信息通过空间传输，使无线网络容易遭受拦截和攻击。即使禁用了 SSID 广播并修改了默认设置，攻击者也可使用拦截信号来获取无线网络的名称。因此，必须采用各种技术来确保无线局域网的安全，这包括 MAC 地址过滤、身份验证和加密。

1. 无线局域网的 MAC 地址过滤

MAC 地址过滤是指使用 MAC 地址来分辨可以连接到无线网络的设备。当某个无线客户端尝试连接或关联 AP 时，就会发送 MAC 地址信息。如果启用了 MAC 地址过滤，无线路由器或 AP 会在预配置的列表中查找其 MAC 地址。只有设备的 MAC 地址已预先记录在路由器数据库中，才允许其连接。如果在数据库中找不到其 MAC 地址，则会禁止该设备连接无线网络或通过无线网络通信。图 5-13 所示为 MAC 地址过滤的示意图。

这种安全保护方法也存在一些问题。例如，所有应该访问网络的设备在尝试连接之前，必须将其 MAC 地址加入数据库中，否则就无法连接。此外，攻击者也可以使用其设备克隆其他具有访问权限的设备的 MAC 地址。

笔记

笔记

图 5-13　MAC 地址过滤

2. 无线局域网中的身份验证

控制哪个设备可以连接网络的另一种方法是实施身份验证。身份验证是指在计算机及计算机网络系统中确认操作者身份的过程，用于验证尝试连接网络的设备是否可以信赖。

使用用户名和密码是最常见的身份验证形式。在无线环境中，身份验证同样可以用于确保连接的主机已经过验证，但处理验证过程的方式稍有不同。如果启用身份验证，必须在允许客户端连接到无线局域网之前完成。无线身份验证方法有三种：开放式身份验证、PSK 和 EAP。

（1）开放式身份验证

在默认情况下，无线设备不要求身份验证，任何身份的客户端都可以关联，这称为开放式身份验证。开放式身份验证应只用于公共无线网络，如学校或酒店的无线网络。如果网络在客户端连接之后通过其他方式进行身份验证，则也可以使用开放式身份验证。

（2）预共享密钥（PSK）

使用 PSK 时，AP 和客户端必须配置相同的密钥或加密密码。AP 发送一个随机字符串到客户端，客户端接受该字符串，根据密钥对其进行加密（或编码），然后发送回 AP。AP 获取加密的字符串，并使用其密钥解密（或解码）。如果从客户端收到的字符串在解密后与原来发送给客户端的字符串匹配，就允许该客户端连接。图 5-14 为使用 PSK 进行身份验证的示意图。

PSK 执行单向身份验证，即向 AP 验证主机身份。PSK 不向主机验证 AP 的身份，也不验证主机的实际用户。

（3）可扩展身份验证协议（EAP）

EAP 提供相互或双向的身份验证以及用户身份验证。当客户端安装有 EAP 软件时，客户端将与后端身份验证服务器（如远程身份验证拨号用户服务

（RADIUS））通信。该后端服务器的运行独立于 AP，并负责维护有权访问网络的合法用户数据库。使用 EAP 时，用户和主机都必须提供用户名和密码，以便对照 RADIUS 数据库检查其合法性。如果合法，该用户即通过了身份验证。图 5-15 为使用 EAP 进行身份验证的示意图。

笔 记

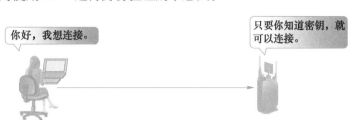

图 5-14　使用 PSK 进行身份验证

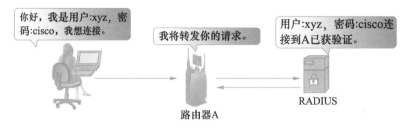

图 5-15　使用 EAP 进行身份验证

3. 无线局域网中的加密

　　MAC 地址过滤和身份验证可以阻止攻击者连接无线网络，但无法阻止他们拦截传输的数据。因为无线网络没有单独的边界，并且所有通信量都通过空间传输，所以攻击者很容易拦截或窃听无线帧。而经过加密之后，攻击者即使拦截了传输的数据，也无法使用它们。

（1）有线等效协议（WEP）

　　WEP 是一项高级安全功能，用于加密通过空间传输的网络通信量。WEP 使用预配置的密钥加密和解密数据。

　　WEP 密钥是一个由数字和英文字母组成的字符串，长度一般为 64 位或 128 位。有时 WEP 也支持 256 位的密钥。为简化这些密钥的创建和输入，许多设备都有密码短语（Passphrase）选项。密码短语是为方便记忆而自动生成密钥所用字词或短语。

　　为使 WEP 生效，AP 以及每台可以访问网络的无线设备都必须输入相同的 WEP 密钥。若没有此密钥，设备将无法理解无线网络传输的内容。图 5-16 所示为使用 WEP 加密的示意图。

　　WEP 是一种防范攻击者拦截数据的极佳方式。但 WEP 也有缺陷，例如，所有启用 WEP 的设备都使用静态密钥。攻击者可以使用一些应用程序来破解 WEP 密钥。攻击者一旦获取密钥，便可完全访问所有传输的信息。图 5-17 所示为攻击者破解 WEP 密钥的示意图。

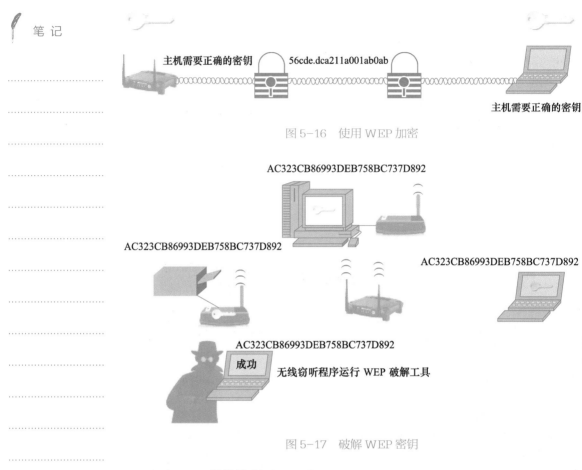

图 5-16 使用 WEP 加密

图 5-17 破解 WEP 密钥

（2）WiFi 保护访问（WPA）

弥补上述 WEP 缺陷的一种方法是频繁更改密钥，另一种方法是使用更高级、更安全的加密方式，称为 WiFi 保护访问（WiFi Protected Access，WPA）。

WPA 也使用加密密钥，其长度在 64 位到 256 位之间。但与 WEP 不同的是，每当客户端与 AP 建立连接时，WPA 都会生成新的动态密钥。因此，WPA 比 WEP 更安全，其破解难度也要大很多。

5.4 无线局域网的组建案例

网络是现代办公中不可缺少的一个重要组成部分，但是有线网络在布线和改动方面存在弱点，布线破坏了环境美观，也不方便经常变动网络。在这种情况下，完全可以用无线网络代替有线网络。建立无线局域网，实际上是把高速因特网连接到一个既能向终端发送无线信号，又能连接到其他单独设备的网络上。

下面以一个面积为 $200m^2$ 的开发中心为例构建无线局域网。该中心设置 4 个部门：主任办公室（1 台主机）、软件部（3 台计算机）、资料中心（2 台计算机）和研讨室（2 台计算机）。

实现无线局域网的构建，必须先进行规划，然后再执行安装。具体的规划内容如下。

- 确定要使用的无线标准类型。
- 确定最有效的设备布局。
- 安装和安全计划。
- 无线设备固件的备份和更新策略。

1. 无线标准

确定要使用的 WLAN 标准，必须考虑多项因素。最常见的因素包括：带宽需求、覆盖区域、现有实现、成本。

根据案例要求，办公区域为 100M 网络入口，考虑到主任办公室的网络稳定性，可增加一台交换机，和无线路由器连接。这样需要准备一台交换机和至少 3 根网线，用于连接网络入口、交换机、无线路由器和主任的计算机。不同的标准支持的覆盖范围不同。802.11b/g/n 技术使用 2.4GHz 信号，其传输距离比 802.11a 技术使用的 5GHz 信号远得多，要求覆盖区域为 200m²，路由器应尽可能安装在房间中心位置。

现有网络也会影响 WLAN 标准的实现，为最大限度地利用以前的投资，新设备必须向后兼容。同时，成本也是构建网络时需考虑的重要因素，应根据开发中心预算合理选择路由器和交换机。

2. 无线设备的安装

首先，为完成这项任务，先进行现场勘察。安装无线路由器的位置要进行充分的测试，避免出现盲区。

接下来就是为每台机器安装无线网卡，如果是笔记本自带的网卡，在设备管理器中查看驱动程序，检查网卡的驱动程序是否安装成功。如果台式机需要安装 USB 网卡，将 USB 网卡连接到接口，Windows XP 系统会自动提示发现新硬件，并弹出"找到新的硬件向导"对话框。将网卡的驱动程序光盘插入光驱，选择"自动安装软件"选项，然后单击"下一步"按钮，即开始安装。

所有设备安装网卡驱动程序后，将无线路由器的 UPLink（有些设备标注为 WAN）端口连接到网络入口，其他的 LAN 口连接主任计算机或者连接到其他的部门计算机均可。

3. 配置 AP 和 STA 并确保其安全

确定最佳技术和 AP 位置后，需要安装 WLAN 设备并使用安全措施配置 AP。应在将 AP 连接到网络或 ISP 前规划和配置安全措施。下面是一些较基本的安全措施（图 5-18）。

- 修改默认的 SSID。
- 禁用远程管理，以防从外部网络访问。
- 只允许通过诸如 HTTPS 等安全协议连接到设备。
- 禁用广播 SSID。

● 配置 MAC 地址过滤。

图 5-18 AP 配置

下面是一些高级安全措施。

● 使用 WEP 或者 WPA 配置加密。

● 配置身份验证。

● 配置数据过滤。

具体操作如下。

（1）设置无线路由器

首先进行基本设置。当连接网络后，在局域网中的任何一台机器中打开 IE 浏览器，在地址栏中输入 192.168.1.1，再输入登录用户名和密码，单击"确定"按钮，打开路由器界面。在左侧单击"基本设置"选项，在右侧的窗口中除了设置 IP 地址、是否允许无线配置、SSID、频道、WEP 外，还可以为 WAN 接口设置连接类型，包括自动获取 IP、静态 IP、PPPoE、RAS、PPTP 等。例如，开发中心连接的是以太网接入 Internet 的网络，可以选择静态 IP，然后输入 WAN 口 IP 地址、子网掩码、默认网关、DNS 服务器地址等内容。然后单击"应用"按钮，完成配置。

在上述界面中，为了省去为每台计算机设置 IP 地址，可以单击"DHCP 设置"选项，在"动态 IP 地址"栏中单击"允许"单选按钮，启用 DHCP 服务。为了限制当前网络用户的数量，还可以自行设定用户数。例如，本案例中有 8 位用户，可把值更改为 8（默认为 50），然后单击"应用"按钮，完成配置。

完成基本配置后，还需要为网络环境设置访问控制。可以通过路由器提供的访问控制功能来限制用户对网络的访问。常见的操作包括 IP 访问控制、URL 访问控制等。

首先，在路由器管理界面中单击"访问控制"选项，接着在右侧的窗口中可以分别对 IP 访问、URL 访问进行设置，在 IP 访问设置页面输入希望禁止的局域网 IP 地址和端口号。例如，要禁止 IP 地址为 192.168.1.100-192.168.1.102 的计算机使用 QQ，那么可以在"协议"列表中选择"UDP"选项，在"局域网 IP 范围"文本框中输入"192.168.1.100-192.168.1.102,"在"禁止端口范围"文本框中分别输入"4000""8000"。最后单击"应用"按钮。

提示：如果不确定哪种协议端口号，可以在"协议"列表中选择"所有"选项，端口的范围是 **0～65535**。

如果要设置 URL 访问控制功能，可以在访问控制页面单击"URL 访问设置"选项，在打开的页面中单击"URL 访问限制"栏中的"允许"单选按钮。然后在"网站访问权限"选项中选择访问的权限，可以设置"允许访问"或"禁止访问"。例如，要禁止访问 http://www.xxx.com 这样的网站，就可以在"限制访问网站"文本框中输入"http://www.xxx.com"。最后单击"应用"按钮即可。最多可以限制 20 个网站。

（2）STA 配置

如果 AP 启用了 DHCP 服务，客户端只需在 TCP/IP 属性中设置为自动获取即可；如果 AP 未启用 DHCP 服务，则需要手动设置 IP 地址、子网掩码、网关、DNS 服务器等。

配置客户端时，必须确保 SSID 与 AP 配置的 SSID 相同。另外，加密密钥和身份验证也必须相同。需要注意：SSID 是区分大小写的。如果 SSID 不同，客户端无法关联到 AP；如果身份验证密钥不同，客户端也无法关联；加密密钥不同通常不会导致无法关联，但将导致无法解释传输的数据。很多设备都将相同的密钥用于身份验证和加密，在这样的情况下，密钥不同将导致无法关联。

4. 备份和恢复配置文件

正确配置无线网络并确认数据流能够正常传输后，应在无线接入点和网桥中执行完整的配置备份。如果进行了大量的自定义配置，备份将尤其重要。

针对家庭和小型企业市场设计的大多数路由器，这项任务非常简单，只需从适当的菜单中选择"Backup Configurations"（备份配置）选项，并指定文件的保存位置即可。集成路由器为配置文件提供了默认名称，但必要时可修改它。恢复的过程也很简单：选择"Restore Configurations"（恢复配置）选项，然后切换到以前保存的配置文件的位置，并选择该文件，再单击"Start to Restore"（开始恢复）按钮以加载配置文件。

有时可能忘记了固有的密钥，也无法登录到无线路由器，这时可以按住无线路由器面板的"RESET"（重置）按钮 30s，将设置恢复到原厂默认设置。启动无线路由器后再重新进行设置。

技能实训

任务 1　配置无线接入点

【实训目的】

① 了解交换机和路由器的连接。
② 了解无线接入点和交换机的连接。

实训报告

实训案例

case

③ 掌握登录多功能设备的方法。

④ 掌握无线接入点的配置步骤。

【实训内容】

① 正确连接交换机、路由器和无线接入点。

② 登录多功能设备。

③ 配置无线接入点。

【实训设备】

安装了 Windows XP 系统的计算机，多功能设备 Linksys WRT300N：包含一个集成的 4 端口交换机、一个路由器和一个无线接入点（AP）。

【实训步骤】

（1）设置计算机与多功能设备之间的连接

① 用于配置 AP 的计算机应连接到多功能设备的一个交换机端口上。

② 在计算机上，单击"开始"按钮，然后选择"运行"命令。输入"cmd"并单击"确定"按钮或按 Enter 键。

③ 在命令提示符后，使用默认 IP 地址 192.168.1.1 或多功能设备端口上配置的 IP 地址 ping 多功能设备。ping 成功后才能执行后面的步骤。

④ 记下用于 ping 多功能设备的命令。

_____

如果 ping 不成功，请尝试以下故障排除步骤。

• 确认计算机的 IP 地址是在 192.168.1.0 网络上。只有与多功能设备位于同一网络上的计算机才能 ping 通。默认会启用多功能设备的 DHCP 服务。如果计算机配置为 DHCP 客户端，则应具备有效的 IP 地址和子网掩码。如果计算机有静态 IP 地址，则它必须在 192.168.1.0 网络上且子网掩码必须为 255.255.255.0。

• 确保电缆是功能正常的直通电缆。通过测试加以验证。

• 确认计算机所连端口的链路指示灯亮起。

• 检查多功能设备是否通电。

• 如果以上步骤都无法解决问题，请咨询教师。

（2）登录多功能设备并配置无线网络

① 打开 Web 浏览器。在地址栏中输入"http://ip_address"，其中 ip_address 是无线路由器的 IP 地址（默认地址为 192.168.1.1）。在提示对话框中将用户名文本框留空，并输入为路由器指定的密码。默认密码是 admin。单击"确定"按钮。

② 在主菜单中单击"Wireless"选项。

③ 在弹出的"Basic Wireless Settings"窗口中，Network Mode 默认显示为"Mixed"，因为 AP 支持 802.11b、g 和 n 等类型的无线设备。可以使用其中任何一个标准连接 AP。如果多功能设备的无线部分未使用，则 Network Mode 应设置为"Disabled"。保留所选的"Mixed"默认值。

④ 删除"Network Name (SSID)"文本框中的默认值"SSID (linksys)",使用学生的姓氏或教师指定的名称输入新的 SSID。SSID 区分大小写。

⑤ 准确记下使用的 SSID 名称。

_____

⑥ 单击"Radio Band"下拉菜单,记下两个选项。

_____

⑦ 对于可以使用 802.11b、g 或 n 客户端设备的无线网络,默认值为"Auto"。选择"Auto"选项后,便可选择"Wide Channel"选项以提供最高性能。如果使用 802.11b 或 g 或者同时使用 b 和 g 无线客户端设备,将使用"Standard Channel"选项。如果只使用 802.11n 客户端设备,则使用"Wide Channel"选项。保留所选的"Auto"默认值。

⑧ SSID Broadcast 默认设置为"enabled",即 AP 定期通过无线天线发送 SSID。区域中的所有无线设备都可以检测到此广播。这就是客户端检测附近无线网络的方式。

⑨ 单击"Save Settings"按钮。

⑩ 当设置成功保存之后,单击"Continue"按钮,即会使用指定的名称(SSID)为无线网络配置 AP。在开始下一次实验或连接任何无线网卡到无线网络之前,必须记下此信息。

【问题与思考】

① 一间教室可以配置多少个无线网络?有哪些限制条件?

② 从 AP 广播 SSID 的做法有哪些潜在的安全问题?

任务 2　配置无线客户端

【实训目的】

① 掌握无线网卡驱动程序的安装方法。

② 掌握无线客户端的配置。

③ 测试无线网卡与无线接入点的连通性。

④ 掌握双绞线网线连通性的测试方法。

【实训内容】

① 在无线客户端计算机中安装和配置无线 USB 网卡的驱动程序。

② 确定所安装的驱动程序版本并检查 Internet 中有无更新。

③ 验证无线客户端与无线接入点的连通性。

【实训设备】

具有可用 USB 端口的、安装了 Windows XP 系统的计算机,无线 USB 网卡和相关驱动程序。

实训报告

实训案例

case

【实训步骤】

（1）安装无线网卡驱动程序

① 将含有无线网卡驱动程序的 CD 插入 CD/DVD 驱动器，并按照制造商的建议安装驱动程序。大多数 USB 设备都要求在连接设备之前安装驱动程序。注意，现在可以执行部分安装过程，剩余部分需要在连接无线网卡之后再执行。

② 无线网卡的制造商是谁？

③ 说明安装无线网卡驱动程序的过程。

（2）安装无线网卡

按照提示将 USB 网卡电缆连接到可用的 USB 端口。单击"下一步"按钮继续安装。

（3）连接到无线网络

① 大多数无线网卡适配器都带有用于控制网卡的客户端软件。软件将显示找到的任何无线网络。选择上次实验中在 AP 上配置的无线网络 SSID。

② 使用的是哪个 SSID？

③ 如果无线网卡没有连接到无线网络，请进行相应的故障排除。

④ 无线网卡的信号强度有多大？

⑤ 无线网卡是否在区域中检测到其他无线网络？原因何在？

⑥ 将活动无线连接展示给同学或实验室助理。

⑦ 无线主机的另一个名称是什么？

⑧ 使用无线网卡制造商的客户端软件控制无线网卡，以及通过 Windows XP 系统控制无线网卡，哪种做法更好？

（4）确定网卡驱动程序版本

① 硬件制造商会持续更新驱动程序。网卡或其他硬件随附的驱动程序通常都不是最新的。

② 要检查所安装的网卡驱动程序版本，请单击"开始"按钮，然后依次选择"控制面板"和"网络连接"选项。右键单击"无线连接"选项并在弹出的快捷菜单中选择"属性"命令，在打开的对话框中单击"驱动程序"选项卡，如图 5-19 所示。安装的驱动程序的名称和版本是什么？

（5）确定网卡驱动程序是否为最新版本

① 到网卡制造商网站上搜索支持所安装无线网卡的驱动程序。是否有更新的版本？

② 列出的最新版本是什么？

③ 如果有更新的驱动程序，如何应用？

（6）验证连接

① 安装网卡之后，便要验证与 Linksys WRT300N 的连接。

② 打开 Web 浏览器，例如 Windows Internet Explorer 或 Mozilla Firefox。

③ 在地址栏中输入"http://192.168.1.1"（AP 的默认设置）。

④ 在"连接到 192.168.1.1"对话框中，将"用户名"文本框留空，在"密码"文本框中输入"admin"。不要选中"记住我的密码"复选框，如图 5-20 所示，单击"确定"按钮。

图 5-19　无线网卡驱动程序　　　　图 5-20　无线路由器登录界面

⑤ 如果显示"Linksys 设置"屏幕，即表示已经与 AP 建立连接。如果没有建立连接，则必须进行故障排除，确认设备已经打开电源并且所有设备的 IP 地址都正确。应在无线网卡上配置哪个 IP 地址？

【问题与思考】

① 在餐厅或书店创建无线网络的过程与刚才完成的工作有没有不同之处？原因是什么？

② 使用的 AP 型号是否适用于邻近的餐厅？原因是什么？

任务 3　配置无线局域网的安全

实训报告

实训案例

case

【实训目的】

① 为家庭网络制订安全计划。

② 按照最佳安全做法配置多功能设备的无线接入点（AP）部分。

【实训内容】

① 规划家庭网络的安全。

② 连接计算机到多功能设备并登录 Web 公共设施。

③ 按照网络安全规划配置无线客户端。

【实训设备】

具有可用 USB 端口的、安装了 Windows XP 系统的计算机，直通以太网电缆。

【实训步骤】

用户购买了一个 Linksys WRT300N 无线路由器，想在家中创建一个小型网络。之

笔 记

所以选择这个路由器，是因为 IEEE 802.11n 规格宣称其速度和覆盖范围分别是 802.11g 的 12 倍和 4 倍，且由于 802.11n 使用 2.4GHz 频段，它与 802.11b 及 802.11g 后向兼容，并使用了 MIMO（多路进，多路出）技术。

应在连接多功能设备到 Internet 或任何有线网络之前启用安全机制。还应该更改提供的默认值，因为这些默认值很容易在 Internet 上被其他人获取。

（1）规划家庭网络的安全

① 至少列出六项为保护多功能设备和无线网络安全而应实施的最佳做法。

② 说明每一项做法所应对的安全风险。

（2）连接计算机到多功能设备并登录 Web 公共设施

① 使用直通电缆连接计算机（以太网网卡）到多功能设备（Linksys WRT300N 上的端口 1）。

② Linksys WRT300N 的默认 IP 地址为 192.168.1.1，默认子网掩码为 255.255.255.0。计算机和 Linksys 设备必须位于同一个网络才能互相通信。将计算机的 IP 地址更改为 192.168.1.2，并确认子网掩码为 255.255.255.0。输入 Linksys 设备的内部地址（192.168.1.1）作为默认网关。要完成此操作，请依次单击"开始"→"控制面板"→"网络连接"选项，再右键单击"无线连接"选项并选择"属性"命令，选择"Internet Protocol（TCP/IP）"并输入地址，如图 5-21 所示。

③ 打开 Web 浏览器，如 Internet Explorer、Firefox，然后在地址栏中输入 Linksys 设备的默认 IP 地址（192.168.1.1）并按 Enter 键。

④ 将会显示一个对话框，要求输入用户名和密码，如图 5-22 所示。

图 5-21 计算机网络参数配置

图 5-22 无线路由器登录界面

⑤ 将"用户名"文本框留空，并在"密码"文本框中输入"admin"。这是 Linksys 设备的默认密码。然后单击"确定"按钮。请注意，密码区分大小写。

⑥ 对 Linksys 设备进行必要的更改时，在每个界面中单击"Save Settings"按钮以保存更改，或单击"Cancel Changes"按钮，保留默认设置。

（3）更改 Linksys 设备密码

① 进入设置界面后，显示的初始界面是"Setup"选项卡的"Basic Setup"子选项卡，如图 5-23 所示。

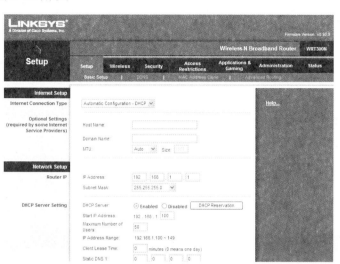

图 5-23　无线路由器基本配置界面

② 单击"Administration"选项卡，默认会选择"Management"子选项卡，如图 5-24 所示。

图 5-24　无线路由器安全管理配置界面

③ 为 Linksys 设备输入新密码，然后确认该密码。新密码不得超过 32 个字符，并且不能包含空格。要访问 Linksys 设备的 Web 实用程序和 Setup Wizard，必须输入该密码。

④ "Web Utility Access via Wireless"选项默认启用。也可以禁用此功能以进一步增强安全性。

⑤ 单击"Save Settings"按钮保存信息。注：如果忘记了密码，便可按住"RESET"

笔 记

（重置）按钮 5 秒钟后再松开，将 Linksys 设备重置为原厂默认值。默认密码是 admin。

（4）配置无线安全设置

① 单击"Wireless"选项卡，默认会选择"Basic Wireless Settings"子选项卡，如图 5-25 所示。"Network Name"是网络上所有设备之间共享的 SSID。无线网络中所有设备的 SSID 都必须相同。SSID 区分大小写，并且不能超过 32 个字符。

图 5-25　SSID 配置界面

② 将 SSID 从 Linksys 的默认值更改为独特的名称并记住所选择的名称。

③ 保留"Radio Band"的设置为"Auto"。这样网络可以使用所有 802.11n、g 和 b 设备。

④ 对于"SSID Broadcast"，可选择"Disabled"按钮禁用 SSID 广播。无线客户端将查找区域中可关联的网络，并且检测 Linksys 设备发送的 SSID 广播。为增强安全性，请勿广播 SSID。

⑤ 保存设置，然后进入下一个界面。

（5）配置加密和身份验证

① 在"Wireless"界面上选择"Wireless Security"选项卡。

② 此路由器支持下面 4 种安全模式设置。

• WEP。

• WPA Personal：使用预共享密钥（PSK）。

• WPA Enterprise：使用 RADIUS。

• RADIUS。

③ 选择"WPA Personal"安全模式，如图 5-26 所示。

④ 在下一个界面中，选择一种加密算法。为保证网络安全，应尽可能使用所选安全模式中最高级别的加密。下面以从最不安全（WEP）到最安全（含 AES 的 WPA2）的顺序列出了各种安全模式和加密级别。

• WEP

• WPA

　◇ TKIP（临时密钥完整协议）

图 5-26　无线安全模式选择

　　◇ AES（高级加密系统）

　• WPA2

　　◇ TKIP

　　◇ AES

只有包含协处理器的新设备才支持 AES。为确保与所有设备兼容，请选择 "TKIP"
选项，如图 5-27 所示。

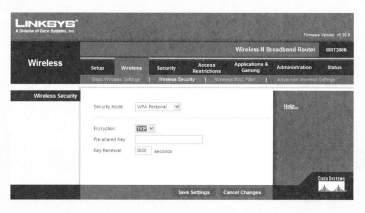

图 5-27　无线安全加密算法选择

　　⑤ 对于身份验证，请输入包含 8 到 63 个字符的预共享密钥。此密钥由 Linksys 设
备及连接的所有设备共享。

　　⑥ 选择介于 600s 到 7 200s 之间的密钥更新间隔。更新间隔是 Linksys 设备更改
加密密钥的频率。

　　⑦ 保存设置，然后退出界面。

（6）配置 MAC 地址过滤

　　① 在 "Wireless" 界面上选择 "Wireless MAC Filter" 选项卡。

　　② MAC 地址过滤只允许选定的无线客户端 MAC 地址访问该用户的网络。选择
"Permit PCs listed below to access the wireless network" 单选按钮。单击
"Wireless Client List" 按钮以显示网络上所有无线客户端计算机的列表，如图 5-28
所示。

图 5-28 无线客户端过滤配置界面

③ 下一个界面用于确定可以访问无线网络的 MAC 地址，如图 5-29 所示。对要添加的任何客户端设备，选中 "Save to MAC Address Filter List" 复选框，然后单击 "Add" 按钮。不在列表中的任何无线客户端都无法访问该用户的无线网络。保存设置，然后退出界面。

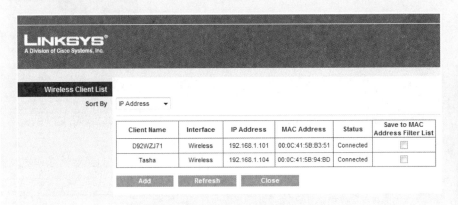

图 5-29 添加允许访问无线网络的 MAC 地址

【问题与思考】

① 在 Linksys WRT300N 上配置的哪项功能让用户感觉最安全？为什么？
② 列出可以让用户的网络更安全的其他措施。

单元小结

本章介绍了无须使用电缆便可在主机之间传输信息的各种技术，阐述了这些无线技术的优点、局限性以及一些使用它们的设备。

负责制定无线技术标准的主要组织是 IEEE。规范 WLAN 环境的标准包括 802.11a、802.11b、802.11g、802.11n，它们被称为 Wi-Fi 标准。

WLAN 设备包括无线客户端、接入点、无线网桥和天线。无线客户端也称为 STA，是可编址的网络终端设备。AP 在 IEEE802.11 无线帧格式和 802.3 以太网帧格式之间转换，让有限区域内的无线客户端能够连接到有线网络。无线设备使用天线来传输和接收信息，天线有两类：定向天线和全向天线。

WLAN 分为两类。小型点到点网络被称为对等网络，其中没有 AP。包含 AP 的无线网络被称为基础架构网络。AP 控制的区域称为蜂窝或者基本服务集（BSS）。可通过分布系统（DS）将众多 BSS 连接起来，形成一个扩展服务集（ESS）。每个 ESS 服务集都有服务集标识 SSID。同一个 WLAN 中的所有无线设备必须配置相同的 SSID，并使用相同的标准，这样才能通信。

无线网络通过开放的空间传输信息，因此比有线网络更容易遭到攻击。攻击者可从无线信号能到达的任何位置访问网络。连接到无线网络后，攻击者便可免费使用 Internet 服务、破坏文件以及窃取信息。

通过结合使用各种基本和高级的安全技术，可降低攻击风险。

安装无线网络前，应制订安装计划，包括要使用的标准、设备的位置、安全计划和备份配置的策略。

思考与练习

一、填空题

1. WLAN 的 4 种技术标准 802.11n、802.11a、802.11b、802.11g 的频率占用分别为＿＿GHz、＿＿＿＿GHz、＿＿＿＿GHz、＿＿＿＿GHz。

2. 当同一区域使用多个 AP 时，通常使用 ＿＿＿＿、＿＿＿＿、＿＿＿＿信道。

3. 两台无线网桥建立桥接时，＿＿＿＿＿必须相同。

4. 当使用 WEP 64 位加密方式时，密钥长度为＿＿＿＿位 ASCII 字符或＿＿＿＿位十六进制数。

二、选择题

1. 下列哪一项是 WLAN 最常用的上网认证方式？（　　）

    A. WEP 认证　　　　　　　　B. SIM 认证

    C. 宽带拨号认证　　　　　　D. PPPoE 认证

2. 802.11a 的最大速率为（　　）。

    A. 11M　　B. 108M　　C. 54M　　D. 36M

3. 中国的 2.4GHz 标准共有（　　）个频点，互不重叠的频点有（　　）个。

A. 11 个　　B. 13 个　　　C. 3 个　　　　D. 5 个

4. 下列无线网络技术标准中工作在 5.8GHz 频段的是（　　　　）。

A. IEEE802.11a　　　　　　B. IEEE802.11b

C. IEEE802.11g　　　　　　D. IEEE802.11n

5. 一个无线 AP 以及关联的无线客户端被称为一个（　　　　）。

A. IBSS　　B. BSS　　　　C. ESS　　　　D. PSS

6. 在下面信道组合中，有三个非重叠信道的组合是（　　　　）。

A. 信道 1　　信道 6　　信道 10

B. 信道 2　　信道 7　　信道 12

C. 信道 3　　信道 4　　信道 5

D. 信道 4　　信道 6　　信道 8

三、名词解释

1. 基本服务集 BSS　　　　　　2. 服务集标识符 SSID

3. 有线等效协议 WEP　　　　　4. Wi-Fi 保护访问 WPA

四、简答题

1. 无线局域网的组件有哪些？

2. 简述对等模式与基础架构模式的无线局域网的异同。

3. 无线局域网有哪些局限性？

4. 简述 CSMA/CA 工作的过程。

5. 无线身份验证有哪些方法？

单元 6

广域网和接入 Internet

🔍 学习目标

【知识目标】

■ 了解 Internet 的历史和基本概念。

■ 了解接入 Internet 的基本概念和需要解决的关键问题。

■ 了解常见的广域网协议。

■ 了解广域网的基本知识和相关技术。

■ 掌握常见的接入 Internet 的方式。

【技能目标】

■ 具备应用 Internet 的基本技能。

■ 能够使用常见的接入方式接入 Internet。

■ 掌握接入 Internet 的不同方式的应用。

【素养目标】

■ 实际了解 ADSL 接入 Internet 的方法。

■ 团结协作的精神。

■ 自学探索，解决网络终端的提速问题。

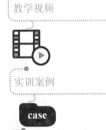

引例描述

小凡已经学会了组建局域网和无线局域网，可是，局域网只能实现内部网络的共享，如何把自己的局域网与 Internet 连接起来呢？通过查阅资料，小凡了解到要想把自己的局域网与 Internet 连接起来，还需要了解 Internet 接入技术，到底该选择数字专线接入还是选择 ADSL 接入？而且以太网接入好像更快，究竟该选择哪一种接入方式呢？

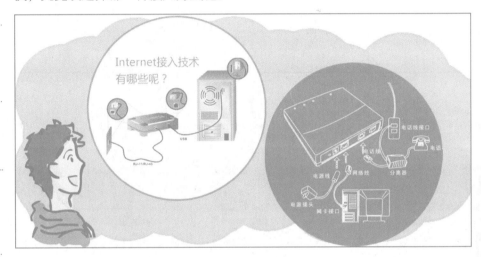

基础知识

6.1 广域网的基本概念

前面单元已经讲过，网络类型的划分标准各种各样，但是从地理范围划分是一种大家都认可的通用网络划分标准，按这种标准可以把网络类型划分为局域网、城域网和广域网。其中广域网也称为远程网，所覆盖的范围比城域网（MAN）更广，它一般是将不同城市之间的 LAN 或 MAN 网络互连，地理范围可从几百公里到几千公里。因为距离较远，信息衰减比较严重，所以这种网络一般需要租用专线，通过 IMP（接口信息处理）协议和线路连接起来，构成网状结构，解决循径问题。

1. 广域网的概念

广域网是将地理位置上相距较远的多个计算机系统，通过通信线路、按照网络协议连接起来，实现计算机之间相互通信的计算机系统的集合。

广域网由交换机、路由器、网关、调制解调器等多种数据交换设备和数据连接设备构成。具有技术复杂性强、管理复杂、类型多样化、连接多样化、结构多样化、协议多样化、应用多样化的特点。

2. 广域网的结构

广域网分为通信子网与资源子网两部分，广域网的通信子网主要由节点交换机和连接这些交换机的链路组成。节点交换机完成分组存储转发的功能，节点间都是点对点的连接，为了提高网络的可靠性，通常将一个节点交换机与多个节点交换机相连。广域网的结构示意图如图 6-1 所示。

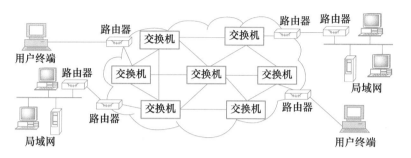

图 6-1　广域网的结构示意图

广域网是将不同城市、省区甚至国家之间的 LAN、MAN 利用远程数据通信网连接起来的网络，可以提供计算机软件、硬件和数据信息资源共享。将局域网通过广域网连接起来，通过广域网与广域网的不断结合，最终组成遍布全球的因特网。因特网就是最典型的广域网。

在广域网网内，节点交换机和它们之间的链路一般由电信部门提供，网络由多个部门或多个国家联合组建而成，规模很大，能实现整个网络范围内的资源共享和服务。广域网一般向社会公众开放服务，因而通常被称为公用数据网。

广域网的线路一般分为主干线路和末端用户线路，根据末端用户线路和广域网类型的不同，有多种接入广域网的技术和接口标准。接入广域网的主机系统或网络必须遵守这些接口标准，接入通信子网，利用其提供的服务来实现特定资源子网的通信任务。目前常用的公共广域网络系统有公用交换电话网（PSTN）、分组交换数据网（如 X.25 网）、数字数据网（DDN）和帧中继网（FRN）等。

传统的广域网采用存储转发的分组交换技术构成，目前帧中继和 ATM 快速分组已经大量使用。随着计算机网络技术的不断发展和广泛应用，一个实际的网络系统常常是 LAN、MAN 和 WAN 的集成。三者之间在技术上不断融合，同时新的通信技术也不断地应用于广域网。

3. 广域网与局域网的比较

广域网是由多个局域网相互连接而成的。局域网可以利用各种网间互连设备，如中继器、网桥、路由器等，构成复杂的网络，并扩展成广域网。

局域网与广域网的不同之处如下。

（1）作用范围

局域网的网络通常分布在一座办公大楼、实验室或宿舍大楼中，为一个部门所有，涉及范围一般在几公里以内。广域网的网络通常分布在一个地区、一个国家甚至全球的范围。

（2）结构

局域网的结构简单，局域网中计算机数量少，一般是规则的结构，可控性、可管理性及安全性都比较好。广域网由众多异构、不同协议的局域网连接而成，包括各种类型的计算机，以及运行中的种类繁多的业务。因此广域网的结构往往是不规则的，且其管理和控制复杂，安全性也比较难以保证。

（3）通信方式

局域网多数采用广播式的通信方式，采用数字基带传输。广域网通常采用分组点到点的通信方式，无论是电话线传输、借助卫星的微波通信，还是光纤通信，采用的都是模拟传输方式。

（4）通信管理

局域网信息传输的时延小、抖动也小，传输的带宽比较宽，线路的稳定性比较好，因此通信管理比较简单。在广域网中，由于传输的时延大、抖动大，线路稳定性比较差，同时，通信设备多种多样，通信协议也种类繁多，因此通信管理非常复杂。

（5）通信速率

局域网的信息传输速率比较高，一般能达到 100Mbit/s、1000Mbit/s，甚至能够达到万兆，传输误码率比较低。而在广域网中，传输的带宽与多种因素相关。同时，由于经过了多个中间链路和中间节点，传输的误码率也比局域网高。

（6）工作层次

广域网由节点交换机以及连接这些交换机的链路组成。节点交换机执行分组存储转发的功能。节点之间都是点到点的连接。从层次上看，局域网和广域网的主要区别是：局域网使用的协议主要在数据链路层，广域网技术主要体现在 OSI 参考模型的下 3 层，即物理层、数据链路层和网络层，重点在于网络层。

4. 广域网的类型

广域网能够连接距离较远的节点。建立广域网的方法有很多，如果以此对广域网来进行分类，广域网可以被划分为电路交换网、分组交换网、专用线路网等。

（1）电路交换网

电路交换网是面向连接的网络，在数据需要发送的时候，发送设备和接收设备之间必须建立并保持一个连接，等到用户发送完数据后中断连接。电路交换网需要在每个通话过程中建立一个专用信道。它有模拟和数字的电路交换服务。典型的电路交换网是电话拨号网和 ISDN 网。

（2）分组交换网

分组交换网使用无连接的服务，系统中任意两个节点之间被建立起来的是虚电路。信息以分组的形式沿着虚电路从发送设备传输到接收设备。现代的大多数网络都是分组交换网，如 X.25 网、帧中继网。

（3）专用线路网

专用线路网是指在两个节点之间建立一个安全永久的信道。专用线路网不需要经过任何建立或拨号进行连接，它是点到点连接的网络。典型的专用线路网采用专用模拟线路、E1 线路等。

6.2 广域网数据交换的相关技术

彼此通信的多个设备构成了数据通信网。通信网可以分为交换网络和广播网络，交换网络又分为电路交换网络和分组交换网络（包括帧中继和 ATM），而广播网络包括总线网络、环形网络和星形网络。由于广域网中的用户数量巨大，而且需要双向的交互，如果采用广播网络会产生广播"风暴"，导致网络失效。因此，在广域网中主要采用的是交换网络。与数据广域网相关的技术问题主要介绍以下 3 个。

● 分组交换：路由选择确定了输出端口和下一个节点后，必须使用交换技术将分组从输入端口传送到输出端口，实现通过网络节点输送比特。

● 路由选择：由于源和目的站不是直接连接的，因此网络必须将分组从一个节点选择路由传输到另一个节点，最后通过整个网络。

● 拥塞控制：进入网络的通信量必须与网络的传输量相协调，以获得有效、稳定、良好的性能。

1. 分组交换简介

分组交换技术是指计算机技术发展到一定程度后，人们除了打电话直接沟通，还可以通过计算机和终端实现计算机与计算机之间的通信，在传输线路质量不高、网络技术手段还较单一的情况下，应运而生的一种交换技术。

分组交换也称包交换，它是将用户传送的数据划分成一定的长度，每个部分称为一个分组。在每个分组的前面加上一个分组头，用以指明该分组发往何地址，然后由交换机根据每个分组的地址标识，将它们转发至目的地，这一过程称为分组交换。进行分组交换的通信网称为分组交换网。

从交换技术的发展历史看，数据交换经历了电路交换、报文交换、分组交换和综合业务数字交换的发展过程。

分组交换不是以电路连接为目的，而是以信息分发为目的。分组交换网中以"存储—转发"的方式进行数据传送。到了目的地，交换机将分组头去掉，将分割的数据段按顺序装好，还原成发端的文件交给收端用户，这一过程称为分组交换。该过程类似于邮寄信件，人们把写好的信用信封装起来，然后在信封上写上接收人的地址和姓名，就相当于分组头中的路由控制信息；信封好后投入邮筒，由邮局进行分拣，发往不同的地点，最后送到接收人的手中；接收人打开信件阅读，如同分组中的拆包。这一整个过程如同分组交换过程，只不过分组交换为了把信息准确、可靠、高速地传给对方，技术上要复杂得多。此

微课 分组电路
交换

笔 记

外，还要加上地址域和控制域，用以表示这段信息的类型和送往何方，再加上错误校验位以检验传送过程中发生的错误。分组交换的任务是，从各个入端读入数据分组，根据它们上面的地址域和控制域把它们分发到各个出端上。

形象地说，电路是一种"粗放"和"宏观"的交换方式，只管电路而不管电路上传送的信息。相比之下，分组交换比较"精微"和"细致"，它对传输的信息进行管理。

2. 分组交换的基本原理

分组交换的基本原理是采用"存储—转发"技术，从源站发送报文时，将报文划分成有固定格式的分组（Packet），把目的地址添加在分组中，然后网络中的交换机将源站的分组接收后暂时存储在存储器中，再根据提供的目的地址，不断通过网络中的其他交换机选择空闲的路径转发，最后送到目的地址。这样就解决了不同类型用户之间的通信，并且不需要像电路交换那样在传输过程中长时间建立一条物理通路，而可以在同一条线路上以分组为单位进行多路复用，所以大大提高了线路的利用率。

分组交换有两种方式：数据报方式、虚电路方式。

（1）数据报方式

在这种方式中，每个分组按一定格式附加源与目的地址、分组编号、分组起始、结束标志、差错校验等信息，以分组形式在网络中传输。网络只是尽力将分组交付给目的主机，但不保证所传送的分组不丢失，也不保证分组能够按发送的顺序到达接收端。所以网络提供的服务是不可靠的，也不保证服务质量。

数据报方式一般适用于较短的单个分组的报文。其优点是传输延时小，当某节点发生故障时不会影响后续分组的传输。缺点是每个分组附加的控制信息多，增加了传输信息的长度和处理时间，增大了额外开销。

（2）虚电路方式

虚电路方式与数据报方式的区别主要是在信息交换之前，需要在发送端和接收端之间先建立一个逻辑连接，然后才开始传送分组，所有分组沿相同的路径进行交换转发，通信结束后再拆除该逻辑连接。网络保证所传送的分组按发送的顺序到达接收端。所以网络提供的服务是可靠的，也保证服务质量。

这种方式对信息传输频率高、每次传输量小的用户不太适用，但由于每个分组头只需标出虚电路标识符和序号，所以分组头开销小，适合于长报文传送。

3. 分组交换的优缺点

（1）优点

分组交换网与电路交换网相比有许多优点。

① 线路利用率高：分组交换以虚电路的形式进行信道的多路复用，实现资源共享，可在一条物理线路上提供多条逻辑信道，极大地提高线路的利用率，使传输费用明显下降。

② 不同种类的终端可以相互通信：分组网以 X.25 协议向用户提供标准接口，数据以分组为单位在网络内存储转发，使不同速率终端、不同协议的设备

经网络提供的协议变换功能后实现相互通信。

③ 排队制：当电路交换网络上负载很大时，一些呼叫就被阻塞了。在分组交换网络上，分组仍然被接受，只是其交付时延会增加。

④ 信息传输可靠性高：在网络中每个分组进行传输时，在节点交换机之间采用差错校验与重发的功能，因而传送的误码率大大降低，而且在网内发生故障时，网络中的路由机制会使分组自动地选择一条新的路由，避开故障点，不会造成通信中断。

⑤ 支持优先级：在使用优先级时，如果一个节点有大量的分组在排队等待传送，它可以先传送高优先级的分组。这些分组因此将比低优先级的分组经历更少的时延。

⑥ 分组多路通信：由于每个分组都包含有控制信息，所以分组型终端可以同时与多个用户终端进行通信，可把同一信息发送到不同用户。

⑦ 计费与传输距离无关：网络计费按时长、信息量计费，与传输距离无关，特别适合那些非实时性、通信量不大的用户。

（2）缺点

分组交换网与电路交换网相比也有以下一些缺点。

① 时延：一个分组通过一个分组交换网节点时会产生时延，而在电路交换网中则不存在这种时延。

② 时延抖动：因为一个给定的源站和目的站之间的各分组可能具有不同的长度，可以走不同的路径，也可以在沿途的交换机中经历不同的时延，所以分组的总时延就可能变化很大。这种现象被称为抖动，抖动对一些应用（如电话话音和实时图像等实时应用中）来讲是不希望有的。

③ 额外开销大：要将分组通过网络传送，包括目的地址在内的额外开销信息和分组排序信息必须加在每一个分组里。这些信息降低了可用来运输用户数据的通信容量。在电路交换中，一旦电路建立，这些开销就不再需要。

另外，分组交换网络是一个分布的分组交换节点的集合，在理想情况下，所有的分组交换节点应该总是了解整个网络的状态。但不幸的是，因为节点是分布的，在网络中一部分状态的改变与网络其他部分得知这个改变之间总是有一个时延。此外，传递状态信息需要一定的费用，因此一个分组交换网络从来不会"完全理想"地运行。

4. 路由选择的基本概念

分组交换网络是由众多节点通过通信链路连接成的一个任意的网格形状。当分组从一个主机传输到另一个主机时，可以通过很多条路径传输。在这些可能的路径中如何选择一条最佳的路径（跳数最小、端到端的延时最小或者最大可用带宽）？路由算法的目的就是根据所定义的最佳路径含义来确定出网络上两个主机之间的最佳路径。

为了实现路由的选择，路由算法必须随时了解网络状态的以下信息。

① 路由器必须确定其是否激活了对该协议组的支持。

笔 记

② 路由器必须知道目的地网络。

③ 路由器必须知道哪个外出接口是到达目的地的最佳路径。

那么，该如何得到到达目的地的最佳路径呢？在计算机网络中，是通过路由算法进行度量值计算来决定到达目的地的最佳路径的。小度量值代表优选的路径；如果两条或更多路径都有一个相同的小度量值，那么所有这些路径将被平等地分享。通过多条路径分流数据流量被称为到目的地的负载均衡。

一个好的路由算法通常需要具备以下条件。

① 迅速而准确的传递分组：如果目的主机存在，它必须能够找到通往目的地的路由，而且路由搜索时间不能过长。

② 能适应由于节点或链路故障而引起的网络拓扑结构的变化：在实际网络中，设备和传输链路都随时可能出现故障。因此路由算法必须能够适应这种情况，在设备和链路出现故障的时候，可以自动地重新选择路由。

③ 能适应源和目的主机之间的业务负荷的变化：业务负荷在网络中是动态变化的，路由算法应该能够根据当前业务负载情况来动态地调整路由。

④ 能使分组避开暂时拥塞的链路：路由算法应该使分组尽量避开拥塞严重的链路，最好还能平衡每段链路的负荷。

⑤ 能确定网络的连通性：为了寻找最优路由，路由算法必须知道网络的连通性和各个节点的可达性。

⑥ 低开销：通常路由算法需要在各个节点之间交换控制信息来得到整个网络的连通性等信息。在路由算法中应该使这些控制信息的开销尽量小。

5. 路由算法的分类

路由算法是网络层软件的一部分，它负责确定一个进来的分组应该被传送到哪一条输出线路上。如果子网内部使用了数据报，那么路由器必须针对每一个到达的数据分组重新选择路径，因为从上一次选择了路径之后，最佳的路径可能已经改变了；如果子网内部使用了虚电路，那么只有当一个新的虚电路被建立起来的时候，才需要确定路由路径。因此，数据分组只要沿着已经建立的路径向前传递即可。无论是针对每个分组独立地选择路由路径，还是只有建立新连接的时候才选择路由路径，一个路由算法应具备的特性有正确性、简单性、健壮性、稳定性、公平性和最优性。

路由算法可以分为非自适应算法和自适应算法。非自适应算法不会根据当前测量或者估计的流量和拓扑结构来调整它们的路由决策，这个过程也称为静态路由。相反，自适应算法则会改变它们的路由决策，以反映出拓扑结构的变化，通常也会反映出流量的变化情况，这个过程称为动态路由。

① 静态路由算法：在静态路由算法中，首先要根据网络的拓扑结构确定路径，然后将这些路径填入路由表中，并且在相当长的时间内这些路径保持不变。这种路由算法适用于网络拓扑结构比较稳定且网络规模比较小的网络。当网络比较大的时候，静态路由算法就不太适用了，因为它不能根据网络的故障和负载的变化来作出快速反应。

② 动态路由算法：在动态路由算法中，每个路由器通过与其邻居的通信，不断学习网络的状态。因此网络的拓扑结构变化可以最终传播到整个网络中的所有路由器。根据这些收集到的信息，每个路由器都可以计算出到达目的主机的最佳路径。但是这种算法增加了路由器的复杂性，并且增大了选路时延。在所有的分组交换网络中都使用了某些自适应性路由选择技术。这就是说，路由选择的决定将随着网络情况的变化而变化。在自适应性路由选择技术中，影响路由选择的主要因素有以下两个方面：当一个节点或节点间链路出故障时，它就不能再被用做路径的一部分；当网络的某一部分出现严重的拥塞时，应使分组选择绕开拥塞区而不是通过拥塞区的路径。

路由算法根据控制方式还可以分为集中路由算法和分布式路由算法。

① 集中路由算法：在集中路由算法中，所有可选择的路由都由一个网控中心算出，并且由网控中心将这些信息加载到各个路由器中。这种算法只适用于小规模的网络。

② 分布式路由算法：在分布式路由算法中，每台路由器自己进行各自的路由计算，并且通过路由消息的交换来互相配合。这种算法可以适应大规模的网络，但是容易产生一些不一致的路由结果。而这些不同路由器计算的不同路由结果可能会导致路由环路的产生。

路由可以是对每个分组进行单独选路或者在建立连接的时候确定路由。对于虚电路分组交换，路由（也就是虚电路）是在连接建立期间确定的。一旦虚电路建立好之后，属于该虚电路的所有分组都将沿着这个虚电路传输。这样传输效率比较高，但是对于故障和拥塞处理的反应能力比较慢。对于数据报的分组交换，不必事先建立连接，每个分组的路由必须单独确定。这种方式的传输效率比较低，但是对于故障和拥塞避免的能力比较强。

6. 典型路由选择算法

在路由选择算法中，需要以某种尺度来衡量路径的"长度"。这些尺度可以是跳、成本、延时或者可用带宽。为了得到这些尺度值，路由器必须通过相互交换信息来协调工作。可以利用距离矢量和链路状态这两种算法获得这些信息。

① 距离矢量路由算法：这种算法要求相邻路由器之间交换路由表中的信息。这些信息说明到目的地的距离矢量。当相邻路由器交换了这些信息后，就可以寻找最优的路由。这种算法可以逐渐地与网络拓扑结构的变化相适配。

② 链路状态路由算法：在这种算法中，每个路由器对连接它和相邻路由器的链路状态信息进行扩散，使每个路由器都可以得到整个网络的拓扑图，并根据这个拓扑图来计算最优路由。

目前最广泛使用的路由选择算法有 Bellman-Ford 算法和 Dijkstra 算法，还包括扩散法、偏差路由算法和源路由算法。

● Bellman-Ford 算法：这种算法的原理是 A 和 B 之间最短路径上的节点到 A 节点和 B 节点的路径也是最短的。这种算法容易分布实现，这样每个节点可以独立地计算该节点到每个目的地的最小费用，但是这种算法对链路故障的反应很慢。有可能会产生无穷计算的问题。

● Dijkstra 算法：这种算法比 Bellman-Ford 算法更有效，但是它要求每段链路的费用为正值。它的主要思想是在增加路径费用的计算中不断标记出离源节点最近的节点。这种算法要求所有链路的费用是可以得到的。

● 扩散法：这种算法的原理是要求分组交换机将输入分组转发到交换机的所有端口。这样只要源和目的地之间有一条路径，分组就可以最终到达目的地。当路由表中的信息不能得到时，或者对网络的健壮性要求很严格时，扩散法是一种很有效的路由算法。但是扩散法很容易淹没网络，因此必须对扩散进行一些控制。

● 偏差路由算法：这种算法要求网络为每一对源和目的地之间提供多条路径。每个交换机首先将分组转发到优先端口，如果这个端口忙或者拥塞，再将该分组转发到其他端口。偏差路由算法可以很好地工作在有规则的网络拓扑中。这种算法的优点是交换机可以不用缓存区，但是由于分组可以走其他的替代路径，因此不能保证分组的按序传递。它是光纤网络中最强有力的候选算法，而且还可以实现许多高速分组交换。

● 源路由算法：这种算法不要求中间节点保持路由表，但要求源主机承担更繁重的工作。它可以用在数据报或者虚电路的分组交换网中。在分组发送之前，源主机必须知道目的地主机的完整路由，并将该信息包含在分组头中。根据这个路由信息，分组节点可以将分组转发到下一个节点。

7. 拥塞控制

拥塞现象是指到达通信子网中某一部分的分组数量过多，使得该部分网络来不及处理，以致引起这部分乃至整个网络性能下降的现象，严重时甚至会导致网络通信业务陷入停顿，即出现死锁现象。这种现象跟公路网中经常所见的交通拥堵一样，当节假日公路网中车辆大量增加时，各种走向的车流会相互干扰，使每辆车到达目的地的时间都相对增加（即延迟增加），甚至有时在某段公路上车辆因堵塞而无法开动（即发生局部死锁）。网络的吞吐量与通信子网负荷（即通信子网中正在传输的分组数）有着密切的关系。当通信子网负荷比较小时，网络的吞吐量（分组数/秒）随网络负荷（每个节点中分组的平均数）的增加而线性增加。当网络负荷增加到某一值后，若网络吞吐量反而下降，则表示网络中出现了拥塞现象。在一个出现拥塞现象的网络中，到达某个节点的分组将会遇到无缓冲区可用的情况，从而使这些分组不得不由前一节点重传，或者需要由源节点或源端系统重传。当拥塞比较严重时，通信子网中相当多的传输能力和节点缓冲器都用于这种无谓的重传，从而使通信子网的有效吞吐量下降。由此引起恶性循环，使通信子网的局部甚至全部处于死锁状态，最终导致网络有效吞吐量接近为零。

对于广域网来说，由于网络状况非常复杂，很难进行控制，因此拥塞控制是最难以解决的一个问题。目前已经提出了各种拥塞控制算法，可以把拥塞控制分为两大类：开环控制算法和闭环控制算法。开环控制算法是通过保证源所产生的业务流不会把网络性能降低到规定的 QoS 以下来防止拥塞的出现。如果预计当加入新的业务流会使 QoS 无法得到保证时，就必须拒绝。闭环算法通常是根据网络的状态来调整业务流。一般是当网络拥塞已经发生或者快要达到拥塞状态时，才采取某些策略来控制拥塞。这时网络状态要反馈到业务流的源点，由源点根据拥塞控制策略来调整业务流。

6.3 广域网接口介绍

路由器不仅能实现局域网之间的连接，更重要的应用还在于局域网与广域网、广域网与广域网之间的相互连接。路由器可将使用不同协议的广域网连接起来，在不同协议、不同规模的网络之间进行互通。而路由器与广域网连接的接口就被称为广域网接口（WAN 接口）。常见的广域网接口有以下几种。

微课 广域网接口

1. RJ-45 接口

RJ-45 接口是最常见的端口。RJ-45 指的是由 IEC（60）603-7 标准化，使用由国际性的接插件标准定义的 8 个位置（8 针）的模块化插孔或者插头。RJ-45 是一种网络接口规范，类似的还有 RJ-11 接口，就是平常所用的"电话接口"，用来连接电话线。双绞线的两端必须都安装这种 RJ-45 插头，以便插在网卡（NIC）和交换机（Switch）的 RJ-45 接口上进行网络通信。

2. 高速同步串口

在路由器早期的广域网连接中，应用最多的端口要算高速同步串口（SERIAL）了。这种端口主要用于连接以前应用非常广泛的 DDN、帧中继（Frame Relay）、X.25、PSTN（模拟电话线路）等网络连接模式。在企业网之间有时也通过 DDN 或 X.25 等广域网连接技术进行专线连接。这种同步端口一般要求速率相对较高，因为一般来说通过这种端口所连接的网络的两端都要求实时同步。在本书以后所做的实验中，高速同步串口会经常出现。

3. 异步串口

异步串口（ASYNC）主要应用于 Modem 或 Modem 池的连接，用于实现远程计算机通过公用电话网拨入网络。这种异步端口相对于上面介绍的同步端口来说，在速率要求上宽松许多，因为它并不要求网络的两端保持实时同步，只要求能连续即可。所以用户在上网时所看到的并不一定就是网站上实时的内容，但这并不重要，因为毕竟这种延时是非常小的，重要的是在浏览网页时能够保持网页的正常下载。

4. ISDN BRI 端口

ISDN BRI端口用于 ISDN 线路通过路由器实现与 Internet 或其他远程网络的连接，用于目前的大多数双绞线铜线电话线。ISDN BRI 的 3 个通道总带宽为 144kbit/s。其中两个通道称为 B（Bearer，荷载）通道，速率为 64kbit/s，用于承载声音、影像和数据通信。第 3 个通道是 D（数据）通道，是 16kbit/s 信号通道，用于告诉公用交换电话网如何处理每个 B 通道。ISDN 有两种速率连接端口，一种是 ISDNBRI（基本速率接口）；另一种是 ISDNPRI（基群速率接口），基于 T1（23B+D）或者 E1（30B+D），总速率分别为 1.544Mbit/s 或 2.048Mbit/s。ISDN BRI 端口采用 RJ-45 标准，与 ISDN NT1 的连接使用 RJ45-to-RJ45 直通线。

5. FDDI 端口

FDDI（Fiber Distributed Data Interface，光纤分布式数据接口）是于 20 世纪 80 年代中期发展起来的一种局域网技术，它提供的高速数据通信能力要高于当时的以太网（10Mbit/s）和令牌网（4 或 16Mbit/s）的能力。FDDI 标准由 ANSI X3T9.5 标准委员会制定，为繁忙网络上的高容量输入输出提供了一种访问方法。FDDI 技术同 IBM 的 Tokenring 技术相似，并具有 LAN 和 Tokenring 所缺乏的管理、控制和可靠性措施，FDDI 支持长达 2km 的多模光纤。FDDI 网络的主要缺点是价格同前面所介绍的快速以太网相比贵许多，且因为它只支持光缆和 5 类电缆，所以使用环境受到限制，从以太网升级更是面临大量移植问题。其接口类型主要是 SC 类型。由于它的优势不明显，目前也基本不再使用。

6. 光纤端口

早在 100Base 时代就已开始采用光纤这种传输介质，当时这种百兆网络为了与普遍使用的百兆双绞线以太网 100Base-TX 区别，就称为 100Base-FX，其中的 F 就是光纤 Fiber 的第一个字母。不过由于在当时的百兆速率下，与采用传统双绞线介质相比，优势并不明显，况且价格比双绞线贵许多，所以光纤在 100Base 时代没有得到广泛应用，它主要是从 1000Base 技术正式实施以后才得以全面应用，因为在这种速率下，虽然也有双绞线介质方案，但性能远不如光纤好，且光纤在连接距离等方面具有非常明显的优势，非常适合城域网和广域网使用。

目前，光纤传输介质发展相当迅速，各种光纤接口层出不穷，常见的有 SC、LC、ST、FC 等接口。目前最为常见的光纤接口主要是 SC 和 LC 类型，无论是在局域网中，还是在广域网中，光纤占据着越来越重要的地位。

6.4 广域网技术

1. 综合业务数字网（ISDN）

综合业务数字网（ISDN）是由国际电报电话咨询委员会（CCITT）和各国标准化组织开发的一组标准，这些标准将决定用户设备到全局网络的连接，使之能方便地用数字形式处理声音、数据和图像通信。ISDN 提供了各种服务访问，提供开放的标准接口，提供端到端的数字连接，用户通过公共通道、端到端的信令实现灵活的智能控制。

（1）ISDN 的系统结构

NT1：网络终端设备，不仅起到接插板的作用，它还包括网络管理、测试、维护和性能监视等，是一个物理层设备。

NT2：是计算机的交换分机 CBX，NT1 和 NT2 连接，并对各种终端及其他设备提供真正的接口。

CCITT 为 ISDN 定义了 4 个参考点：R、S、T、U。U 参考点连接 ISDN 交换系统和 NT1，目前采用两线的铜的双绞线；T 参考点是 NT1 上提供给用户的连接器；S 参考点是连接 CBX 和 ISDN 终端的接口；R 参考点是连接终端适配器和非 ISDN 终端，R 参考点使用很多不同的接口。

（2）ISDN 的功能

ISDN 具有线路交换、分组交换、公共通道信令、网络操作和管理数据库以及信息处理和存储功能。

① 线路交换功能支持实时通信和大量信息传输，速率为 64kbit/s，在 ISDN 环境中，线路交换连接由公共通道信令技术控制。

② 分组交换功能支持像交互数据应用那样的猝发通信特性，速率为 64kbit/s。

③ 公共通道信令功能用于建立、管理和释放线路交换连接，CCITT 公共通道信令系统 CCSSNO.7 用来交换信令。

（3）ISDN 定义通道接口

基本速率接口 BRI：2B+D，两个传输声音和数据的 64kbit/s 的 B 通道和一个传输控制信号和数据的 16kbit/s 分组交换数据通道 D 通道。

一次群速率接口 PRI：23B+D 或者 30B+D，在北美、日本和欧洲国家中使用。

ISDN 公用了公共通信信令技术，以实现用户的网络访问和信息交换。允许使用公共通道信令通路来控制多个线路交换连接。

（4）ISDN 协议参考模型

ISDN 参考模型与 OSI 参考模型的区别在于多通道访问接口结构以及公共通道信令，它包括了多种通信模式和能力：在公共通道信令控制下的线路交换连接，在 B 通道和 D 通道上的分组交换通信，用户和网络设备之间的信令、用户之间的端到端的信令，在公共信令控制下同时实现多种模式的通信。

用于线路交换的 ISDN 网络结构及协议包括 B 通道和 D 通道。B 通道透明地传送用户信息，用户可用任何协议实现端到端通信；D 通道在用户和网络间交换控制信息，用于建立、拆除呼叫和访问网络设备。D 通道上用户与 ISDN 间的接口由物理层、数据链路层 LAP-D 和 CCSSNO.7 三层组成。

用于低速分组交换的 ISDN 网络结构及协议使用 D 通道，本地用户接口只需要执行物理层功能，作用同 x.25 的 DCE。

2. ATM 网

在 ATM 协议参考模型中，用户面提供用户信息的传输，控制面负责呼叫控制和连接控制功能，管理面负责网络维护和完成运行功能，面管理用于执行与整个系统有关的管理功能，层管理用于处理运行和维护功能。

笔 记

微课 ATM

ATM 协议参考模型主要分为 3 层：物理层、ATM 层和 ATM 适配层。物理层主要是传输信息；ATM 层主要完成交换、路由及多路复用；ATM 适配层（AAL）主要负责与较高层信息的匹配。

（1）物理层

物理层由两个子层组成：物理介质子层和传输汇聚子层。

物理介质子层提供位传输能力，传输功能与所用的介质有关，这些功能包括线路编码、再生、均衡、电光转换。

传输汇聚子层的功能如下：

① 信元头保护机制，所生成的多项式为 X^8+X^2+X+1。

② 信元定界机制，有搜索、预同步和同步 3 个状态。

③ 混杂，这是一种附加机制，用来对付恶意用户和假冒用户，采用 $X^{43}+1$ 的自同步混杂器随机处理，信元头并没有被混杂。

④ 信元去耦，信元的数据率应低于可用的传输容量。

⑤ 与传输系统的匹配。

物理层原语如下：

PH-DATA-REQUEST：ATM 层请求把与原主有关的 SDU 传送给它的对等实体。

PH-DATA-INDICATION：指示与原语有关的 SDU 可用。

（2）ATM 层

ATM 层的基本功能是负责生成信元，它不管载体的内容，且与服务无关。主要功能有多路复用，多路复用分解，信元 VPI、VCI 的转换，信元头的产生和去除，流控。

ATM 层原语如下：

ATM-DATA-REQUEST：AAL 请求把与此原主相关的 ATM-SDU 传送给它的对等实体。

ATM-DATA-INDICATION：指示 AAL 与原语相关的 ATM-SDU 可用。

（3）ATM 适配层

ATM 适配层（ALL）由两个子层组成：分段和重组子层（SAR），把高一层的信息单位分段成 ATM 信元，或者把 ATM 信元重组成高一层的信息单位；汇聚子层（CS），汇聚子层与服务有关，可以完成的功能有信报标识和时钟恢复等。

AAL 服务分类：A 类为线路仿真 AAL1 类型，B 类为 VBR 视频 AAL2 类型，C 类为文件传送 AAL5 类型，D 类为无连接信报 ALL3/4 类型。

（4）信元结构和信元类型

1）信元结构

字节是按递增顺序发送，从第一个字节开始，字节中的位是按递减顺序发送，从第 8 位开始。

2）信元类型

① 空信元（物理层）：为了使信元流的速率与传输系统可用的有效负载容量相匹配而在物理层插入或除去的信元。

② 有效信元：没有头差错的信元或已经由头差错控制进程修正过的信元。

③ 无效信元（物理层）：有头差错且尚未由头差错控制进程修正的信元。

④ 指定的信元（ATM 层）：使用 ATM 层服务为应用提供服务的信元。

⑤ 非指定的信元（ATM 层）：尚未指定的信元。

3. 帧中继网

帧中继网是由 X.25 分组交换技术演变而来的，由于光纤通信的误码率低，为了提高网络速率，省略了很多在 X.25 分组交换中的纠错功能，使帧中继的性能优于 X.25 分组交换技术。

（1）帧中继的主要特点

中速到高速的数据接口；标准速率为 DS1，即 T1 速率 1.544Mbit/s；可用于专用和公共网；仅传输数据；使用可变长度分组。

（2）帧中继网与 X.25 网比较

载送呼叫控制信令的逻辑连接和用户数据是分开的，因此中间节点无须为每个连接的呼叫控制保持状态表；逻辑连接的复用和交换发生在第 2 层，而不是第 3 层，从而减少了处理的层次；节点到节点之间无须流控和差错控制，由高层负责端到端的流控和差错控制。

（3）帧中继的优点

精简了通信处理。协议对用户—网络接口以及网络内部处理的功能降低了，从而得到了低延迟和高吞吐率的性能。

（4）帧中继在 H 信道上的应用

大信息量的交互数据应用，大的文件传送，低数据率的多路复用，字符交互通信。

（5）帧中继的协议结构

协议有如下两个分开的操作平台。

① 控制平台（C），它涉及逻辑连接的建立和终止。帧模式传输服务的控制平台，类似于分组交换服务中公共通道信号的控制平台。其中，控制信号使用一个单独的逻辑通道。链路层用 LAP-D（Q.921）提供可靠的数据链路控制服务，在 D 通道的用户（TE）和网络（NT）之间进行流控和差错控制。数据链路服务用于交换 Q.933 控制信号报文。

② 用户平台（U），负责用户之间的数据传输。用户与网络之间是控制平台，而端到端之间则是用户平台。用户之间传输信息的用户平台协议是 LAP-F，由 Q.922（是 LAP-D Q.921 的增强版本）定义。

（6）LAP-D 的核心功能

① 帧的定界，组合和透明性。

② 帧的多路复用/多路分解。

③ 对帧进行检查以保证在零位填充前以及零位剔除后,帧的长度是字节的整数倍。

④ 对帧进行检查以保证其长度符合要求。

⑤ 检测传输差错。

⑥ 冲突控制功能(LAP-F 新增功能)。

（7）帧中继的呼叫控制

呼叫控制方案选择如下。

① 交换访问(Switched Access):在用户连接到交换网络,而本地交换不提供帧处理功能的情况下,必须提供从用户的终端设备到网络帧处理器的交换访问。

② 集成访问(Integrated Access):用户接到帧中继网络或者交换网络,其中的本地交换提供帧处理功能,因为用户能对帧处理器进行直接逻辑访问。

帧中继和 X.25 一样,支持在一个链路上利用多个连接,称为数据链路连接,每个连接都有一个唯一的数据链路连接标识 DLCI。其数据传输的步骤如下。

① 在两个端点之间建立逻辑连接,并指定唯一的数据链路标识 DLCI 的值。

② 交换数据帧。

③ 释放逻辑连接。

呼叫控制逻辑连接的 DLCI=0,其帧的信息域中包含有呼叫控制报文,至少需要 4 种报文类型:建立(Setup)、连接(Connect)、释放(Release)和释放完成(Release Complete)。

（8）用户数据传输

LAP-F 帧格式类似于 LAP-D 和 LAP-B,但有一个明显的差别,即没有控制域,这意味着:

① 只有一种帧的类型,即用户数据帧,没有控制帧。

② 不可能用 inband 信号。逻辑连接只能用于传输用户数据。

③ 不可能进行流控和差错控制,因为没有顺序号。

4. 数字数据网

数字数据网(Digital Data Network,DDN)是利用数字信道传输数据信号的数字传输网,它主要向用户提供端到端的数字型数据传输信道,既可用于计算机远程通信,也可传送数字化传真、数字话音、图像等各种数字化信息,这与在模拟信道上通过 Modem 实现数据传输有很大区别。因为现有通信网的模拟信道主要是为传输话音信号而设置的,它的通信速率低、可靠性差,很难满足日益增长的计算机通信用户和其他数字传输用户的要求。

DDN 的传输原理为:由于数字图像、图形信息传输任务日益增多,再加上光缆通信的发展和脉冲编码调制(PCM)设备的实际应用,使得大容量信息的高速传输成为可能,DDN 网也正是利用这一技术才得以投入使用的。PCM 原理在 20 世纪 30 年代已经提出，由于受当时器件的限制，只停留在试验阶段。至 20 世纪 60 年代初，PCM 作为传输端机开始投入实际使用，作为两个模拟局间的数字中继线，既解决了线路复用，又改善了音质音量。由于效果显著，所以后来 PCM 发展很快。目前世界上流行两种 PCM 制式，一种是由美、日等国发展的 PCM24 路一次群设备，称为 T1；另一种是由西欧国家发展的 PCM30/32 路一次群设备，称为 E1。目前我国采用 E1 制式。

PCM 一次群的帧结构在 T=125μs 一个周期内共有 32 个时隙，其中有 30 个话路时隙、1 个同步时隙和 1 个信令时隙。每个时隙时间为 3.9μs，内有 8 位码，所以在一个取样周期内共有 $8\text{bit} \times 32 = 256\text{bit}$，每秒取样 8000 次，故 30/32 路 PCM 传输端机的码率为 $8\text{k/s} \times 256\text{bit} = 2.048\text{Mbit/s}$，而每一路码率为 $8\text{k/s} \times 8\text{bit} = 64\text{kbit/s}$。上面为一次群速率，如果信道带宽允许，则 4 个一次群合成 8.448Mbit/s 的二次群码率，4 个二次群可合成 34.386Mbit/s 的 3 次群码率，4 个 3 次群合成 139.264Mbit/s 的 4 次群码率。

CHINA DDN 在北京设立网管中心，管理全网的网络资源分配及运营状态、故障诊断、报警及处理等。在北京、上海、广州、南京、武汉、西安、成都、沈阳设有枢纽节点机，其他省会城市设骨干节点机，此外，北京、上海、广州还设有国际出入口节点设备。

目前，CHINA DDN 适用于信息量大、实时性强的中高速数据通信业务，如局域网的互连、大型同类主机的互连、业务量大的专用网以及图像传输、会议电视等。目前能提供的业务有：2.4、4.8、9.6、19.2、$n \times 64\text{kbit/s}$（n=1～31）等不同速率的点对点、点对多点的通信；单向、双向、n 向的通信；各种可用度高、延时小、定时、多点等专用电路服务。此外，还可提供帧中继、话音/G3 传真及虚拟专用网等业务。

5. 移动通信

（1）移动通信网的组成

移动通信网由移动通信交换 MTX、基地站 BS、移动台 MS、局间和局站的中继线组成。移动台和基地站、移动台和转动台之间采用无线传输方式。基地站与移动通信交换局、移动通信交换局与有线网 PSTN 之间一般采用有线方式进行信息传输。

（2）全球移动通信系统（GSM）

它是一个完整的数字移动通信标准体系，是 1982 年欧洲邮电管理委员会（CEPT）开发的第二代数字蜂窝移动系统。

（3）GSM 的组成

GSM 由网络子系统（NSS）、基站子系统（BSS）和移动台（MS）这 3 部分组成。移动台的主要功能除了通过无线接入进入通信网络，完成各种控制和处理以提供主叫或被叫通信外，还提供与使用者之间的人机接口或与其他终端设备相互连接的适配装置等。通过用户身份模块（SIM）卡向通信网络提供了用户注册和管理所需要的信息。

笔记

基站子系统包含了 GSM 无线通信部分的所有地面基础设施，共分为 3 个部分：基站控制器（BSC）、基站收发信机（BTS）以及操作维护中心（OMC－R）。

网络子系统由移动交换机（MSC）、归属位置寄存器（HLR）、访问搁置寄存器（VLR）、鉴权中心（AUC）、设备识别寄存器（EIR）、操作维护中心（OMC－S）和短信息业务中心 SC 组成。

MSC 是对位于它所覆盖区域中的 MSC 进行控制和交换话务的功能实体，也是 GSM 网络与其他通信网之间的接口实体，负责整个 MSC 区内的呼叫控制、移动性管理和无线资源管理。

（4）无线应用协议（WAP）

WAP 是以国际互联网上所采用的 HTTP/HTML 协议为基础、针对无线移动通信的特性建立的通信协议，是对小型显示界面、低功率、小内存、CPU 运算能力低的通信工具，以及低带宽、延迟大和较不可靠的无线移动通信网络进行修改而成的协议。

WAP 采用客户机/服务器结构，提供了一个灵活而强大的编程模型。WAP 网关起着协议翻译的作用，是联系移动网与 Internet 的桥梁。

WAP 的分层结构允许其他业务的应用程序通过一组已定义好的接口使用 WAP 的协议栈，它们可以直接接入会话（Session）层、事务（Transaction）层、传送安全（Transport Security）层或数据报（Datagram）层。

6. 卫星通信系统

国际电信联盟（ITU）有关空间通信的世界无线电行政会议（WARC）规定了空间使用的频率分配原则：甚高频波段 UHF400/200MHz，L 波段 1.6/1.5GHz，主要用于移动卫星通信、海事卫星业务；C 波段 6.0/4.0GHz，主要用于固定卫星业务和专用卫星业务、VSAT 网络等。

目前，卫星通信在世界上使用得比较多的是 VSAT 和 INMARSAT 卫星通信系统。下面以 VSAT 系统为例简述卫星站及网络。

（1）卫星通信系统的特点

① 随着通信容量不断增大，成本明显下降，而现在所使用的第五代通信卫星的容量已增大为 12000 条话路，每条话路的租金已下降为第一代的 1/20。

② 卫星的体积和重量在不断增大，星上转发器日益增多，地球站的天线直径逐渐缩小。从早期的 30m 缩小到 4.5m 甚至 1m 左右，因而它的规模也日益减小。

③ 发展微型的地球站通信网，它比较能够满足那些希望自建卫星专用通信网行业部门的需要。这些专用网一般都分布在较远的地区，相当分散，业务量不大，路由较稀。

（2）卫星通信系统的优点

① 利用 VSAT 通信不受地形、地物的影响，适用于其他通信手段难以通达的地方。

② 设备安装快，在具备条件时，开通一个小站，只需 1～2 天。

③ 通信质量高，网内采用各种自动检错纠错功能，信息误码率低，正常情况下，小于 10^{-7}。

④ 利用先进的数据处理技术和延时补偿及本地轮询（PO11）功能，缩短系统响应时间。

⑤ 采用按需分配（DAMA）技术，充分利用卫星信道。

⑥ 有通话能力，采用先进话音处理技术，保证话音质量。

（3）卫星通信系统的位置和组成

① 按空间轨道位置可分为：静止轨道（GEO）系统、非对地静止轨道（MEO）系统、低轨道（LEO）系统。按照业务提供的范围可分为：全球卫星移动通信和区域卫星移动通信系统。LEO 的高度一般为 500～1500km，MEO 的高度通常为 5000～15000km，GEO 为 35768km 高度赤道上空的轨道。

② 卫星通信系统的组成：空间分系统、通信地球站、跟踪遥测及指令分系统、监控管理分系统。

③ 卫星通信网络的结构主要有两种：星形和网格形。

6.5 虚拟专用网（VPN）

1. VPN 概述

在经济全球化的今天，越来越多的公司、企业开始在各地建立分支机构，开展业务，移动办公人员也随之剧增。在这样的背景下，那些在家办公或下班后继续工作的人员和移动办公人员，远程办公室，公司各分支机构，公司与合作伙伴、供应商，公司与客户之间都必须建立连接通道以进行安全的信息传送。而在传统的企业组网方案中，要进行远程局域网到局域网之间的互连，除了租用 DDN 专线或帧中继之外，并无更好的解决方法。对于移动用户与远端用户而言，只能通过拨号线路进入企业各自独立的局域网。随着全球化的步伐加快，移动办公人员越来越多，供应链、合作伙伴、分销商等各种关系越来越庞大，这样的方案必然导致高昂的长途线路租用费及长途电话费。于是，虚拟专用网（Virtual Private Network，VPN）的概念与市场随之出现。伴随着 Internet 的迅猛发展为它提供的技术基础，全球化的企业为它提供的市场，VPN 开始遍布全世界。

2. VPN 的优点

现在宽带 VPN 已经日渐成为一种全新的非接触沟通模式，VPN 作为远程访问的高效低价、安全可靠的解决方案，集灵活性、安全性、经济性以及可扩展性等优势于一身。从费用、可靠性、安全性、管理性和便于连接等几个方面，VPN 都具备成为下一波技术与市场热点的实力。VPN 产品的市场份额也快速增长。VPN 带给企业的好处主要体现在以下几个方面。

① VPN 可以帮助远程用户、公司分支机构、商业伙伴及供应商同公司的

笔 记

微课 虚拟专用网 VPN

笔 记

内部网建立可信的安全连接，并保证数据的安全传输。通过将数据流转移到低成本的网络上，一个企业的 VPN 解决方案将大幅度地减少用户花费在城域网和远程网络连接上的费用。统计结果显示，企业选用 VPN 替代传统的拨号网络，可以节省 20% ~ 40% 的费用；替代网络互连，可减少 60% ~ 80% 的费用。

② VPN 能大大降低网络复杂度，简化网络的设计和管理，在充分保护现有的网络投资的同时，加速连接新的用户和网站，增强内部网络的互连性和扩展性。

③ VPN 还可以实现网络安全，可以通过用户验证、加密和隧道技术等保证通过公用网络传输私有数据的安全性。随着用户的商业服务不断发展，企业的虚拟专用网解决方案可以使用户将精力集中到自己的生意上，而不是网络上。

④ VPN 能增强与用户、商业伙伴和供应商的联系，它可用于不断增长的移动用户的全球因特网接入，以实现安全连接；可用于实现企业网站之间安全的虚拟专用线路，用于连接到商业伙伴的用户网络。

近年来，宽带接入的蓬勃发展带动了 VPN 在宽带网络平台上的各种应用的飞速发展，如视频会议、企业 ERP/大型分布式海量数据仓库等，而 VPN 的应用反过来又促进了宽带内容的不断丰富。在国外网络通信发达的国家，VPN 应用已经非常普及。而在国内，随着企业对网络需求的增加，VPN 这种低价的远程互连网络方式也正在逐渐被接受和应用。

3. VPN 的基本用途

（1）通过 Internet 实现远程用户访问

VPN 支持以安全的方式通过公共互连网络远程访问企业资源。与使用专线拨打长途电话连接企业的网络接入服务器（NAS）不同，VPN 用户首先拨通本地 ISP 的 NAS，然后 VPN 软件利用与本地 ISP 建立的连接在拨号用户和企业 VPN 服务器之间创建一个跨越 Internet 或其他公共互连网络的虚拟专用网络。

（2）通过 Internet 实现网络互连

1）使用专线连接分支机构和企业局域网

不需要使用价格昂贵的长距离专用电路，分支机构和企业端路由器可以使用各自本地的专用线路通过本地的 ISP 连通 Internet。VPN 软件使用与本地 ISP 建立的连接和 Internet 网络在分支机构和企业端路由器之间创建一个虚拟专用网络。

2）使用拨号线路连接分支机构和企业局域网

不同于传统的使用连接分支机构路由器的专线拨打长途电话连接企业 NAS 的方式，分支机构端的路由器可以通过拨号方式连接本地 ISP。VPN 软件使用与本地 ISP 建立起的连接在分支机构和企业端路由器之间创建一个跨越 Internet 的虚拟专用网络。

应当注意，在以上两种方式中，是通过使用本地设备在分支机构、企业部

门与 Internet 之间建立连接。无论是在客户端还是服务器端都是通过拨打本地
接入电话建立的连接，因此 VPN 可以大大节省连接的费用。建议作为 VPN 服
务器的企业端路由器使用专线连接本地 ISP。VPN 服务器必须一天 24 小时对
VPN 数据流进行监听。

3）连接企业内部网络计算机

在企业的内部网络中，考虑到一些部门可能存储有重要数据，为确保数据
的安全性，传统的方式只能是把这些部门同整个企业网络断开，形成孤立的小
网络。这样做虽然保护了部门的重要信息，但是由于物理上的中断，使其他部
门的用户无法访问可用信息，造成通信上的困难。

采用 VPN 方案，通过使用一台 VPN 服务器既能够实现与整个企业网络的
连接，又可以保证保密数据的安全性。路由器虽然也能够实现网络之间的互连，
但是并不能对流向敏感网络的数据进行限制。企业网络管理人员可以通过使用
VPN 服务器，指定只有符合特定身份要求的用户才能连接 VPN 服务器获得访
问敏感信息的权利。此外，可以对所有 VPN 数据进行加密，从而确保数据的
安全性。没有访问权利的用户无法看到部门的局域网络。

4. VPN 的分类

根据 VPN 所起的作用，可以将 VPN 分为 3 类：VPDN、Intranet VPN
和 Extranet VPN。

（1）VPDN（Virtual Private Dial Network）

在远程用户或移动雇员和公司内部网之间的 VPN 称为 VPDN。实现过程
为：用户拨号 NSP（网络服务提供商）的网络访问服务器（Network Access
Server，NAS），发出 PPP 连接请求，NAS 收到呼叫后，在用户和 NAS 之
间建立 PPP 链路，然后 NAS 对用户进行身份验证，确定是合法用户，就启动
VPDN 功能，与公司总部内部连接，访问其内部资源。

（2）Intranet VPN

在公司远程分支机构的 LAN 和公司总部 LAN 之间的 VPN，通过 Internet
这一公共网络将公司在各地分支机构的 LAN 连到公司总部的 LAN，以实现公
司内部的资源共享、文件传递等，可节省 DDN 等专线所带来的高额费用。

（3）Extranet VPN

在供应商、商业合作伙伴的 LAN 和公司的 LAN 之间的 VPN，由于不同
公司网络环境的差异性，该产品必须能兼容不同的操作平台和协议。由于用户
的多样性，公司的网络管理员还应该设置特定的访问控制表（Access Control
List，ACL），根据访问者的身份、网络地址等参数来确定相应的访问权限，开
放部分资源而非全部资源给外联网的用户。

5. VPN 安全技术

由于传输的是私有信息，VPN 用户对数据的安全性都比较关心。

目前 VPN 主要采用 4 项技术来保证安全，这 4 项技术分别是隧道
（Tunneling）技术、加解密（Encryption & Decryption）技术、密钥管理（Key

笔 记

Management）技术、身份认证（Authentication）技术。

（1）隧道技术

这是 VPN 的基本技术类似于点对点连接技术，它在公用网建立一条数据通道（隧道），让数据包通过这条隧道传输。隧道是由隧道协议形成的，分为第二、三层隧道协议。第二层隧道协议先把各种网络协议封装到 PPP 中，再把整个数据包装入隧道协议中。这种双层封装方法形成的数据包靠第二层协议进行传输。第二层隧道协议有 L2F、PPTP、L2TP 等。L2TP 协议是目前 IETF 的标准，由 IETF 融合 PPTP 与 L2F 而形成。

第三层隧道协议是把各种网络协议直接装入隧道协议中，形成的数据包依靠第三层协议进行传输。第三层隧道协议有 VTP、IPSec 等。IPSec（IP Security）是由一组 RFC 文档组成的，定义了一个系统来提供安全协议选择、安全算法，确定服务所使用的密钥等服务，从而在 IP 层提供安全保障。

（2）加解密技术

这是数据通信中一项较成熟的技术，VPN 可直接利用现有技术。

（3）密钥管理技术

该技术的主要任务是如何在公用数据网上安全地传递密钥而不被窃取。现行密钥管理技术又分为 SKIP 与 ISAKMP/OAKLEY 两种。SKIP 主要是利用 Diffie-Hellman 的演算法则，在网络上传输密钥；在 ISAKMP 中，双方都有两把密钥，分别用于公用和私用。

（4）身份认证技术

最常用的是使用者名称与密码或卡片式认证等方式。

6. VPN 案例

（1）案例描述

若某公司员工有在家办公的需要，须连接至办公室计算机数据库。公司的计算机是通过路由接入公网的，也不具有公网 IP，家中的计算机是通过 ADSL 上网，也不具有公网 IP。正好公司有一台具有公网地址的服务器可供使用，那么通过这个服务器可以搭建一个 VPN 虚拟局域网，把公司的计算机和家中的计算机都拨入这个 VPN 服务器，那么两台机器就处于一个虚拟局域网中了，然后家中的计算机就可以通过虚拟局域网访问共享数据库。

（2）在 Windows 2003 系统中配置 VPN 服务器

在 Windows 2003 系统中 VPN 服务称为"路由和远程访问"，默认已经安装。只需对此服务进行必要的配置使其生效即可。

① 选择"开始"→"管理工具"→"路由和远程访问"菜单命令，打开"路由和远程访问"窗口；再在窗口左边右击"路由和远程访问"，在弹出的快捷菜单中选择"配置并启用路由和远程访问"命令，如图 6-2 所示。

② 在出现的配置向导窗口中单击"下一步"按钮，进入服务选择窗口，如图 6-3 所示。如果用户的服务器如该资料所说的那样只有一块网卡，那么只能选择"自定义配置"单选按钮；而标准 VPN 配置是需要两块网卡的，如果用

户的服务器有两块网卡，则可有针对性地选择"远程访问（拨号或 VPN）"或
"虚拟专用网络（VPN）访问和 NAT"单选按钮。然后依次单击"下一步"按
钮，完成开启配置后即可开始 VPN 服务了。

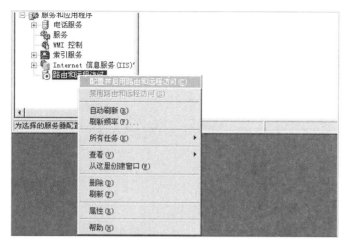

图 6-2 选择"配置并启用路由与远程访问"命令

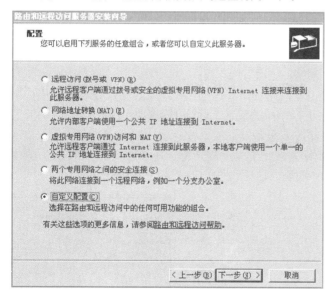

图 6-3 路由和远程访问服务器安装向导

在此，由于服务器是公网上的一台一般的服务器，不是具有路由功能的服
务器，是单网卡的，所以选择"自定义配置"单选按钮。单击"下一步"按钮，
如图 6-4 所示。

③ 这里选择"VPN 访问"复选框，只需要 VPN 的功能。单击"下一步"
按钮，在弹出的对话框中显示路由和远程访问服务已安装，如图 6-5 所示。

④ 单击"是"按钮，开始路由和远程访问服务。

（3）在服务器上添加 VPN 用户

每个客户端拨入 VPN 服务器都需要有一个账号，默认的是 Windows 身

笔 记

份验证，所以要给每个需要拨入到 VPN 的客户端设置一个用户，并为这个用户制订一个固定的内部虚拟 IP，以便客户端之间相互访问。

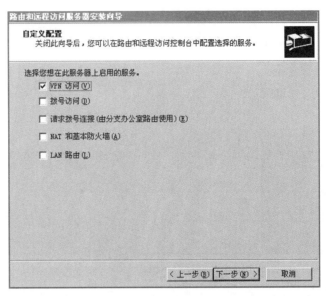

图 6-4　自定义配置

在"管理工具"中的"计算机管理"里添加用户，这里以添加一个 vpnuser 用户为例进行讲解。

先新建一个名为 vpnuser 的用户，创建好后，查看这个用户的属性，在"拨入"选项卡中进行相应的设置，远程访问权限设置为"允许访问"，以允许这个用户通过 VPN 拨入服务器。

选择"分配静态 IP 地址"复选框，并设置一个 VPN 服务器中静态 IP 池范围内的一个 IP 地址，这里设为 10.1.1.30，如图 6-6 所示。

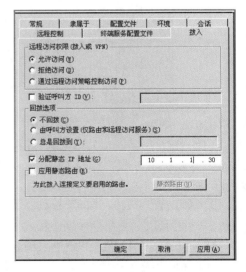

图 6-5　路由与远程访问服务开启确认　　　　图 6-6　"拨入"选项卡

如果有多个客户端机器要接入 VPN，请给每个客户端都新建一个用户，并设定一个虚拟 IP 地址，各个客户端都使用分配给自己的用户拨入 VPN，这样各个客户端每次拨入 VPN 后都会得到相同的 IP。如果用户未设置为"分配静态 IP 地址"，客户端每次拨入到 VPN，VPN 服务器会随机给这个客户端分配一个范围内的 IP。

（4）配置 Windows XP 客户端

客户端可以是 Windows 2003，也可以是 Windows XP，设置几乎相同，这里以 Windows XP 客户端设置为例进行讲解。

选择"程序"→"附件"→"通信"→"新建连接向导"菜单命令，启动连接向导。在弹出的对话框里选择"连接到我的工作场所的网络"单选按钮，这个选项是用来连接 VPN 的。单击"下一步"按钮，如图 6-7 所示。

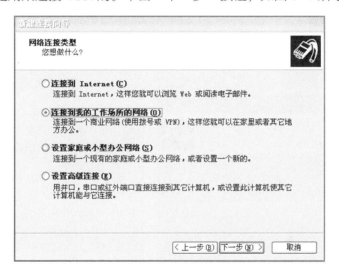

图 6-7　在 Windows XP 中新建连接向导

在弹出的对话框中选择"虚拟专用网络连接"单选按钮，单击"下一步"按钮，如图 6-8 所示。

弹出"连接名"对话框，填入连接名称 vpnnet，单击"下一步"按钮。在弹出的对话框中填入 VPN 服务器的公网 IP 地址，如图 6-9 所示。

单击"下一步"按钮，完成新建连接。在"控制面板"的"网络连接"中的"虚拟专用网络"下面可以看到刚才新建的 vpnnet 连接。在 vpnnet 连接上右击，在弹出的快捷菜单中选择"属性"命令，在弹出的对话框中单击"网络"标签，打开"网络"选项卡，然后选中"Internet 协议（TCP/IP）"，单击"属性"按钮，在弹出的对话框中再单击"高级"按钮，在打开的对话框中取消选中"在远程网络上使用默认网关"复选框，如图 6-10 所示。

如果不取消选中"在远程网络上使用默认网关"复选框，客户端拨入到 VPN 后，将使用远程的网络作为默认网关，导致的后果就是客户端只能连通虚

笔记

拟局域网而上不了因特网了。

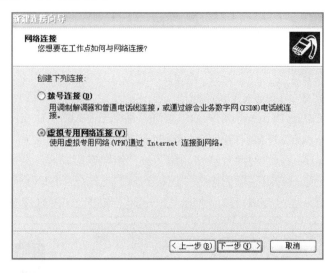

图 6-8 虚拟专用网络连接选项

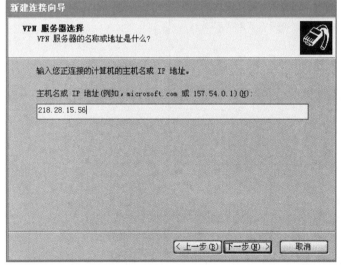

图 6-9 选择 VPN 服务器

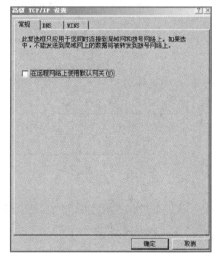

图 6-10 VPN 连接属性

下面就可以开始拨号进入 VPN 了。双击 vpnnet 连接，输入分配给这个客户端的用户名和密码，拨通后在任务栏的右下角会出现一个网络连接的图标，表示已经拨入到 VPN 服务器了。

一旦进入虚拟局域网，就可以根据自己的需要共享公司计算机的资源。

6.6 广域网优化技术

随着互联网的发展和企业竞争的加剧，广域网优化技术有着广阔的运用前

景，并在近几年成为广域网技术的热点。本节重点阐述广域网最新优化技术的
实现原理。

1. 广域网优化概述

随着各个行业内企业之间的竞争不断加剧，企业正努力提高劳动生产率，
削减成本。同时，其他一些趋势也正在加速推动更透明、性能更好和更易管理
的广域网的需求。这些趋势要求包括对 IT 规范的遵从、业务连续性的需求，以
及基于网络的企业应用，这些应用需要通过网络连接来响应应用接入。随着更
多、更新的企业应用不断出现，企业全球化的趋势需要共享和利用企业的核心
系统应用，广域网络的局限性越来越明显。

在局域网中，带宽不是问题，现在的网络已经能够提供 100Mbit/s、
1000Mbit/s 到桌面，甚至在不久的将来，万兆到桌面也是有可能的。而在广域
网方面，大多数的企业用户还是采用 2Mbit/s 甚至是 n×64kbit/s 的电路，一
般不会超过 10Mbit/s 业务，主要原因是广域网增加带宽所需的代价比局域网中
大得多。由此造成的问题是一些在企业网中运行得非常好的应用系统，在广域网
中运行时就遇到了各种瓶颈，包括性能和服务质量的下降以及安全性问题。

同时，在广域网中，光解决带宽并不能解决所有的问题，在广域网中，还
存在有时延等问题。而传统网络中的很多应用系统，由于自身结构的局限性，
如 TCP/IP 技术传统的"呼叫、应答、握手"模式，中间存在许多时间的消耗，
使得很多系统即使在高带宽的情况下，性能也上不去。因此，解决系统性能受
广域网限制的技术开始浮出水面，并逐渐形成一个细分的市场，这就是广域网
优化技术市场。

2. 实现原理

广域网优化技术从广义上来讲，并不是一种新技术，而是在互联网开始出
现时就存在了。近几年的广域网优化技术主要有以下几种。

（1）合成加速

将所有的网络应用层解决方案整合为一个单一架构，包括负载均衡、TCP
多路技术、SSL 协议加速、网络和协议安全等，使服务器簇的负载降低到最小，
有效地增加了服务器的容量，加速数据的处理速度，减少在广域网上的数据量。
采用以上方式通常会使当前服务器的可用容量加倍，网页下载时间减少近半。

（2）压缩

通常，广域网连接一般只提供局域网带宽的 1%或者更少，但是广域网上
运行的应用却比局域网丰富得多。采用压缩技术能够克服带宽引起的一些局限
性，但同时带来的一个问题就是延时。延迟时间是通过往返时间（RTT）来度
量的，即一个数据包穿过网络从发送器传输到接收器的时间。互联网上的所有
应用都对延迟时间敏感。延迟时间再加上某些应用协议中的 Ping-Pong 行为，
如微软的 Exchange 和 Windows 文件共享，将直接导致分支机构雇员访问应
用性能的下降。

笔 记

（3）带宽分配和 QoS 工具

与流量压缩一样，流量优化有助于减轻带宽的竞争。对于宝贵的 WAN 网带宽，应用之间会有竞争。控制竞争的一个有效方法是利用带宽分配和服务质量（QoS）工具。IT 人员能够应用业务规则分配 WAN 网上应用的优先级，确保该应用能够获得足够的带宽，从而提高与业务紧密相关的生产率。

（4）最新的广域网优化技术

以上是一些传统的广域网优化手段，除了以上方式，近年来出现了一些新的技术，以加快互联网信息的传输。广域网优化技术的设计灵感来源于生物技术，主要借鉴 DNA 模式识别技术的原理，发现在互联网传输的信息中存在长串的重复数据，这些数据影响了网络传输的响应时间。广域网优化技术通过清除广域网上重复的数据流，可以解决广域网用户面临的应用性能缓慢、流量拥塞等难题，从而让广域网具有局域网一样的应用性能，大幅度提升企业的商业运行效率。

在广域网中传输的是数据包，优化技术是把数据包拆分成很多"碎片"，并对各"碎片"分配唯一指针，将指针分别存储在本地设备和目的地接收设备中，当具有相同指针的内容再次需要传输时，只传输指针到目的地，接收设备便根据指针在本地的设备中提取出内容。只要"碎片"足够小，传递内容相同的概率就会足够大。对于同一个用户而言，往往需要频繁传输相同或相似信息，效果非常明显。举一个简单的例子，如对于 PPT 文件来讲，所有页码中 Logo、表头、表尾内容都是相同的，不需要重传，并且对再次更改的 PPT，往往只是更改了非常少的内容，再次传送时实际上仅需要传送更改的内容即可。

这类技术可支持很多的 TCP 应用，包括 Microsoft Office、Lotus Notes、CAD、ERP、FTP 和 HTTP 等，它能保证同一份数据在广域网上绝对不需要重复传送，同时该类技术对各种单独的网络运用进行了分析，调整各类应用的 TCP 的窗口，保证将延时降低到最小。

3. 设备部署方式

广域网优化技术适合的用户群体比较庞大，一般来讲，设备的部署并不复杂，最典型的方法是放在路由器的后端。在每个远程节点，只需直接和路由器相连即可，对于原有网络和应用无须进行任何修改，并且对服务器和终端都是透明的。从安装角度来看，非常简单易行。但是，由于广域网优化设备的特点，这类设备的部署都需要成对出现。一般来说，该设备的部署需要在总部和分支机构各放一台设备。

4. 运用前景

由于广域网优化设备没有统一的标准，所以可以有不同的实现方法。对于简单的优化处理（如仅仅为压缩），可以和网络设备、安全设备进行集成；对于复杂的处理，由于对 CPU、内存、硬盘有极大的要求，因此还是单独存在比较合理，能够更加灵活地配置在用户的现有网络环境中，而对用户的现有网络改动性可以做到最小。

随着业务的发展，当前公司的分支机构已经越来越多，而数据大集中已经是大势所趋。应用越来越复杂，若单单凭着增加带宽则要大大增加用户的运营负担，延迟问题有时却无法解决，故会有很多用户选择这一技术。广域网优化设备当前的价位还比较高，随着广域网优化技术应用的成熟，设备的价格将大大降低，应用前景看好。

笔记

6.7 接入网技术

网络为人们的生活和学习带来了方便，提供了便捷、高效率的服务，将一个单位的各部门连接成一个统一的整体，增强了组织信息化、数字化的工作流程，提高了工作效率，节省了办公经费。

随着网络技术和通信技术的高速发展，特别是 Internet 的飞速发展，全球一体化的学习和生活方式凸显出来。人们不再仅仅满足于单位内部网络的信息共享，更需要和单位外部的网络，甚至世界各地的远程网络互相连接，享受一体化、全方位的信息服务。

那么，有哪些方式和如何接入到 Internet 呢？Internet 接入技术很多，除了传统的拨号接入外，目前正广泛兴起的宽带接入充分显示了其不可比拟的优势和强劲的生命力。宽带是一个相对于窄带而言的电信术语，为动态指标，用于度量用户享用的业务带宽，目前国际上还没有统一的定义，一般而论，宽带是指用户接入传输速率达到 2Mbit/s 及以上、可以提供 24 小时在线的网络基础设备和服务。

接入网负责将用户的局域网或计算机连接到骨干网。它是用户与 Internet 连接的最后一步，因此又称为最后一公里技术。

宽带接入技术主要包括以现有电话网铜线为基础的 xDSL 接入技术、以电缆电视为基础的混合光纤同轴（HFC）接入技术、以太网接入技术、光纤接入技术等多种有线接入技术以及无线接入技术。

1. 接入网的概念和结构

接入网（Access Network，AN）也称为用户环路，是指交换局到用户终端之间的所有通信设备，主要用来完成用户接入核心网（骨干网）的任务。国际电联电信标准化部门（ITU-T）G.902 标准中定义接入网由业务节点接口（Service Node Interface，SNI）和用户网络接口（User to Network Interface，UNI）之间一系列传送实体（诸如线路设备和传输）构成，具有传输、复用、交叉连接等功能，可以被看做与业务和应用无关的传送网。它的范围和结构如图 6-11 所示。

图 6-11 核心网与用户接入网示意图

Internet 接入网分为主干系统、配线系统和引入线三部分。其中，主干系统为传统电缆和光缆；配线系统也可能是电缆或光缆，长度一般为几百米；而引入线通常为几米到几十米，多采用铜线。其物理参考模型如图 6-12 所示。

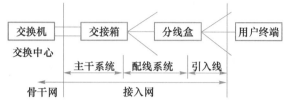

图 6-12　接入网的物理参考模型

2. 接入网的接口

接入网所包括的范围可由 3 个接口来标志。在网络端，它通过节点接口 SNI 与业务节点（Service Node，SN）相连；在用户端，经由用户网络接口 UNI 与用户终端相连；而管理功能则通过 Q3 接口与电信管理网（Telecommunication Management Network，TMN）相连。图 6-13 显示了接入网这 3 个接口的位置。

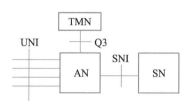

图 6-13　接入网的接口

3. 接入网的分类

接入网根据使用的媒质可以分为有线接入网和无线接入网两大类。其中，有线接入网又可分为铜线接入网、光纤接入网和光纤同轴电缆混合接入网等；无线接入网又可分为固定接入网和移动接入网。

6.8　几种常见的接入方式

1. ADSL 接入技术

数字用户线路（Digital Subscriber Line，DSL）是通过铜线或者本地电话网提供数字连接的一种技术。迄今为止，世界各国已相继开发出了 HDSL、SDSL、VDSL、ADSL 与 RADSL 等多种不同类型的 DSL 接入技术。这些统称为"xDSL"的 DSL 接入技术的基础系统架构与原理基本上是相似的，所不同的只是这几种技术在信号传输速率与距离、具体实现方式及上、下行速率的对称性等方面有所区别而已。这里主要介绍 ADSL。

微课　ADSL

（1）ADSL 简介

ADSL（Asymmetric Digital Subscriber Line，非对称数字用户线）是

一种速率非对称的铜线接入网技术，它利用数字编码技术从现有铜质电话线上获取较大数据传输速率，同时又不干扰在同一条线上进行的常规语音业务。ADSL 在铜质电话线上创建了可以同时工作的 3 个信道，即高速下传信道（High Speed Downstream）、中速双工信道（Medium Speed Duplex）和 POTS 信道（它用以保证即使 ADSL 连接失败时，语音通信仍能正常运转）。ADSL 采用了高级的数字信号处理技术和新的算法压缩数据，使大量信息得以在网上高速传输。

ADSL 被欧美等发达国家誉为"现代信息高速公路上的快车"，因具有下行速率高、频带宽、性能优等特点而深受广大用户的喜爱，成为继 Modem、ISDN 之后的一种全新的、更快捷与更高效的接入方式。

ADSL 是一种非对称的 DSL 技术，所谓非对称是指用户线的上行速率与下行速率不同，上行速率低，下行速率高，特别适合传输多媒体信息业务，如视频点播（VOD）、多媒体信息检索和其他交互式业务。ADSL 在一对铜线上支持上行速率 512kbit/s～1Mbit/s，下行速率 1～8Mbit/s，有效传输距离在 5km 以内。

现在比较成熟的 ADSL 标准有两种——G.DMT 和 G.Lite。G.DMT 是全速率的 ADSL 标准，支持 8Mbit/s／1.5Mbit/s 的高速下行/上行速率，但是，G.DMT 要求用户端安装 POTS 分离器，比较复杂且价格昂贵；G.Lite 标准速率较低，下行/上行速率为 1.5Mbit/s／512kbit/s，但省去了复杂的 POTS 分离器，成本较低且便于安装。就适用领域而言，G.DMT 比较适用于小型或家庭办公室（SOHO），而 G.Lite 则更适用于普通家庭用户。

ADSL 是目前众多 DSL 技术中较为成熟的一种，其带宽较大、连接简单、投资较小，因此发展很快。目前，国内的电信部门推出的 ADSL 宽带接入服务已经是全国主流的上网方式。但从技术角度看，ADSL 对宽带业务来说只能作为一种过渡性方法。ADSL 技术的主要特点是可以充分利用现有的铜缆网络（电话线网络），在线路两端加装 ADSL 设备即可为用户提供高宽带服务。ADSL 的另外一个优点在于它可以与普通电话共存于一条电话线上，在一条普通电话线上接听、拨打电话的同时进行 ADSL 传输而又互不影响。用户通过 ADSL 接入宽带多媒体信息网与因特网，同时可以收看影视节目，举行一个视频会议，还可以通过很高的速率下载数据文件。用户还可以在这同一条电话线上使用电话而又不影响以上所说的其他活动，安装 ADSL 也极其方便快捷。在现有的电话线上安装 ADSL，除了在用户端安装 ADSL 通信终端外，不用对现有线路作任何改动。使用 ADSL 技术，通过一条电话线，以比普通 Modem 快 100 倍的速度浏览因特网，通过网络学习、娱乐、购物，享受到先进的数据服务（如视频会议、视频点播、网上音乐、网上电视、网上 MTV）的乐趣，已经成为现实。

（2）ADSL 和电话语音共存

由于 ADSL 可以借用 POTS 的传统电话线路，所以可以和 POTS 共存。

笔记

但是共存会带来一些问题。首先铜线在用于老式电话部署的时候，负载线圈被用在长距离环路中放大和平滑在语音频带高频段的线路响应，但在 DSL 中必须从本地环路中取消负载线圈。

在连接和断开环路电缆的某些部分的过程中，有些开线路可能被误搭到工作线对上，导致环路频率响应出现变化。同时照明和交换设备的瞬时开关也会导致脉冲噪声，双绞线的 RF 干扰也非常明显。所以，ADSL 和 POTS 共存时会带来很多问题。ISP 面临一个巨大的挑战——如何为更多的用户提供 DSL 业务。由于 DSL 受杂音干扰，需要用户在离 CO 相对较近的距离才能取得较好的服务质量。对于 ADSL，当 10^{-7} 的误码率不能被维持的时候，可以使用自动降低速率的方法来维持。

为了在电话线上分隔有效带宽，产生多路信道，ADSL 调制解调器一般采用两种方法实现，即频分多路复用（FDM）或回波消除（Echo Cancellation）技术。FDM 在现有带宽中分配一段频带作为数据下行通道，同时分配另一段频带作为数据上行通道。下行通道通过时分多路复用（TDM）技术再分为多个高速信道和低速信道。同样，上行通道也由多路低速信道组成。而回波消除技术则使上行频带与下行频带叠加，通过本地回波抵消来区分两频带。当然，无论使用两种技术中的哪一种，ADSL 都会分离出 4kHz 的频带用于电话服务（POTS），这样就在保证语音传输的前提下，提供了数据传输服务，如图 6-14 所示。

图 6-14　ADSL 数据和语音传输

（3）ADSL Modem

在用户端，ADSL 接入方式的核心设备就是 ADSL Modem。ADSL Modem 和原来的 Modem 一样，有内置和外置之分。

内置方式的 ADSL Modem 是一款内置板卡，如图 6-15 所示。安装在计算机主板插槽上。内置 ADSL Modem 卡大多数内置了滤波分离器，在卡后有两个 RJ45/RJ11 的标准插孔，标注为 Line 的一般就直接连接 ADSL 电话线；标注为 PHONE 的接电话机，但由于受性能影响，目前不常见。

外置方式的 ADSL Modem 还可以根据不同的计算机接口划分为以太网 RJ-45 接口类型和 USB 接口类型。目前最常用的是以太网 RJ-45 接口类型，如图 6-16 所示。把 ISP 提供的含 ADSL 功能的电话线接入滤波分离器的 LINE 接口，把普通电话接入 PHONE 接口，电话部分完全和普通电话一样使用就行了，用准备好的 100Mbit/s 网线从滤波分离器的 Modem 接口连接到 ADSL Modem 的 ADSL 接口，再用另一根网线把网卡和 ADSL Modem 的 10BaseT 接口连接起来，最后接上电源，查看 Modem 面板的指示灯看是否工作正常。

图 6-15 内置 ADSL Modem

图 6-16 外置 ADSL Modem

（4）ADSL 的主要优缺点

ADSL 的主要优点如下。

① 可直接利用现有的用户电话线，无须另外敷设电缆进行网络改造，节省投资。

② ADSL 具有较高的传输速度。其下行速率为 1~8Mbit/s，上行速率为 512kbit/s~1Mbit/s，特别适合于 Internet 高速冲浪、宽带视频点播、远程局域网控制等应用，可以满足绝大多数用户的带宽需求。

③ ADSL 安装、连接简单。用户只要有一部电话，再购买一块以太网卡和一只 ADSL Modem 即可。

④ 可以实现上网和打电话互不影响，即"一线双通"，而且上网时不需要另交电话费。ADSL 数据信号和电话音频信号以频分复用原理调制于各自频段，互不干扰。

⑤ ADSL 独享高带宽，以超高速上网（比普通 Modem 高数十倍到上百倍），安全可靠。

任何技术都不是十全十美的，ADSL 接入技术也一样，它也同样存在着不足，主要表现在以下两方面。

① 传输距离较近。目前 ADSL 的传输距离还比较短，通常要求在 5km 以内，即用户端到电信公司的 ADSL 局端距离在 5km 以内。

② 传输速率不够高。前面提到的 ADSL 的上行和下行速率都是理论值，实际上要受到许多因素的制约，远不如这个值。

（5）ADSL 宽带接入方式

ADSL 接入 Internet 主要有虚拟拨号和专线接入两种方式。采用虚拟拨号方式的用户使用类似 Modem 的拨号程序，在使用习惯上与原来的方式没什么不同。采用专线接入的用户只要开机即可接入 Internet。ADSL 根据它接入互

笔 记

联网方式的不同，所使用的协议也略有不同。当然，不管 ADSL 使用怎样的协议，它都是基于 TCP/IP 这个最基本的协议的，并且支持所有 TCP/IP 程序应用。

1）ADSL 虚拟拨号接入

顾名思义，ADSL 虚拟拨号接入就是上网的操作和普通 56kbit/s Modem 拨号一样，有账号验证、IP 地址分配等过程。但 ADSL 连接的并不是具体的 ISP 接入号码，如 00163 或 00169，而是 ADSL 虚拟专网接入的服务器。根据网络类型的不同又分为 ADSL 虚拟拨号接入和 Ethernet 局域网虚拟拨号方式两类。局域网虚拟拨号方式具有安装维护简单等特点。

PPPoE 拨号目前成为 ADSL 虚拟拨号的主流，并有一套自己的网络协议来实现账号验证、IP 分配等工作，这就是目前 ADSL 虚拟拨号应用的主流 PPPoE 协议。PPPoE（Point to Point Protocol over Ethernet，基于局域网的点对点通信协议）是为了满足越来越多的宽带上网设备和越来越快的网络之间的通信而最新制定开发的标准。

PPPoE 基于两个已被广泛接受的标准，即以太网和 PPP 点对点协议。对于最终用户来说，不需要深入了解局域网技术，只需要当做普通拨号上网就可以了；对于服务商来说，在现有局域网基础上不需要花费巨资来做大面积改造，设置 IP 地址绑定用户等来支持专线方式。这就使得 PPPoE 在宽带接入服务中比其他协议更具有优势，因此逐渐成为宽带上网的最佳选择。

PPPoE 的实质是以太网和拨号网络之间的一个中继协议，它继承了以太网的快速和 PPP 的拨号简单、身份验证、IP 自动分配等优势。

在实际应用上，PPPoE 利用以太网络的工作机理，将 ADSL Modem 的 10Mbit/s 接口与内部以太网络互连，在 ADSL Modem 中采用 RFC1483 的桥接封装方式对终端发出的 PPP 包进行 LLC/SNAP 封装后，通过连接两端的 PVC 在 ADSL Modem 与网络侧的宽带接入服务器之间建立连接，实现 PPP 的动态接入。

PPPoE 接入利用在网络侧和 ADSL Modem 之间的一条 PVC 就可以完成以太网络上多用户的共同接入，使用方便，实际组网方式也很简单，大大降低了网络的复杂程度。PPPoE 具备了以上这些特点，所以成为了当前 ADSL 宽带接入的主流接入协议。目前的虚拟拨号都是基于此协议。

2）ADSL 专线接入

ADSL 专线接入是 ADSL 接入方式中的另一种。它不同于虚拟拨号方式，是采用一种直接使用 TCP/IP 类似于专线的接入方式。用户连接和配置好 ADSL Modem 后，设置好自己计算机的 TCP/IP 及网络参数（IP 和掩码、网关等都由局端事先分配好），开机后，用户端和局端会自动建立起一条链路。所以，ADSL 的专线接入方式是有固定 IP、自动连接等特点的类似专线的方式。

具备固定 IP 地址的 ADSL 专线接入方式一般被 ISP 应用在需求较高的网吧、大中型企业宽带应用中，其费用相比虚拟拨号方式一般更高，所以个人用户一般很少考虑采用。

3）ADSL 局域网接入

ADSL 局域网接入只是 ISP 对 ADSL 接入方式的一种拓展，ADSL 要提供局域网的接入可通过以下 3 种方法来实现。

① 在服务器上增加一块 10Mbit/s 或 10/100Mbit/s 自适应的网卡，把 ADSL Modem 用 Modem 附送的网线连接在这块网卡上，这时服务器上应该有两块网卡，一块连接 ADSL Modem，另一块连接局域网。只要在这台计算机上安装设置好代理服务器软件，如 Windows ICS、Sygate、Wingate 等软件，就可以共享上网。

② 采用专线方式，为局域网上的每台计算机向电话局申请 1 个 IP 地址，这种方法的好处是无须设置一台专用的代理服务网关，缺陷是费用较高。

③ 启动一些以太网接口 ADSL 所具备的路由功能，然后用连接 ADSL Modem 的网线直接接在交换机的 UP-LINK 口上，通过交换机共享上网。这种方法的好处是局域网计算机的数目不受限制，只需多加一台交换机。

2. Cable Modem 接入技术

在"三网合一"的工程之中，对原有的 CATV（Community Antenna Television）进行技术改造，将同轴电缆划分为三个带宽，使之在传送模拟 CATV 信号的同时也传送非对称的数字信号。数字信号在电视模拟信号所占频带（50~550MHz）的两侧进行传送，这就是 Internet 宽带接入的一种方案——光纤同轴混合网（Hybrid Fiber Coax，HFC）。

（1）HFC 传输系统

在 HFC 宽带接入系统中，本地电信局到路边或本地电信局到小区的干线部分采用光缆传输 Internet 信号至路边或者小区的光节点处。在每一个光节点上配置有光信号转换设备，负责将电视信号和数据信号进行转换。每个光节点再通过 75Ω 的同轴电缆连接到各个用户。同一光节点中的所有用户构成了一个总线型的局域网，这一节点内的带宽由全体用户共享。用户计算机则通过一种专用设备线缆调制解调器（Cable Modem）连接光节点。

（2）了解 Cable Modem

用户端的 Cable Modem（简称 CM），中文名称为电缆调制解调器、线缆调制解调器、线缆数据机，是用户上网的主要设备。它是基于有线电视网络接入技术的光纤／同轴电缆混合网技术的一种互联网宽带接入方式，主要用于通过有线电视的 HFC 网络传输高速数据服务业务。

Cable Modem 是一种适用于 HFC 的调制技术、允许用户通过有线电视网进行高速数据接入 Internet 的设备，在 50MHz 以上的频段（多在 550MHz 以上）用电视的 6MHz 带宽提供一个下行信道，在 5~50MHz 频段开辟一个上行通道。采用 64QAM 调制可使下行通道的速率达到 36Mbit/s，上行速率达到 10Mbit/s。其次，Cable Modem 只占用了有线电视系统可用频谱中的一小部分，因而在上网时不影响收看电视。计算机可以全天 24 小时停留在网上，不发送或接收数据时不占用任何网络和系统资源。

Cable Modem 的外形和 ADSL Modem 基本相同，只是接口不一样。它一般有两个接口，一个用来接室内墙上的有线电视端口，另一个与计算机相连。为了满足不同用户的需要，Cable Modem 也有内置、外置之分。

外置 Cable Modem 目前也有两种与计算机连接的接口：以太网的 RJ-45 接口和 USB 接口。它们分别用于与计算机以太网卡和计算机 USB 接口连接，以实现与计算机的连接。以太网接口的 Cable Modem 需要外接电源，由一个直流变压器提供。USB 接口的 Cable Modem 不需要另外接电源。

（3）Cable Modem 的数据传输模式

Cable Modem 的传输方式分为对称式传输和非对称式传输。

对称式传输是指上/下行信号各占用一个普通频道 6MHz（或 8MHz）带宽。对称式传输速率为 2~4Mbit/s，最高能达到 10Mbit/s。

非对称式传输是指上行与下行信号占用不同的传输带宽。由于用户上网发出请求的信息量远远小于信息下行量，非对称式传输既能满足客户信息传输的要求，又避开了下行通道带宽相对不足的问题。采用频分复用、时分复用和新的调制方法，每 6MHz（或 8MHz）带宽下行速率可达 30Mbit/s 以上（如 16QAM 下行数据传输速率为 10Mbit/s，64QAM 下行数据传输速率为 27Mbit/s，256QAM 下行数据传输速率为 36Mbit/s），上行传输速率为 512kbit/s~2.56Mbit/s。

总体上讲，非对称式传输比对称式传输有着更大的应用范围，它可以开展电话、高速数据传递、视频广播、交互式服务和娱乐等服务，能最大限度地利用可分离频谱，按客户需要提供带宽。

（4）HFC 接入的主要特点

综合来看，通过 HFC 接入互联网，具有以下特点。

① Cable Modem 是通过有线电视网来接入互联网的宽带接入设备，它不占用电话线，但需要有线电视电缆。

② Cable Modem 是集 Modem、调谐器、加/解密设备、桥接器、网络接口卡、虚拟专网代理和以太网集线器的功能于一身的专用设备。

③ 始终在线连接，用户不用拨号，打开计算机即可以与互联网连接，就像打开电视机就可以收看电视节目一样。

④ Cable Modem 的传输距离可达 100km。Cable Modem 的连接速率高。

⑤ Modem 采用总线型的网络结构，是一种带宽共享方式上网，具有一定的广播风暴风险。

⑥ 服务内容丰富，不仅可以连接互联网，而且可以连接到有线电视网上的丰富内容，如在线电影、在线游戏、视频点播等。

3. 专线接入技术

和家庭接入 Internet 相比，网吧或中型单位局域网需要提供给用户更高的带宽、更稳定的接入质量，而且有更多的计算机需要同时接入 Internet，此时

ADSL 接入速度已经无法满足该网络环境的用户需求，而专线接入技术则能很好地解决这个问题。

专线接入除了能为用户提供较高的带宽外，还能够让用户与 Internet 保持相对永久的通信连接，还能让用户对外提供一些服务。专线接入通常以局域网为单位进行，整个网络通过路由器接入到 Internet，该网络中的所有计算机便成为 Internet 中的一部分，享用 Internet 提供的全部服务。

专线接入技术主要支持 TCP/IP，并为接入的网络申请到唯一的 IP 地址。租用专线必须向当地电信部门申请安装，IP 地址可在申请转入网的同时向上述机构申请。专线接入适合业务量大的单位和机构等团体用户使用。

（1）专线接入概念

专线接入技术指用户通过相对永久的通信线路接入 Internet。专线接入技术与电话拨号接入技术的最大区别在于：专线用户与 Internet 之间保持着相对永久的通信连接，并且可以获得固定的 IP 地址。

专线用户可以随时访问 Internet，不需要像使用电话拨号接入技术的用户那样，需要访问时才建立与 Internet 的连接。而且由于专线用户是 Internet 中相对稳定的组成部分，因而专线用户可以比较方便地向 Internet 的其他用户提供信息服务。

以下类型的用户需要通过专线接入 Internet。

① 希望有更大的带宽。

② 希望能一直连接 Internet。

③ 希望在 Internet 上提供一些信息服务，如 Web 服务、网络游戏服务等。

（2）常见的专线服务业务

以下几种专线技术最为常见。

① DDN（数字数据网）提供的专用数字电路：DDN 常见的带宽一般以 64kbit/s 为单位成倍递增，最高为 2Mbit/s。

② 普通电话网络提供的专线业务（ADSL）：ADSL 专线的上传速率为 1Mbit/s，下载速率为 2Mbit/s。

③ 光纤宽带直接接入（ChinaNET 的局端与客户之间完全或者部分使用光纤传输）。能提供 1000Mbit/s 的访问带宽，可以根据用户的需要提供不同的带宽限速需求，同时根据申请的不同贷款缴纳不同的租用费用，如很多高校都申请百兆带宽接入 Internet。

目前国内主要的专线提供者是电信、联通、移动等全国性的电信运营商，以及一些地方性的小运营商，它们租用大电信运营商的线路，自行开展接入业务，如长城宽带等。

（3）光纤以太网接入技术

光纤接入方式是宽带接入网的发展方向，但是光纤接入需要对电信部门过去的铜揽接入网进行相应的改造，所需投入的资金巨大。

笔 记

1）FTTx 概述

光纤接入分为多种情况，可以表示为 FTTx，其中的 FTT 表示 Fiber TO The，x 可以是路边（Curb，C）、大楼（Building，B）和家（Home，H），如图 6-17 所示。

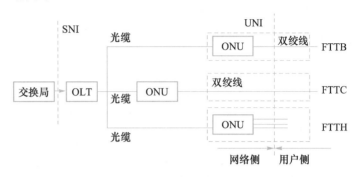

图 6-17　光纤接入

图 6-17 中 OLT（Optical Line Terminal）为光线路终端，ONU（Optical Network Unit）为光网络单元，SNI 是业务网络接口，UNI 是用户网络接口。ONU 是用户侧光网络单元，根据 ONU 位置的不同有三种主要的光纤接入网。

① 光纤到路边（FTTC）。

FTTC 是光纤与铜缆相结合的比较经济的方式。ONU 设置在路边的分线盒处，在 ONU 网络一侧为光纤，ONU 一侧为双绞线。提供 2Mbit/s 以下业务，典型的用户数为 128 以下，主要为住宅或小型企业单位服务。FTTC 适合于点到点或点到多点的树型分支拓扑结构。其中的 ONU 是有源设备，因此需要为 ONU 提供电源。

② 光纤到大楼（FTTB）。

FTTB 将 ONU 直接放到居民住宅楼或小型企业办公楼内，再经过双绞线接到各个用户。FTTB 是一种点到多点结构。

③ 光纤到户（FTTH）。

FTTH 是将 ONU 移到用户的房间内，实现了真正的光纤到用户。从本地交换机一直到用户全部为光纤连接，没有任何铜缆，也没有有源设备，是接入网发展的长远目标。

EPON（Ethernet-Based Passive Optical Network，以太无源光网络）是 PON（Passive Optical Network，无源光网络）的一种，是 FTTH 所采取的一种最佳的系统结构。10Gbit/s 以太网主干和城域环网的出现也将是 EPON 成为未来全光网络中最佳的最后一公里解决方案。

2）FFTx + LAN

以太网技术是目前具有以太网布线的小区、小型企业、校园中用户实现宽带城域网或广域网接入的首选技术。将以太网用于实现宽带接入，必须对其采用某种方式进行改造以增加宽带接入所必需的用户认证、鉴权和计费功能，目前这些功能主要通过 PPPoE 方式实现。

PPPoE 是以太网上的点到点协议的简称，它通过将 PPP 承载到以太网之上，提供了基于以太网的点对点服务。在 PPPoE 接入方式中，由安装在汇聚层交换机旁边的宽带接入服务器（Broadband Access Server，BAS）承担用户管理、用户计费和用户数据续传等所有宽带接入功能。BAS 可以与以太网中的多个用户端之间进行 PPP 会话，不同的用户与接入服务器所建立的 PPP 会话以不同的会话标识（Session ID）进行区分。BAS 对不同用户和其之间所建立的 PPP 逻辑连接进行管理，并通过 PPP 建立连接和释放的会话过程，对用户上网业务进行时长和流量的统计，实现基于用户的计费功能。

作为以太网和拨号网络之间的一个中继协议，PPPoE 充分利用了以太网技术的寻址能力和 PPP 在点到点链路上的身份验证功能，继承了以太网的快速和 PPP 拨号的简单、用户验证、IP 分配等优势，从而逐渐成为宽带上网的最佳方式。

图 6-18 所示的是一个简单的针对光纤到小区或大楼、5 类或超 5 类线到户的应用 PPPoE 接入服务器的例子。利用 FTTx + LAN 的方式可以实现千兆到小区、百兆到大楼、十兆到家庭的宽带接入方式。在城域网建设中，千兆位以太网已经布到了居民密集区、学校以及写字楼区。把小区内的千兆或百兆以太网交换机通过光纤连接到城域网，小区内采用综合布线，用户计算机终端插入 10/100M 的以太网卡就可以实现高速的网络接入，可以实现高速上网、视频点播、远程教育等多项业务。接入用户不需要在网卡上设置固定 IP 地址、默认网关和域名服务器，PPP 服务器可以为其动态指定。PPPoE 接入服务器的上行端口可通过光电转换设备与局端设备连接，其他各接入端口与小区或大楼的以太网相连。用户只要在计算机上安装好网卡和专用的虚拟拨号客户端软件后，拨入 PPPoE 接入服务器就可以上网了。

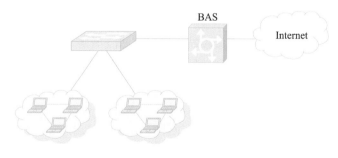

图 6-18　通过以太网接入 Internet

4. 电力线上网接入技术

（1）概述

电力线上网（Power Line Communication，PLC）是以电力线作为数据

和语音信号传输介质的一种通信方式。

电力线接入是把户外通信设备插入到变压器用户侧的输出电力线上，该通信设备可以通过光纤与主干网相连，向用户提供数据、语音和多媒体等业务。户外设备与各用户端设备之间的所有连接都可看成是具有不同特性和通信质量的信道，如果通信系统支持室内组网，则室内任两个电源插座间的连接都是一个通信信道。

电力线上网只用一台计算机、一个电力调制解调器（俗称电力猫），如图 6-19 所示，和一个常用的电线插板，不用任何网络线和电话线。终端用户只需要插上电源插头，就可以实现接入因特网，接收电视频道的节目，打电话或者是可视电话。当电力线空载时，点对点 PLC 信号可传输几千米。但当电力线上负荷很重时，只能传输一二百米。目前来讲，PLC 还不适合长距离的数据传输，但如果只在楼宇内应用，解决"最后一百米"的入户问题，还是完全可以胜任的。

图 6-19　电力猫

PLC 技术分为低压 PLC 和中压 PLC 两种。PLC 利用 1.6～30MHz 频带范围传输信号。在发送时，利用 GMSK 或 OFDM 调制技术将用户数据进行调制，然后在电力线上进行传输，在接收端，先经过滤波器将调制信号滤出，再经过解调，就可得到原通信信号。目前可达到的通信速率依照具体设备不同在 4.5～45Mbit/s 之间。

（2）电力线上网组网方法

使用 PLC 上网需要增加的设备有两种：PLC 的局端设备（电力路由器）和 PLC 调制解调器（电力猫）。其中，PLC 调制解调器放置在用户的家中，局端设备一般放置在楼宇的配电室内。一台局端设备可以拖带数十台 PLC 调制解调器。所以用户要想使用 PLC，需要运营商提供 Internet 出口，并在用户的楼宇中安置 PLC 的局端设备，用户购买或租用 PLC 的调制解调器后，就可以用 PLC 上网了。图 6-20 为电力线上网接入示意图。

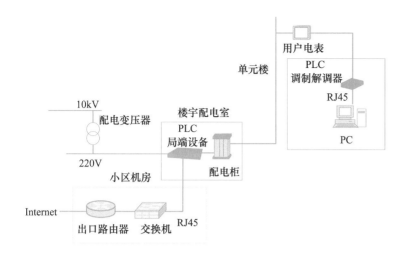

图 6-20 电力线上网接入示意图

5. 使用代理服务器接入

（1）代理服务器的工作过程

代理服务器接入是把局域网内所有需要访问网络的需求统一提交给局域网出口的代理服务器，由代理服务器与 Internet 上的 ISP 设备联系，然后将信息传递给提出需求的设备。例如，用户计算机需要使用代理服务器浏览 WWW 网络信息，用户计算机的 IE 浏览器不是直接到 Web 服务器上取回网页，而是向代理服务器发出请求，由代理服务器取回用户计算机 IE 浏览器所需要的信息，再反馈给申请信息的计算机，如图 6-21 所示。代理服务器能够让多台没有公网 IP 地址的计算机，使用代理功能高速、安全地访问 Internet。

图 6-21 代理服务器工作过程

从图 6-21 中可以看出，代理服务器是介于用户计算机和网络服务器之间的一台中间设备，需要满足局域网内所有计算机访问 Internet 服务的请求。因此，大部分代理服务器就是一台高性能的计算机，具有高速运转的 CPU 和大容量的高速缓冲存储器（Cache）。其中 Cache 存放最近从 Internet 上取回的信息，当网络内部的其他访问者申请相同信息时，不用重新从网络服务器上取数据，而直接将 Cache 上的数据传送给用户的浏览器，这样就能显著提高浏览速度和效率。

（2）代理服务器的功能

1）提高访问速度

客户要求的数据先存储在代理服务器的高速缓存中，下次再访问相同的数据时，直接从高速缓存中读取，对热门网站的访问，优势更加明显。

2）起到防火墙的作用

局域网内部使用代理服务器的用户，都必须通过代理服务器访问远程站点，因此在代理服务器上设置相应的限制，过滤或屏蔽掉某些信息，对内网用户访问范围进行限制，就可以起到防火墙的作用。

3）安全性得到提高

无论是上网聊天还是浏览网站，目的网络只能知道访问用户来自代理服务器，而无法知道用户的真实 IP，从而使用户的安全得到保障。

（3）代理服务器的工作原理

当局域网中的计算机需要访问 Internet 时，该计算机的访问请求首先发送到代理服务器，代理服务器查找本地的缓存，如果请求的数据（如 WWW 页面）可以查找到，则把该数据直接传给局域网中发出请求的计算机；否则代理服务器访问 Internet，获得相应的数据，并把这些数据发送给发出请求的计算机，同时把数据存储在本地缓存，代理服务器缓存中的数据会不断更新。

（4）代理服务器软件

代理服务器软件一般安装在一台性能比较突出，且同时装有调制解调器和网卡或者有两块网卡的高性能计算机上。局域网中的每一台计算机都作为客户机，必须拥有一个独立的 IP 地址，而且事先要在客户机软件中配置使用代理服务器，指向代理服务器的 IP 地址和服务端口号。当代理服务器启动时，将利用一个名为 Winsock 的动态连接程序来开辟一个指定的端口，等待用户的访问请求。

代理服务软件分为网关型代理服务软件与代理型代理服务软件两大类。

1）网关型代理服务软件

网关型代理服务软件的主要作用是实现端口地址转换（PAT，是 NAT 的一种），有时也称为软件路由。网关型代理建立在网络层上，安装、设置简单、性能好，但管理功能弱，客户机不需特别设置就可以实现浏览、FTP、SMTP、QQ 等全部上网功能。所以网关型代理又称为全透明代理。网关型代理软件有 Windows 自带的 ICS（Internet 连接共享）、Windows 2000／2003 的路由 Sygate、Winroute 等。

客户机配置：在使用网关型代理服务的网络中，客户机不需要特别的配置，只需设置好 TCP/IP，将默认网关地址设置为安装了网关型代理服务软件的主机的 IP 地址即可。

2）代理型代理服务软件

代理型代理服务软件的作用是代理客户机上网。它建立在应用层，安装、设置稍微复杂，管理功能强，对每一种应用，都要分别在服务器和客户端进行设置。默认只开通部分服务（如 HTTP、FTP 等）的代理，对某些服务（如 QQ 等），必须为客户机另行开通代理，而客户端也要对应用软件进行相应设置。代理型代理服务软件有 ISA Server、CCProxy、WinRouter、WinGate 等。

客户机配置：在使用代理型代理服务的网络中，客户机需要做一些特别的配置，不仅仅是 TCP/IP 的配置，对不同的网络应用软件（如浏览器、FTP 软件）也要分别进行配置。

在这里介绍两种通用的代理服务器软件。

① Windows 操作系统自带的 ICS 软件（Internet Connection Sharing）是 Windows 操作系统针对家庭网络或小型局域网提出的一种 Internet 连接共享服务软件。ICS 功能非常简单，配置也比较容易，是 Windows 2000 以上操作系统默认安装的服务。

② 第三方的代理服务器软件 Sygate：具有更加强大的功能，支持更多的用户代理上网，支持用户上网的安全访问控制，支持日志功能等。

技能实训

实训报告

PPT 课件

PPT

任务 1　把计算机连接到 Internet

【实训目的】

① 掌握 ADSL 接入 Internet 的方法。
② 掌握宽带专线接入 Internet 的方法。

【实训内容】

① 已向 ISP 申请并租用了 ADSL（Modem）专线或宽带专线 IP 地址。
② 在安装了 Windows Server 2003 系统的计算机上正确进行网络设置。
③ 通过专用 IP 地址的设置，利用 ADSL Modem 或宽带专线与 Internet 连接，实现单机上网。

笔 记

【实训设备】

ADSL 或宽带专线、ADSL Modem1 台、已安装 Windows XP 或 Windows Server 2003 操作系统的计算机 1 台。

【实训步骤】

1. 通过 ADSL 连接 Internet 的操作步骤

① 在计算机上，选择"开始"→"程序"→"附件"→"通信"→"新建连接向导"菜单命令，在打开的对话框中单击"下一步"按钮。

② 在如图 6-22 所示的对话框中，选择"连接到 Internet"单选按钮，再单击"下一步"按钮。

③ 在如图 6-23 所示的对话框中，选择"用要求用户名和密码的宽带连接来连接"单选按钮，单击"下一步"按钮。

④ 在"ISP 名称"文本框中输入连接名"ADSL"，如图 6-24 所示，单击"下一步"按钮。

笔 记

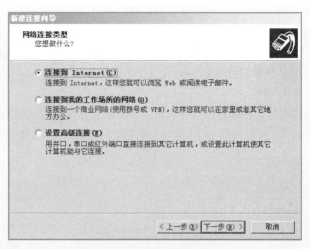

图 6-22 新建连接向导

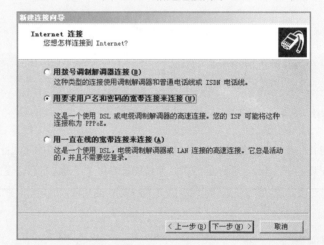

图 6-23 选择连接方式

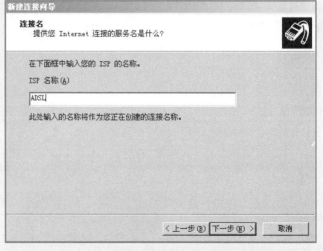

图 6-24 输入 Internet 连接的服务名

⑤ 可按需要选择用户连接，如图 6-25 所示，单击"下一步"按钮。

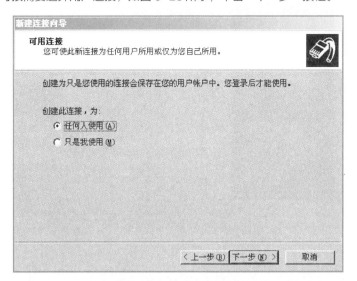

图 6-25　选择用户连接

⑥ 在"Internet 账户信息"向导中，输入租用的 ISP 账户名和密码，如图 6-26 所示，单击"下一步"按钮。

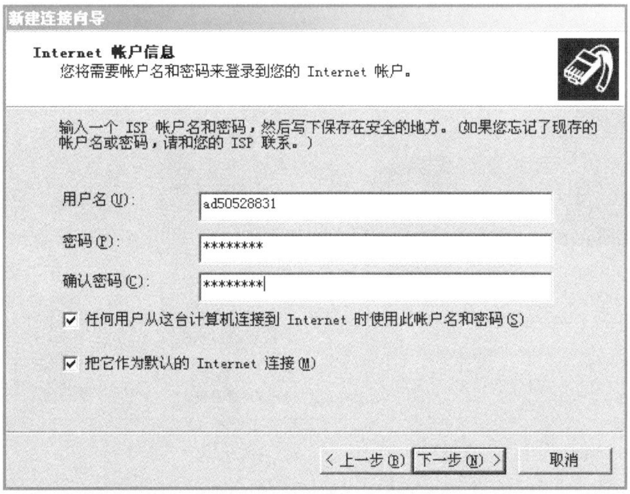

图 6-26　输入 ISP 账户名和密码

⑦ 显示 ADSL 连接设置的信息，单击"完成"按钮结束新建连接向导，如图 6-27 所示。

⑧ 双击桌面上名为"ADSL"的图标，出现如图 6-28 所示的连接对话框，单击"连接"按钮。如果连接上的话，将在任务栏右下角出现 ADSL 连接图标，表示此时已处于"连接"状态。

⑨ 打开 IE 浏览器，访问 Internet 上的网站。

图 6-27 完成 ADSL 连接配置

2. 通过宽带专线 IP 直接连接 Internet 的操作步骤

① 首先在计算机上选择一块网卡（如型号为"Realtek RTL8139"）连接 Internet，并按如图 6-29 所示进行 TCP/IP 网络设置（此 IP 地址为从 ISP 租用来的宽带专线地址，具体实训时根据自己的 IP 地址进行设置）。

图 6-28 "连接 ADSL"对话框

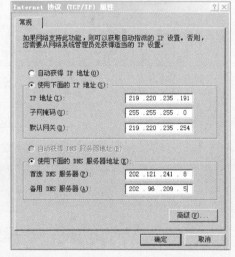

图 6-29 TCP/IP 网络设置

② 单击"确定"按钮后，计算机即可启动 IE 浏览器，访问 Internet 上的资源。

【问题与思考】

① 同样使用电话线作为传输介质，ADSL 的速率为什么比普通拨号上网快得多？

② 如果采用宽带专线上网，TCP/IP 网络设置全部设置完毕，但是打不开网页，请根据所学知识，列出可能的原因。

任务 2　使用 Internet 连接共享把局域网连接到 Internet

【实训目的】

熟悉通过 Internet 连接共享（ICS）实现局域网工作组内每台计算机上网的方法。

【实训内容】

① 通过 Internet 连接共享（ICS）实现局域网内每台计算机上网。

② 说明：

• 如果实验条件不允许，可采用演示的方法。

• 在每台计算机均可以连上 Internet 的情况下，也可采用一块网卡、两个 IP 地址（一个为外联的 IP 地址，另一个为内联的 IP 地址）。

• 通过 Internet 连接共享（ICS）不能与 Windows Server 2003 域控制器一起使用，因而本实验只适用于工作组网络。

【实训设备】

① 一个由安装了 Windows Server 2003、Windows 2000 Professional 和 Windows XP 操作系统的三台计算机组成的局域网工作组。

② 有宽带口，能访问 Internet。

③ 在局域网中，安装 Windows Server 2003 操作系统的计算机安装了两块网卡。

【实训步骤】

① 首先使 Windows Server 2003 服务器端的一块网卡连通 Internet，假定与此网卡对应的连接名称为"外联"，按图 6-29 所示进行 TCP/IP 网络配置。

② 使 Windows Server 2003 服务器端的另一块网卡（如"D-Link DFE-530TX"）连接局域网，假定与此网卡对应的连接名称为"内联"，其 TCP/IP 配置如图 6-30 所示。

③ 在 Windows Server 2003 服务器端，右击"外联"，在弹出的快捷菜单中选择"属性"命令，在弹出的"外联属性"对话框中，单击"高级"选项卡，在"Internet 连接共享"栏下选中"允许其他网络用户通过此计算机的 Internet 连接来连接"复选框，如图 6-31 所示。

④ 单击"确定"按钮后会弹出如图 6-32 所示的对话框，表示 ICS 启用后，会自动将内联网卡的 IP 地址改为"192.168.0.1"，某些协议、服务、接口和路由都将自动配置。如 DHCP 分配、DNS 代理、自动拨号功能等，用户在客户端计算机的网络配置中只选择"自动获得 IP 地址"和"自动获得 DNS 服务器地址"单选按钮，可重新将内联网卡的地址设回。

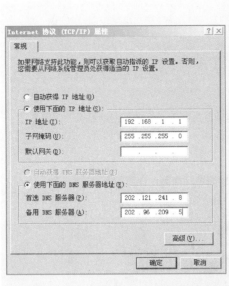 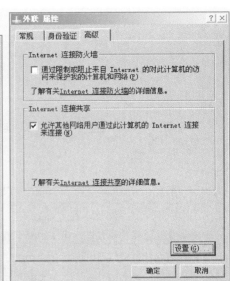

图 6-30 "内联"网卡的 TCP/IP 配置　　图 6-31 设置 Internet 连接共享（ICS）

图 6-32 设置共享提示

⑤ 在图 6-31 中可单击"设置"按钮，根据需要选择网络用户访问运行网络服务，如图 6-33 所示。

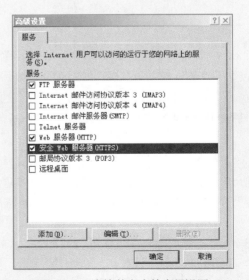

图 6-33 连接共享中的高级设置

⑥ 通常在 Windows 2000 Professional 或 Windows XP 客户端只需一块网卡，如果有两块网卡，则禁用一块未连接本地局域网的网卡。对 Windows 2000

Professional，将连接本组局域网的网卡（如"D-Link DFE-530TX"），其配置如图 6-34 所示。

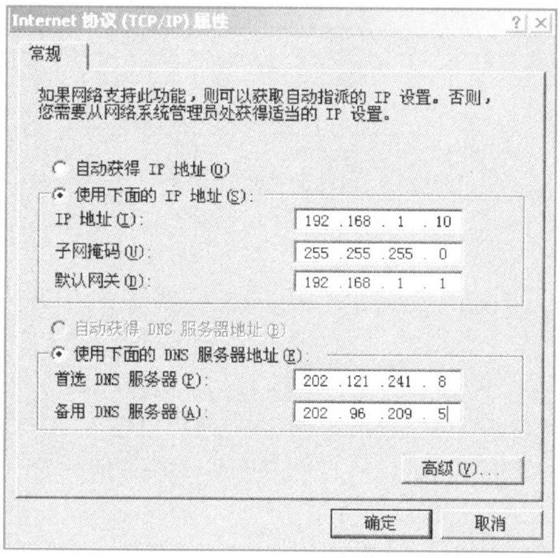

笔 记

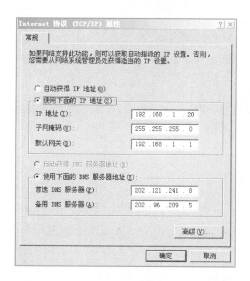

图 6-34　第 2 台计算机的 TCP/IP 配置

⑦ 对 Windows XP，将连接本组局域网的网卡（如"D-Link DFE-530TX"），其配置如图 6-35 所示。

图 6-35　第 3 台计算机的 TCP/IP 配置

⑧ 在 Windows 2000 Professional 或 Windows XP 客户端上启动 IE 浏览器，在"工具"菜单下选择"Internet 选项"命令，在弹出的"Internet 属性"对话框中单击"连接"选项卡，单击"局域网设置"按钮，如图 6-36 所示。

⑨ 在弹出的"局域网（LAN）设置"对话框中，所有复选框都不被选中。如图 6-37 所示，不需要任何设置，就可以使各工作站通过"Internet 连接共享"连接到 Internet。

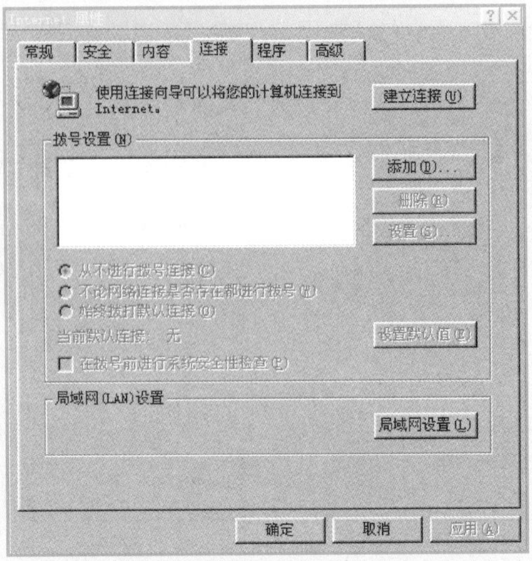

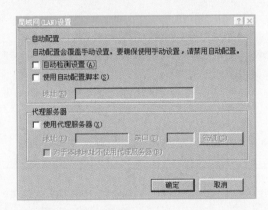

图 6-36 "Internet 属性"对话框中的连接设置

图 6-37 局域网（LAN）设置

【问题与思考】

有 2 位公司员工一起出差，每个人都带有 1 台笔记本（配有无线网卡和有线网卡），在入住宾馆后，发现房间内只有 1 个信息点可以连接笔记本上网。帮他们想一想，如何配置才能够让 2 个人同时上网？

 知识拓展　宽带无线接入技术

1. 宽带无线接入技术概述

宽带无线接入技术从所使用的频带上可分为两类，一类是高频段的 LMDS 系统，另外一类是低频段的 MMDS 系统。LMDS 系统的特色在于可用带宽较大，但是全天候可靠覆盖距离一般在 5km 以内，适合商务热点地区使用；MMDS 系统的特色在于受天气变化的影响小，全天候可靠覆盖距离一般在

10km 以上，但是带宽较小，适合 SME 和 SOHO 用户使用。

宽带无线接入系统一般由基站（BTS）、远端用户站（RT）和网管系统（EMS）组成，基站负责对远端站进行覆盖，并提供与核心网络的多种业务接口。

2. 宽带无线接入技术的分类

（1）宽带无线技术

我国已进行了 2.4GHz、3.5GHz、5.8GHz、26GHz 等无线接入频谱的规划，使 WLAN、LMDS、MMDS 等宽带无线技术在我国得到了快速发展。

WLAN 规划了 2.4GHz 和 5.5GHz 两段频率，现在需要进一步加强 WLAN 相关技术的研究工作，特别是漫游和认证管理，为其运营盈利提供良好的基础网络平台。

LMDS 为本地多点分配系统，工作频段范围为 10～40GHz。可以提供语音、IP 和帧中继等业务。但是，由于 LMDS 受天气因素、设备成本及有线宽带迅速发展等因素影响而受到限制。

MMDS 是一种提供宽带业务的点对多点分布、频率在 3.5GHz 的宽带固定无线接入技术。MMDS 频段可应用于半径为几十公里的覆盖范围。为了更好地解决这一频段的无线接入问题，我国正在考虑 3.3GHz TDD 方式的无线接入频段的规划。宽带无线接入将成为向 NGBW（下一代宽带无线）及 3G 通信技术发展的重要的接入与传送支撑技术。

（2）3G 通信技术

3G 通信技术是一种能提供多种类型、高质量多媒体业务的全球漫游移动通信技术，能实现静止 2Mbit/s、中低速 384kbit/s、高速 144kbit/s 的通信。

（3）超宽带无线技术

超宽带无线技术（UWB）是一种无载波通信技术，它不采用载波，而是利用纳秒至微秒级的非正弦波窄脉冲传输数据，因此其所占的带宽非常宽。目前美国联邦通信委员会 FCC 开放的频段是 3.1～10.6GHz，故 UWB 系统发射的功率谱密度可以非常低，在实现同样传输速率时功率消耗仅为传统技术的 1/100～1/10，所以短距离 UWB 无线通信系统与其他窄带无线通信系统可以共存。

（4）WiFi 与 Wi-Max

WiFi 是指无线局域接入技术 WLAN。无线局域网由无线网卡、无线接入点（AP）、计算机和有关设备组成，采用单元结构，将整个系统分成许多单元，每个单元称为一个基本服务组（BSS）。一个无线局域网可由一个基本服务区（BSA）组成，一个 BSA 通常包含若干个单元，这些单元通过 AP 与某骨干网（有线网或无线网）相连。Wi-Max 为全球微波接入技术，是针对微波频段提出的一种新的空中接口标准，用于将无线热点连接到互联网，也可将公司与家庭等环境连接至有线骨干线路。

笔 记

Wi-Max 无线网络提供的是进入家庭的宽带服务，同时可以承担 WiFi 热点区域之间数据的传输任务，但是 Wi-Max 无法代替 WiFi。带有基于 802.16e 标准的 Wi-Max 芯片的设备已经面市，它将允许设备直接连接到 Wi-Max 天线。

宽带无线接入要满足两大类应用，一类是面向连接的业务，主要是指针对传统电路方式的业务或以电路仿真方式提供的业务，包括普通电话业务、ISDN 2B+D 或 30B+D 业务、低于 E1 的电路承载业务，还有 E1 或高于 E1 的数字电路承载业务；另一类是无连接的业务，主要是指针对基于 IP 方式来提供的应用，包括基于 IP 方式的实时业务、因特网接入（www 浏览、E-mail、高速文件传送等）局域网互连、虚拟专用网 VPN 等。从本质上看，面向连接的业务采用独占资源方式工作，可以为用户提供高服务等级的服务，但是对系统的时延和抖动性能需要较高，而无连接业务采用资源共享方式工作，对系统的时延和抖动性能要求不高，但是对不同等级用户的不同 QoS 保证稍微弱了一些。

由此衍生出以下三类采用不同技术的宽带无线接入系统。

① 单纯支持面向连接业务的 BWA 系统——这项技术来源于以前的窄带无线接入系统和微波传输系统，空中资源以时隙为单位分配，如 DDN 等业务单纯支持无连接业务的 BWA 系统。

② 单纯支持面向无连接业务的 BWA 系统——这项技术源于无线局域网系统在远距离的应用，即远距离无线网桥设备，如 802.11 协议的远程网桥等。

③ 混合系统——同时支持电路型和分组型业务的 BWA 系统，空中资源分配方式一般基于 ATM 协议、DOCSIS 协议或它们的衍生协议。

3. 宽带无线接入技术的发展方向

相对于窄带无线接入技术仅能提供语音业务而言，宽带无线接入技术具有提供更多业务的能力，它是随着数据业务的迅猛发展而不断提高的。无线通信系统和有线通信系统相比有两个特殊点，即无线频谱资源有限和无线传输环境恶劣。宽带无线接入技术的发展也是围绕解决这两个难点展开。总结起来，宽带无线接入系统有以下几个关键技术。

（1）调制技术

调制技术的发展使得在单位带宽内所能传输的数据率越来越高，早期的宽带无线接入技术多采用 QPSK 和 FSK 调制，调制效率为 2~3bit/symbol；目前的系统已经普遍采用 16QAM 和 64QAM 调制技术，调制效率提高为 4~6bit/Symbol。因为高效调制技术对解调信噪比要求也相应提高了，会减小 BWA 系统的有效覆盖范围，如果要保持原来的覆盖，就必须采用纠错性能更好的信道编码，这样做有时会使系统的冗余开销增加，导致得不偿失。因此在点对多点的宽带无线接入系统中，64QAM 是目前实用化的最高调制方式，

256QAM 或更高等级的调制一般多用于点对点传输系统。

目前还出现了自适应调制技术，使得宽带无线接入系统可以根据当前通信环境的信噪比情况自动设定调制方式，使系统能更好地适应传输环境的变化，保持无线通信链路的通畅；某些先进的系统甚至支持在同一无线链路中，针对不同的用户时隙设定不同调制方式的新技术，这样的宽带无线接入系统既能兼顾与中心站相距较远的用户接入（如可以采用 QPSK），又可以兼顾近距离用户的高容量需求（如采用 64QAM），考虑到一般情况下的热点效应（离基站/热点越近，需求的带宽就越高），这种技术的应用前途将会很大。

少量的宽带无线接入系统还采用了 OFDM 技术，该技术既可以增加系统容量，又可以增加一定的抗干扰能力。

（2）天线技术

宽带无线接入系统将会在今后的数据业务领域占有越来越多的份额，而频谱资源始终是有限的，这就要求增加频率的复用效率，扇区天线技术在其中发挥着非常重要的作用，高复用效率要求扇区天线的主波束增益尽可能均匀，旁瓣尽可能低，另外对于扇区天线的角度要求也越来越苛刻，从 90°到 30°，甚至小到 12°，而且，极化复用也越来越多地用于实际工程中，这些都对天线设计提出了全新的要求，目前在天线设计领域除了采用更加强大的设计工具（如神经网络等）以外，波束成型（Beam Forming）和智能天线（Smart Antenna）的概念也被从移动通信领域移用到固定的宽带无线接入系统中来。

（3）动态带宽分配技术

宽带无线接入系统的频谱资源有限，因此必须使信道资源尽可能充分地被用户利用，动态带宽分配技术（DBA）的效率就成为了焦点，早期系统往往简单采用以太网的 CD/CSMA 技术，效率很低，随后各个宽带无线接入设备制造公司都推出了各自的 DBA 机制，目前比较公开的有参考 ATM 和 DOCSIS 协议的，这两种协议可以同时支持电路型业务和分组型业务。

优秀的 DBA 技术不仅可以用最小系统开销来最大幅度地提高系统资源的利用率，而且还可以对不同业务、不同用户提供不同的 QoS 保证，比如 IP 电话、会议电视等基于分组型的实时性业务，因此各个 BWA 设备制造商都极其重视这项技术的开发，这也是运营商最关心的技术特色之一。

4. 宽带无线接入技术的运营前景

宽带无线接入技术是一种新的解决方案，为运营商和用户提供了一种新的选择。但是宽带无线接入系统只是构成整个电信运营解决方案中的一个环节，必须要与多种有线数据产品配合才可以真正发挥作用。宽带无线接入技术在国外多用于最终用户，但是在我国，BWA 系统更多地被用于集团用户，如酒店、小区、商住楼等。目前宽带无线接入技术和 HPNA 技术、xDSL 技术、以太网技术紧密结合在一起，为有不同需要的场合提供多种类型的电信业务。

笔记

单元小结

本单元全面讲述了广域网的基本概念和相关配置。首先,介绍了广域网的基本概念。接下来,对广域网的特点进行了分析。之后,分别讲述了广域网接口和广域网连接方式的类型、VPN 等。最后,对广域网的各种接入方式进行了详细讲述,包括 ADSL、Cable Modem、专线接入、代理服务器等。

思考与练习

一、选择题

1. 某中学要建立一个教学用计算机房,机房中的所有计算机组成一个局域网,并通过代理服务器接入 Internet,该机房中计算机的 IP 地址可能是(   )。

    A. 192.168.126.26   B. 172.28.84.12

    C. 10.120.128.32   D. 225.220.112.1

2. 某处于环境恶劣高山之巅的气象台要在短期内接入 Internet,现在要选择连接山上山下节点的传输介质,恰当的选择是(   )。

    A. 无线传输   B. 光缆   C. 双绞线   D. 同轴电缆

3. 某单元 4 用户共同申请了电信的一条 ADSL 上网,电信公司将派人上门服务,从使用的角度,你认为他们的网络拓扑结构最好是(   )。

    A. 总线型   B. 星形   C. 环形   D. ADSL

4. 个人计算机通过电话线拨号方式接入因特网时,应使用的网络设备是(   )。

    A. 交换机   B. 调制解调器 C. 浏览器软件   D. 电话机

5. 关于 Internet,以下说法正确的是(   )。

    A. Internet 属于美国   B. Internet 属于联合国

    C. Internet 属于国际红十字会   D. Internet 不属于某个国家或组织

6. (   )是向用户提供接入因特网以及其他相关服务的公司。

    A. ICP   B. ASP   C. PHP   D. ISP

7. 当计算机以 ADSL 方式接入因特网时,必须使用的设备是(   )。

    A. 调制解调器   B. 网卡   C. 浏览器软件   D. 电话机

8. 拨号用户登录到"北京大学"主页的操作步骤不需要的是(   )。

    A. 在 IE 浏览器的地址工具栏中输入"www.pku.edu.cn"域名地址,按 Enter 键

    B. 上网前必须进行拨号连接,网接通后才能进行下一步操作

    C. 双击 Windows 系统桌面上的 IE 浏览器

    D. 使用网上邻居来浏览"北京大学"主页

9. 通常所说的 ADSL 是指(   )。

    A. 网页制作技术   B. 宽带接入方式

    C. 电子公告板   D. 网络服务商

习题库

case

试题库

case

笔记

10. 以下哪一个设置不是上互联网所必需的 (   )。

    A. IP 地址　　　　B. 工作组　　　　　C. 子网掩码　　　　D. 网关

11. 某城郊蔬菜种养户，他想在家里就能通过因特网了解蔬菜的行情，你认为他选择哪种上网方式更实惠 (   )。

    A. 光纤　　　　　B. 租用专线　　　　C. 电话拨号上网　　D. 手机无线上网

12. Internet 的中文规范译名为 (   )。

    A. 因特网　　　　B. 教科网　　　　　C. 局域网　　　　　D. 广域网

13. 在进行网络互连时，(   ) 是在数据链路层实现互连的设备。

    A. 路由器　　　　B. 网桥　　　　　　C. 集线器　　　　　D. 网关

14. 下列说法中错误的是 (   )。

    A. ADSL 不需要对原有的电话线路进行改造

    B. ADSL 不需要向 ISP 提出申请

    C. ADSL 可实现"打电话与上网两不误"

    D. ADSL 可以提供比普通电话拨号接入快 10 倍以上的速度

15. 路由就是网间互连，其功能是发生在 OSI 参考模型的 (   )。

    A. 物理层　　　　B. 数据链路层　　　C. 网络层　　　　　D. 以上都是

16. 调制解调器对计算机来说，(   )。

    A. 它是一种输入设备，不是输出设备　B. 它是一种输出设备，不是输入设备

    C. 它既是输入设备，也是输出设备　　D. 它既不是输入设备，也不是输出设备

17. 在 Internet 相连的计算机，不管是大型的还是小型的，都可以称为 (   )。

    A. 工作站　　　　B. 主机　　　　　　C. 服务器　　　　　D. 客户机

二、思考题

1. 广域网和局域网的区别是什么？

2. DSL 分别有哪些类型？

3. 广域网的常用接口是什么？

4. 广域网的常用接入方式有哪些？

5. VPN 有哪些用途？

6. 网络接入技术有哪些？

7. 家庭用户常用的 DSL 技术是哪一种，有什么特点？

三、名词解释

1. 广域网　　2. ISP　　3. ADSL　　4. 帧中继　　5. 代理服务器

四、问答题

查阅资料，说明一下 VPN 有什么优点，目前它有哪些应用。

单元 7

Internet 服务与应用

🔍 **学习目标**

【知识目标】

- 掌握常见的 Internet 服务。
- 掌握 DNS 的基本知识和应用。
- 了解万维网的基础知识。
- 掌握 FTP 服务的工作原理。
- 理解搜索引擎的使用技巧。
- 会用网络论坛和博客。

【技能目标】

- 能够使用常见的 Internet 服务。
- 能够设置并使用 DNS 服务。
- 能够使用 WWW 服务。
- 能够使用 FTP 服务。
- 能够使用搜索引擎学习知识。
- 能够使用网络论坛和博客参与网上社会。

【素养目标】

- 实际使用 Internet 服务解决问题的能力。
- 团结协作的精神。
- 自学探索的能力。

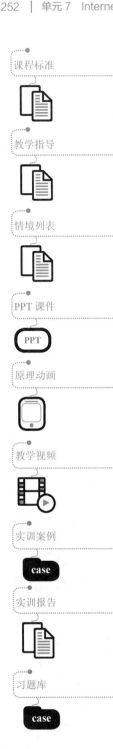
 引例描述

　　小凡自己组建的局域网终于跟 Internet 连接在一起了，Internet 的应用太丰富了，可以浏览网站、发邮件，还能搜索资料、网络聊天，这么多的 Internet 服务，是如何实现的呢？小凡也想做自己的网站，也想注册自己的域名，该怎么做呢？

 基础知识

7.1　Internet 概述

　　Internet 即通常所说的国际互联网，是指全球最大的、开放的、基于 TCP/IP 协议的众多网络相互连接而成的计算机网络。Internet 的正式中文名为因特网。Internet 的主要功能就是它能够使不同的计算机系统（甚至不同系统的网络）彼此之间进行通信，从而使这些计算机系统的用户之间进行交互。在过去的 20 年中，Internet 改变了人们通信、工作、购物以及其他很多活动的方式。现在，它已经与人们的生活紧密结合在一起。计算机技术之所以如此引人注目，发展如此之快，Internet 发挥了决定性的作用。

7.1.1　认识 Internet

　　Internet 是全球最大的计算机互联网，Internet 以 TCP/IP 网络协议连接全球各个国家、各个地区、各个机构数千万台计算机。它提供了创建、浏览、获取、搜索和信息交流等形形色色的服务。

1. Internet 的起源

　　Internet 的雏形是由美国国防部高级计划资助建成的 ARPANET，它是冷战时期由军事需要的驱动而产生的高科技成果。

ARPA 是美国"国防高级研究计划署"的英文缩写，是为了与苏联展开军备竞赛于 1958 年年初成立的国防科学研究机构。那个时期冷战双方所拥有的原子弹都足以把对方的军队毁灭多次，因此美国国防部最担心莫过于战争突发时美国军队的通信联络能力。而当时美国军队采用的是中央控制网络，这种网络的弊病在于，只要摧毁网络的控制中心，就可以摧毁整个网络。

1968 年 6 月 21 日，美国国防高级研究计划署正式批准了名为"资源共享的计算机网络"的研究计划，以使连入网络的计算机和军队都能从中受益。这个计划的目标实质上是研究用于军事目的的分布式计算机系统，通过这个名为 ARPANET 的网络把美国的几个军事及研究用的计算机主机连接起来，形成一个新的军事指挥系统。这个系统由一个个分散的指挥点组成，当部分指挥点被摧毁后，其他点仍能正常工作，而这些分散的点又能通过某种形式的通信网取得联系。在 Internet 面世之初，由于建网是出于军事目的，参加试验的人又全是熟练的计算机操作人员，个个都熟悉复杂的计算机命令，因此没有人考虑过对 Internet 的界面及操作方式加以改进。

2. Internet 的第一次快速发展

Internet 的第一次快速发展出现在 20 世纪 80 年代中期。1981 年，另一个美国政府机构——全国科学基金会开发了由 5 个超级中心相连的网络。当时的全国许多大学和学术机构建成的一批地区性网络与 5 个超级计算机中心相连，形成了一个新的大网络——NSFNET，该网络上的成员之间可以互相进行通信，从而开始了 Internet 的真正快速发展阶段。

最初，NSF 试图用 ARPANET 作为 NSFNET 的通信干线，但这个决策没有取得成功。由于 ARPANET 属于军用性质，并且受控于政府机构，所以要从 ARPANET 起步，把它作为 Internet 的基础并不是一件容易的事情。20 世纪 80 年代是网络技术取得巨大进展的年代，不仅涌现出大量用以太网电缆和工作站组成的局域网，而且奠定了建立大规模广域网的技术基础，正是在那时提出了发展 NSFNET 的计划。1982 年，在 ARPA 资助下，加州大学伯克利分校将 TCP/IP 协议嵌入 UNIXBSD 4.1 版，这极大地推动了 TCP/IP 的应用进程。1983 年 TCP/IP 成为 ARPANET 上标准的通信协议，这标志着真正意义的 Internet 出现了。1988 年年底，NSF 把全国建立的五大超级计算机中心用通信干线连接起来，组成全国科学技术网 NSFNET，并以此作为 Internet 的基础，实现同其他网络的连接。

采用 Internet 名称是在 MILNET（系由 ARPANET 分出）实现和 NSFNET 连接后开始的。随后，其他联邦部门的计算机网络相继并入 Internet，如能源科学网 Esnet、航天技术网 NASAnet、商业网 COMnet 等。NSF 巨型计算机中心则一直肩负着扩展 Internet 的使命。

Internet 在 20 世纪 80 年代的扩张不单带来量的改变，同时也带来某些质的变化。由于多种学术团体、企业研究机构甚至个人用户的进入，Internet 的使用者不再限于"纯粹"的计算机专业人员。新的使用者发现，加入 Internet 除了可共享 NSF 的巨型计算机外，还能进行相互间的通信，而这种相互间的通信更有吸引力。于是，他们逐步把 Internet 当作一种交流与通信的工具，而不仅仅是共享 NSF 巨型计算机的运算能力。

3. Internet 的第二次飞跃

Internet 的第二次飞跃应当归功于 Internet 的商业化。在 20 世纪 90 年代以前，Internet 的使用一直仅限于研究领域和学术领域，商业性机构进入 Internet 一直受到这样或那样的法规或传统问题的困扰。例如，美国国家科学基金颁发的 Internet 使用指南（Acceptable Use Policies）就这样说："NSFnet 主干线仅限于美国国内科研及教育机构，把它用于公开的科研及教育目的，以及美国企业的研究部门把它用于公开学术交流，任何其他使用均不允许。"其实，这类指南有许多模糊不清的地方。例如，企业研究人员向大学的研究伙伴通过 Internet 发出一份新产品的介绍，以帮助该伙伴掌握该领域的最新动向，到了 20 世纪 90 年代初，Internet 已不是全部由政府机构出钱，出现了一些私人投资的老板。正由于这些私人老板的加入，使得在 Internet 上进行商业活动有了可能。

1991 年，General Atomics、Performance Systems International、UUnet Technologies 三家公司组成了"商业 Internet 协会"（Commercial Internet Exchange Association），宣布用户可以把他们的 Internet 子网用于任何商业用途。因为这三家公司分别经营着自己的 CERFnet、PSInet 及 Alternet 网络，可以在一定程度上绕开由美国国家科学基金出钱的 Internet 主干网络 NSFNET，而向客户提供 Internet 连网服务。真可谓一石击起千层浪，其他 Internet 的商业子网也看到了 Internet 用于商业用途的巨大潜力，纷纷作出类似的承诺，到 1991 年的年底，连专门为 NSFnet 建立高速通信线路的 Advanced Network and Service Inc. 也宣布指出自己的名为 CO+RE 的商业化 Internet 骨干通道。Internet 商业化服务提供商的接连出现，使工商企业终于可以堂堂正正地从正门进入 Internet。

4. Internet 的完全商业化

商业机构一踏入 Internet 这一陌生的世界，很快就发现了它在通信、资料检索、客户服务等方面的巨大潜力。于是世界各地无数的企业及个人纷纷涌入 Internet，带来了 Internet 发展史上一次质的飞跃。到 1994 年年底，Internet 已通往全世界 150 个国家和地区，连接着 3 万多个子网，320 多万台计算机主机，直接的用户超过 3500 万，成为世界上最大的计算机网络。

看到 Internet 的羽翼已丰，NSFNET 意识到已经完成了自己的历史使命。1995 年 4 月 30 日，NSFNET 正式宣布停止运作，代替它的是由美国政府指定的上述三家私营企业。至此，Internet 的商业化彻底完成。

7.1.2 Internet 的基本结构

Internet 连接了分布在世界各地的计算机。任何人、任何团体都可以加入 Internet。对用户开放、对服务提供者开放正是 Internet 获得成功的重要原因。

从 Internet 的结构角度看，它是一个使用路由器将分布在世界各地的、数以万计的、规模不一的计算机网络互连起来的网际网。Internet 的逻辑结构图如图 7-1 所示。

图 7-1 Internet 的逻辑结构图

从 Internet 使用者的角度看，Internet 是由大量计算机连接在一个巨大的通信系统平台上而形成的一个全球范围的信息资源网。

Internet 的组成部分主要有通信线路、路由器、主机、信息资源等（图 7-1）。

1. 通信线路

通信线路是 Internet 的基础设施，它负责将 Internet 中的路由器与网络连接起来。通常使用"带宽"与"传输速率"等术语来描述通信线路的数据传输能力。通信线路的最大传输速率与它的带宽成正比。通信线路的带宽越宽，它的传输速率也就越高。

所谓传输速率，指的是每秒钟可以传输的比特（bit）数，它的单位为 bit／s。为了书写与表达方便，经常使用以下表示方法：$1kbit/s=1024bit/s \approx 10^{3}bit/s$，$1Mbit/s=1024 \times 1024bit/s \approx 10^{6}bit/s$，$1Gbit/s=(1024)^{3}bit/s \approx 10^{9}bit/s$。

2. 路由器

路由器是 Internet 中最重要的设备之一，它负责将 Internet 中的各个局域网或广域网连接起来。当数据从一个网络传输到路由器时，它需要根据数据所要到达的目的地，通过路径选择算法为数据选择一条最佳的输出路径。如果路由器选择的输出路径比较拥挤，那么路由器将负责管理数据传输的等待队列。当数据从源主机出发后，往往需要经过多个路由器的转发，经过多个网络才能到达目的主机。

3. 主机

主机是 Internet 中不可缺少的成员，它是信息资源与服务的载体。Internet 中的主机既可以是大型计算机，又可以是普通的微型机或便携机。

按照在 Internet 中的用途，主机可以分为两类：服务器与客户机。服务器是信息资源与服务的提供者，它一般是性能比较高、存储容量比较大的计算机。服务器根据它所提供的服务功能不同，可以分为文件服务器、数据服务器、WWW 服务器、FTP 服务器、E-mail 服务器与域名服务器等。

客户机是信息资源与服务的使用者，它可以是普通的微型机或便携机。服务器使用专用的服务器软件向用户提供信息资源与服务；而用户使用各类 Internet 客户端软件（例如浏览器）来访问信息资源或服务。

4. 信息资源

信息资源是用户最关心的问题，它会影响 Internet 受欢迎的程度。Internet 的发展方向是如何更好地组织信息资源，并使用户快捷地获得信息。WWW 服务的出现使信息资源的组织方式更加合理，而搜索引擎的出现使信息的检索更加快捷。

在 Internet 中存在着很多类型的信息资源，例如文本、图像、声音与视频等多种信息类型，并涉及社会生活的各个方面。通过 Internet，可以查找科技资料，获得商业信息，下载流行音乐，参与联机游戏或收看网上直播等。

7.1.3 Internet 的管理组织

1. Internet 的管理者

在 Internet 中，最权威的管理机构是 Internet 协会。Internet 协会是一个完全由志愿者组成的组织，目的是推动 Internet 技术的发展与促进全球化的信息交流。

在 Internet 协会中，有一个专门负责协调 Internet 的技术管理与技术发展的分委员会——Internet 体系结构委员会（IAB）。IAB 的主要职责是：根据 Internet 发展需要制定 Internet 技术标准，制订与发布 Internet 工作文件，进行 Internet 技术方面的国际协调与规划 Internet 发展战略。

在 Internet 体系结构委员会中，设有以下两个具体的部门：Internet 工程任务组（IETF）与 Internet 研究任务组（IRTF）。其中，IETF 负责技术管理方面的具体工作；而 IRTF 负责技术发展方面的具体工作。

Internet 的日常工作由网络运行中心（NOC）与网络信息中心（NIC）负责。其中，NOC 负责保证 Internet 的正常运行与监督 Internet 的活动，NIC 负责为 ISP 与广大用户提供信息方面的支持。

2. 我国 Internet 的管理者

我国从 1994 年起正式接入 Internet，并在同年开始建立与运行自己的域名体系。

Internet 在我国发展迅速，全国已建起了具有相当规模与技术水平的 Internet 主干网。

至今，我国已经建立起了一批 Internet 主干网，如中国公用计算机互联网（CHINANET）、中国教育与科研计算机网（CERNET）、中国科技网（CSTNET）、中国金桥信息网（CHINAGBN）、中国联通网（UNINET）、中国网通网（CNCNET）、中国国际经济贸易互联网（CIETNET）、中国移动互联网（CMNET）。

1997 年 6 月 3 日，中国互联网信息中心（CNNIC）在北京成立，并开始管理我国的 Internet 主干网。CNNIC 的主要职责是：为我国的互联网用户提供域名注册、IP 地址分配等注册服务；提供网络技术资料、政策与法规、入网方法、用户培训资料等信息服务；提供网络通信目录、主页目录与各种信息库等目录服务。

CNNIC 的工作委员会由国内著名专家与五大互联网的代表组成，他们的具体任务是协助制定网络发展的方针与政策，协调我国的信息化建设工作。

7.1.4 Internet 的发展前景

1. 政府上网

政府机构可以在网上向所有公众公开职能、机构组成、办事章程等，在网上建立起政府与公众之间相互交流的桥梁，为公众与政府部门打交道提供方便，并使公众在网上行使对政府的民主监督权利。在政府内部，各部门之间可以通过内部网络互相联系，各级领导也可以在网上向各部门发出各项指示，指导各部门的工作。政府上网意义是很大的，它对改进政府工作、促进廉政建设、发展社会经济都具有重要的推动作用。

政府上网是一项大的建设信息系统的工程，对整个国民经济的信息化的发展起着重要的促进作用。为了适应政府部门网上办公的要求，各个机关、企业、公司也会积极上网，这样可以进一步带动整个社会信息化建设的发展。目前，我国在政府上网方面已走出了可喜的一步。政府上网工程的实施既得到了有关部门的大力支持，又得到了各级领导的重视和帮助。图 7-2 所示是山东省政府门户网站的主页。

图 7-2 山东省政府门户网站的主页

2. 电子商务

电子商务也是当前人们讨论的热门话题。电子商务是通过 Internet 进行的各项商务活动，包括广告、交易、支付与服务等活动。

电子商务主要涵盖了三个方面的内容：一是政府贸易管理的电子化；二是企业级电子商务，即企业间利用计算机技术和网络技术实现与供货商、用户之间的商务活动；三是政府门户网站主页子购物，即企业通过网络为个人提供的

笔记

服务及商业行为。

显然，电子商务可以分为两大类别：一类是企业与企业之间（Business to Business，B2B）的电子商务；另一类是企业与个人之间（Business to Consumer，B2C）的电子商务，这类电子商务就是我们常说的网上购物。

电子商务代表着未来贸易方式的发展方向，大力发展电子商务是推动国民经济信息化的重要内容。我国的电子商务目前正处在起步阶段，机遇与挑战并存。发展中国电子商务必须遵循社会主义市场经济体制的要求，充分运用市场机制，发挥企业的积极性。同时，重视政府的宏观规划与指导，为电子商务发展创造良好的环境也很重要。图 7-3 所示是淘宝网站的主页。

图 7-3　淘宝网站的主页

3. 远程教育

1994 年，由原国家教委组织，并得到原国家计委的支持，中国教育和科研计算机网（CERNET）示范工程正式立项建设。我国发展现代远程教育的目标与我国推进教育信息化的进程密不可分。

根据各地区社会经济发展不平衡的现实，我国政府将按照统一规划的原则，分三个层次推进教育信息化。一是以多媒体计算机技术为核心的教育技术在学校的普及和运用；二是网络的普及和应用，学会利用网上资源；三是开办现代远程教育，建设并提供大量的网络资源，不断满足社会日益增长的对终身教育的需求。图 7-4 所示是清华大学远程教育网站的主页。

4. 远程医疗

信息革命将科学技术推向了一个新的阶段。随着信息技术的发展和日益增加的医疗需求，远程医疗已成为我国医学领域中的一个新学科。远程医疗的目的是利用医疗资源雄厚的大医院的技术实力，来帮助解决技术力量薄弱地区的具体困难。

从远程医疗的目的与作用看，远程医疗的最终受益者是病人。由于远程医疗采用信息技术，能使病人在当地向异地专家求诊，既可以解决其实际问题，又可以减少长途奔波的劳苦。同时，下级医院也可以通过远程医疗，在咨询过程中学习新技术与新知识，提高自身的业务水平。因此，远程医疗对我国卫生事业的发展具有深远意义。图 7-5 所示为熙康远程医疗网的主页。

图 7-4 清华大学远程教育网站的主页

图 7-5 熙康远程医疗网的主页

7.2 Internet 的域名机制

Internet 是一个覆盖全球的巨型网络，连接了无数网络和计算机。为了有效地标示不同的网络和主机，Internet 使用统一的命名规范来表示这些网络和主机，这一机制就是 Internet 域名机制。

微课 域名

7.2.1 顶级域名

Internet 是由很多网络组成的，可以把这些网络按照一定的逻辑划分成很多的域，大的域里包含小的域，一直细分到某台具体的主机。

Internet 的域名系统采用的是典型的层次结构。域名系统将整个 Internet 划分为多个顶级域，并为每个顶级域规定了通用的顶级域名。表 7-1 为顶级域名的分配。

表 7-1 顶级域名的分配

顶级域名	分配对象
com	商业组织
edu	教育机构
gov	政府部门
mil	军事部门
net	主要网络支持中心
org	上述以外的组织
int	国际组织
国家（地区）代码	各个国家（地区）

由于美国是 Internet 的发源地，因此美国的顶级域名是以组织模式划分的。其他国家（地区）的顶级域名是以地理模式划分的，每个申请接入 Internet 的国家（地区）都可以作为一个顶级域出现。例如，cn 代表中国，fr 代表法国，uk 代表英国，ca 代表加拿大。

7.2.2 域名的层次结构

各个国家（地区）网络信息中心（NIC）将顶级域的管理权授予指定的管理机构，各个管理机构再为它们所管理的域分配二级域名，并将二级域名的管理权授予其下属的管理机构，如此层层细分，就形成了 Internet 域名的层次结构，如图 7-6 所示。

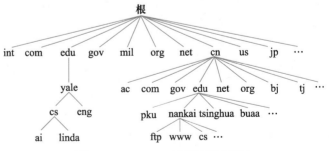

图 7-6 Internet 域名的层次结构

在域名系统中，每个域是由不同的组织来管理的，而这些组织又可将其子域分给其他组织来管理。中国互联网信息中心（CNNIC）负责管理我国的顶级域，它将 cn 域划分为多个二级域。我国二级域的划分采用了两种模式：组织模式与地理模式。

按组织模式划分的二级域名中，ac 表示科研机构，com 表示商业组织，edu 表示教育机构，gov 表示政府部门，int 表示国际组织，net 表示网络支持中心，org 表示各种非营利性组织。在地理模式中，bj 代表北京市，sh 代表上海市，tj 代表天津市，he 代表河北省，hl 代表黑龙江省，nm 代表内蒙古自治区，hk 代表中国香港特别行政区，等等。

CNNIC 将我国教育机构的二级域（edu 域）的管理权授予中国教育科研网（CERNET）网络中心。CERNET 网络中心将 edu 域划分为多个三级域，将三级域名分配给各个大学与教育机构。例如，edu 域下的 nankai 代表南开大学，并将 nankai 域的管理权授予南开大学网络管理中心。南开大学网络管理中心又将 nankai 域划分为多个四级域，将四级域名分配给下属部门或主机。例如，nankai 域下的 cs 代表计算机系。

Internet 主机域名的排列原则是低层的子域名在前面，而它们所属的高层域名在后面。Internet 主机域名的一般格式为"四级域名. 三级域名. 二级域名. 顶级域名"。

由此我们知道，www. cs. nankai. edu. cn 表示中国南开大学计算机系的 www 主机。

7.3 Internet 的服务功能

Internet 之所以发展如此迅速，是因为 Internet 能以非常直观的形式向不同用户提供服务。由于 Internet 是基于 TCP / IP 协议体系的，一般而言，一种 Internet 服务总是对应着一种 TCP /IP 协议体系的应用层协议。

7.3.1 TCP /IP 应用层协议简介

在 Internet 应用中，经常接触到的应用层协议有 DNS、HTTP、SMTP、POP3、FTP、Telnet 等。

① DNS（Domain Name Service）——域名服务。

主要作用是根据一台主机的域名进行分析，得到该主机的 IP 地址。

② HTTP（HyperText Transfer Protocol）——超文本传输协议。

用户在访问一个 Web 网站时，客户机和服务器之间通过 HTTP 进行交互请求和发送数据。发送的数据就是 HTML 文档。

③ SMTP（Simple Mail Transfer Protocol）——简单邮件传输协议。

用于将一封电子邮件发送给收件人邮箱所处的服务器。

④ POP3（Post Office Protocol）——邮局协议。

用于将邮件服务器上的电子邮件传送到用户的计算机上。

⑤ FTP（File Transfer Protocol）——文件传输协议。

用于在两台计算机之间传递文件。

⑥ Telnet——远程登录协议。

用于为网络中的其他计算机提供远程登录功能。

笔记

7.3.2 DNS 服务

在 7.2 节中，介绍了 Internet 的域名机制，通常构成域名的各个部分（各级域名）都具有一定的含义，相对于主机的 IP 地址来说更容易记忆。但域名只是为用户提供了一种方便记忆的手段，主机之间进行通信，仍然需要知道彼此的 IP 地址（这样才能形成 IP 数据报）。所以，当应用程序收到用户输入的域名时，必须提供一种域名解析机制，负责将域名映射为对应的 IP 地址。

微课 DNS 原理

✎ 笔记

1. 域名服务器

那么，到哪里去寻找一个域名所对应的 IP 地址呢？这就要借助一组既独立又相互协作的域名服务器来完成。这组服务器提供的服务称为域名服务（Domain Name Service，DNS）。

在 Internet 中有很多区域，几乎每一个区域都有独立的域名服务器。对应域名的层次结构，域名服务器也有一定的层次结构，如图 7-7 所示。

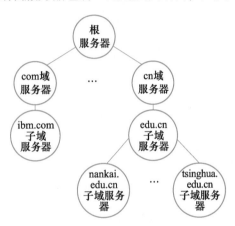

图 7-7 域名服务器层次结构示意图

在每一个 DNS 服务器中，都存放着区域数据库文件，数据库中记载着该区域有关域名服务的资源记录，如主机记录、域名服务器记录等。

例如，在 nankai. edu. cn 子域内，有一台机器的 IP 地址为 202. 113. 27. 11，域名为 www. nankai. edu. cn。那么，在 DNS 服务器上记载一个域，域名为 nankai. edu. cn，在域中记载一条主机记录，主机名为 www，对应的 IP 地址为 202. 113. 27. 11。

2. 域名解析的过程

当一台主机在应用程序（如浏览器）中使用域名访问 Internet 上的另一台主机（如一个网站）时，该主机会请求 DNS 进行域名解析。

总的来说，域名解析采用自顶向下的算法，即从根服务器开始直到叶服务器。然而，如果每一个解析请求都从根服务器开始，那么到达根服务器的信息量就太大了。实际上，域名解析过程一般是从本地域名服务器开始的，当本地域名服务器不能完成解析任务时，再向上层提交。

例如，在图 7-7 中，位于 nankai. edu. cn 域的一台计算机 A 要访问主机

B，如果主机 B 也在 nankai. edu. cn 子域中，那么，域名由 nankai. edu. cn 域的域名服务器就可以完成；如果主机 B 位于 tsinghua. edu. cn 子域中，那么域名解析经过了 nankai.edu.cn 子域服务器→edu.cn 子域服务器→tsinghua. edu. cn 子域服务器才得以完成。

在 Internet 中，主机之间几乎总是用域名来通信的，因此域名解析请求的频率很高。域名解析的效率影响到 Internet 的访问效率，在实际的域名解析过程中，采用了高速缓冲技术来提高解析效率。

在主机和域名服务器的高速缓存区内，存放着最近解析过的域名—IP 对应关系，每一个缓存的域名—IP 对应关系项都有一个有效生存时间（TTL，Time to Live），它规定了该映射关系在缓存区中保留的最长时间。TTL 总是随着时间的流逝而减少，当 TTL 为 0 时，该映射关系就会被删除，从而保证缓存区内各条目的正确性。

当需要进行域名解析时，主机首先在自己的缓存区内查找，如果找不到，则将请求发给本地域名服务器；本地域名服务器收到请求后，先在缓存区内查找，如果找不到，则在数据库文件中查找；如果仍然找不到，则通过其他域名服务器查找。

完整的域名解析过程如图 7-8 所示。

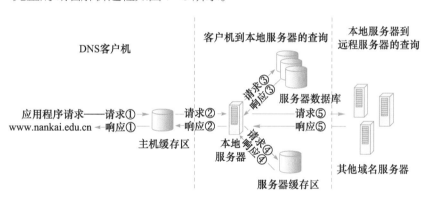

图 7-8　完整的域名解析过程

7.3.3　WWW 服务

WWW（World Wide Web）的中文名为万维网，它的出现是 Internet 发展中的一个里程碑。WWW 服务是 Internet 上最方便与最受用户欢迎的信息服务类型，它的影响力已远远超出了专业技术范畴，并已进入电子商务、远程教育、远程医疗、信息服务等领域。

微课　万维网的原理

1. 超文本与超媒体

要想了解 WWW，首先要了解超文本（Hypertext）与超媒体（Hypermedia）的基本概念，因为它们是 WWW 的信息组织形式，也是 WWW 实现的关键技术。

在 WWW 系统中，信息是按超文本方式组织的。用户直接看到的是文本信息本身，在浏览文本信息的同时，随时可以选中其中的"超链接"。通过"超链接"可以跳转到其他文本信息。图 7-9 给出了超文本方式的工作原理。

超媒体进一步扩展了超文本所链接的信息类型。用户不仅能从一个文本跳到另一个文本，而且可以激活一段声音，显示一个图形，甚至可以播放一段动画。

WWW 是以超文本标记语言（Hypertext Markup Language，HTML）与超文本传输协议（Hypertext Transfer Protocol，HTTP）为基础，能够提供面向 Internet 服务的、一致的用户界面的信息浏览系统。

WWW 系统的结构采用了客户机/服务器模式，它的工作原理如图 7-10 所示。信息资源以主页（也称网页）的形式存储在 WWW 服务器中，用户通过 WWW 客户端程序（浏览器）向 WWW 服务器发出请求；WWW 服务器根据客户端请求内容，将保存在 WWW 服务器中的某个页面发送给客户端；浏览器在接收到该页面后对其进行解释，最终将图、文、声并茂的画面呈现给用户。通过页面中的链接，可以方便地访问位于其他 WWW 服务器中的页面，以及其他类型的网络信息资源。

PPT 课件

PPT

原理动画

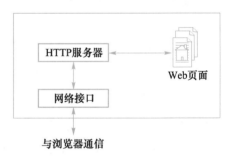

图 7-9　超文本方式的工作原理示意图　　　图 7-10　WWW 客户机/服务器工作原理示意图

2. URL 与信息定位

在 Internet 中有如此众多的 WWW 服务器，而每台服务器中又包含很多主页，我们如何才能找到想看的主页呢？

这时，就需要使用统一资源定位器（Uniform Resource Locators，URL）。

标准的 URL 由三部分组成：服务器类型、主机名和路径及文件名。例如，南开大学的 WWW 服务器的 URL 为 http: //www. nankai. edu. cn / index. html。其中，"http:"指要使用 HTTP 协议，"www. nankai. edu. cn"指要访问的服务器的主机名，"index. html"指要访问主页的路径与文件名。

因此，通过使用 URL 机制，用户可以指定要访问什么服务器、哪台服务器、服务器中的哪个文件。

如果用户希望访问某台 WWW 服务器中的某个页面，只要在浏览器中输入该页面的 URL，便可以浏览到该页面，如图 7-11 所示。

图7-11　URL 请求与应答示意图

3. 主页

在 WWW 环境中，信息以信息页形式来显示与链接。信息页由 HTML 语言实现，并在信息页间建立了超文本链接以便于浏览。

主页（Home Page）是一个反映网站基本信息框架的页面，通过主页上的超链接，用户可以访问网站其他的信息资源。

4. WWW 浏览器

WWW 浏览器是用来浏览 Internet 上的主页的客户端软件。WWW 浏览器为用户提供了寻找 Internet 上内容丰富、形式多样的信息资源的便捷途径。现在的 WWW 浏览器功能非常强大，利用它可以访问 Internet 上的各类信息。更重要的是，目前的浏览器基本上都支持多媒体特性，可以通过浏览器来播放声音、动画与视频，这使得 WWW 世界变得更加丰富多彩。

目前，最流行的浏览器软件主要是以下两种：Netscape 公司的 Navigator 和 Microsoft 公司的 Internet Explorer。

Internet Explorer 是 Microsoft 公司开发的 WWW 浏览器软件。Internet Explorer 的出现虽比 Navigator 晚一些，但由于 Microsoft 公司在计算机操作系统领域的优势，以及它与 Windows 操作系统的结合，使它在浏览器市场的占有率逐年增长。新版本的 Internet Explorer 将 Internet 中使用的整套工具集成在一起，可以使用它来浏览主页、收发电子邮件、阅读新闻组、制作与发布主页、上网聊天等。

5. 搜索引擎

（1）搜索引擎的概念

Internet 中拥有数以百万计的 WWW 服务器，而且 WWW 服务器所提供的信息种类及所覆盖的领域也极为丰富，如果要求用户了解每台 WWW 服务器的主机名，以及它所提供的资源种类，这简直就是天方夜谭。

那么，用户如何在数百万个网站中快速、有效地查找想要得到的信息呢？这就需要借助于 Internet 中的搜索引擎。

搜索引擎是 Internet 上的一个 WWW 服务器，它的主要任务是在 Internet 中主动搜索其他 WWW 服务器中的信息并对其自动索引，将索引内容存储在可供查询的大型数据库中。用户可以利用搜索引擎所提供的分类目录和查询功能查找所需要的信息。图 7-12 显示的是"Baidu"搜索引擎，它是 Internet 上最常用的搜索引擎之一。

图 7-12　常用的搜索引擎 Baidu

使用搜索引擎，用户只需要知道自己要查找什么，或要查找的信息属于哪一类，即可进行搜索。当用户将自己要查找信息的关键字告诉搜索引擎后，搜索引擎会返回给用户包含该关键字信息的 URL，并提供通向该站点的链接，用户通过这些链接便可以获取所需的信息。

（2）搜索引擎的使用

互联网上的信息迅速膨胀，如果不掌握一些基本技巧，很容易在浩瀚的互联网信息海洋中迷失方向。互联网的优势就在于能为用户随时提供最新、全面的资讯，因此，如何发挥网络的作用，根本在于如何应用。把握了搜索引擎的使用方法也就意味着抓住了网络应用的关键。

下面简要介绍使用搜索引擎的步骤。

① 打开搜索引擎。

启用 IE 浏览器，在地址栏中输入"http://www.baidu.com"，便可打开百度搜索引擎。

百度是全球最大的中文搜索引擎，搜索分为新闻、网页、MP3、图片、Flash 和信息快递六大类。百度在中文网页的内容和数量上，具有明显的优势，对部分网页每天更新。提供了百度快照、网页预览、相关搜索词提示、信息快递、搜索援助中心等功能。用百度搜索，信息快而新，很适合中国人的习惯。

② 搜索招聘信息。

在地址栏中输入"招聘"，能够检索到很多招聘网站，如图 7-13 所示。

③ 使用组合关键词搜索。

好的搜索请求应该包含多个能限制搜索范围的关键词。如输入"招聘　网络工程师"，能够检索到更加具体的招聘信息。

图 7-13　百度检索"招聘"

在实际应用中，可以用空格表示逻辑"与"操作，即"A　B"的形式，其中 A 与 B 分别表示不同的关键词，表示搜索同时包含 A 和 B 的网页内容。如上面的输入表示搜索包含"招聘"和"网络工程师"两个关键词的信息。

用减号"-"表示逻辑"非"操作。"A - B"表示搜索结果应包含 A 但没有 B 的网页内容。如输入"招聘 - 网络工程师"，表示搜索包含"招聘"但不包含"网络工程师"的信息。

> 提示：这里的空格和"-"号，是半角字符，而不是全角字符。此外，操作符与作用的关键词之间不能有空格。

④ 保存搜索到的网页资料。

常用的网页资料保存有另存为文本方式和 Web 文档方式。

● 文本保存方式，对绝大部分文字网页具有完整的效果，整理资料很方便。粘贴方法对有图形和表格的网页效果较好，但其文字资料往往有表格，整理文字资料不太方便。图 7-14 所示是将网页另存为文本资料文件的方法。

● Web 文档保存方式，保存为 mht 扩展名，可将网页内容的所有元素（包括文本和图形）都保存到单个文件中。

7.3.4　电子邮件服务

1. 什么是电子邮件

电子邮件服务又称为 E-mail 服务。电子邮件是计算机用户用来发送信件的一组机制。一个用户写好一封电子邮件，提供一个或多个收信人地址，然后将电子邮件发送出去。这封电子邮件最终到达它的目的地，收信人使用一个程序就可以看到邮件内容。

电子邮件为 Internet 用户提供了一种方便、快速、廉价的通信手段。电子

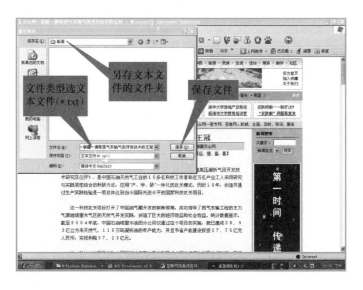

图 7-14 另存为文本方式

邮件在电子商务及国际交流中发挥着重要作用。例如，电子商务交易各方可以利用电子邮件传递合同、订单等单据。在传统通信中需要几天才能完成的传递过程，通过电子邮件系统仅用几分钟，甚至几秒钟就可以完成。

现在，电子邮件系统不但可以传输各种格式的文本信息，还可以传输图像、声音、视频等多种信息，已成为多媒体信息传输的重要手段之一。

2. 电子邮件系统的基本概念

微课　电子邮件原理

Internet 中的电子邮件系统具有与现实中的邮政系统相似的结构与工作规程。不同之处在于，现实中的邮政系统是由人在运作着，而电子邮件是在计算机网络中通过计算机、网络、应用软件与协议来协调、有序地运行着。Internet 中的电子邮件系统，同样设有邮局（邮件服务器）、邮箱（电子邮箱），并有自己的电子邮件地址书写规则。

（1）邮件服务器

邮件服务器（Mail Server）是 Internet 邮件服务系统的核心，它的作用与日常生活中的邮局相似。一方面，邮件服务器负责接收用户送来的邮件，并根据收件人地址发送到对方的邮件服务器中；另一方面，它负责接收由其他邮件服务器发来的邮件，并根据收件人地址分发到相应的电子邮箱中。

（2）电子邮箱

如果要使用电子邮件服务，那么首先要拥有一个电子邮箱（Mail Box）。电子邮箱是由提供电子邮件服务的机构（一般是 ISP）为用户建立的。当用户向 ISP 申请 Internet 账户时，ISP 就会在它的邮件服务器上建立该用户的电子邮件账户，它包括用户名（UserName）与用户密码（Password）。

任何人都可以将电子邮件发送到某个电子邮箱中，但只有电子邮箱的拥有者输入正确的用户名与用户密码时，才能查看电子邮件内容或处理电子邮件。

（3）电子邮件地址

每个电子邮箱都有一个邮箱地址，称为电子邮件地址（E-mail Address）。电子邮件地址的格式是固定的，并且在全球范围内是唯一的。用户的电子邮件地址格式为"用户名@主机名"。其中，"@"符号表示"at"，主机名指的是拥有独立 IP 地址的计算机的名字，用户名是指在该计算机上为用户建立的电子邮件账号。例如，在名为"nankai.edu.cn"的主机上，有一个名为 island 的用户，那么该用户的 E-mail 地址为 island @nankai.edu.cn。

3. 电子邮件的工作过程

在邮件服务器端，包括用来发送邮件的 SMTP 服务器、用来接收邮件的POP3 服务器或 IMAP 服务器，以及用来存储电子邮件的电子邮箱；在邮件客户端，包括用来发送邮件的 SMTP 代理、用来接收邮件的 POP3 代理，以及为用户提供管理界面的用户接口程序。

发送方通过自己的邮件客户端，将邮件发送到接收方的邮件服务器，这是电子邮件的发送过程；接收方通过自己的邮件客户端，将邮件从自己的邮件服务器下载回来，这是电子邮件的接收过程。

如果发送方要发送电子邮件，首先要通过邮件客户端书写电子邮件，然后将电子邮件发送给自己的邮件服务器；发送方的邮件服务器接收到发件人的电子邮件后，根据收件人的地址发送到接收方的邮件服务器中；接收方的邮件服务器收到其他服务器发来的电子邮件后，再根据收件人的地址分发到收件人的邮箱中。

如果接收方要接收电子邮件，首先要通过邮件客户端访问邮件服务器，然后再从自己的邮箱中读取电子邮件，并对这些邮件进行相应的处理。至于发件人在将电子邮件发出后，电子邮件通过什么路径到达接收方的邮件服务器，整个传输过程可能是非常复杂的，而且这个传输过程也不需要用户来介入，一切都是在 Internet 中自动完成的。电子邮件的传递过程如图 7 - 15 所示。

4. 电子邮件客户端软件

通过客户机的电子邮件应用程序，才能发送与接收电子邮件。能够实现电子邮件功能的应用软件很多，其中最常用的主要有：Microsoft 公司的 Outlook软件、Netscape 公司的 Messenger 软件，以及国内很有名的 Foxmail软件。

电子邮件应用程序的功能主要有以下两个方面：一方面，电子邮件应用程序负责将写好的邮件发送到邮件服务器中；另一方面，它负责从邮件服务器中读取邮件，并对它们进行处理。

目前，电子邮件应用程序几乎可以运行在任何硬件与软件平台上。各种电子邮件应用程序所提供的服务功能基本上是相同的，通过它都可以完成以下操作。

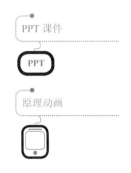

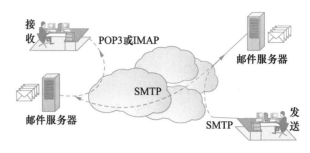

图 7-15　电子邮件的传递过程

- 创建与发送电子邮件。
- 接收、阅读与管理电子邮件。
- 账号、邮箱与通信簿管理。

电子邮件应用程序向邮件服务器中发送邮件时，使用的是简单邮件传输协议（Simple Mail Transfer Protocol，SMTP）；而电子邮件应用程序从邮件服务器中读取邮件时，可以使用邮局协议（Post Office Protocol，POP3）或交互式邮件存取协议（Interactive Mail AccessProtocol，IMAP），这取决于邮件服务器支持的协议类型。

5. 电子邮件的信件格式

电子邮件与普通的邮政信件相似，也有自己固定的格式。电子邮件包括邮件头（Mail Header）与邮件体（Mail Body）两部分。

邮件头是由多项内容构成的，其中一部分是由系统自动生成的，例如发件人地址（From:）、邮件发送的日期与时间等；另一部分是由发件人自己输入的，例如收件人地址（To:）、抄送人地址（Cc:）、密件抄送人地址（Bcc:）与邮件主题（Subject:）等。

邮件体就是实际要传送的信函内容。传统的电子邮件系统只能传输英文信息，而采用多目的电子邮件系统扩展（Multipurpose Internet Mail Extensions，MIME）的电子邮件系统不但能传输各种文字信息，而且能传输图像、语音与视频等多种信息，这就使得电子邮件变得丰富多彩起来。

7.3.5　文件传输服务

1. 什么是文件传输服务

微课　文件传输服务

文件传输服务是由 FTP 应用程序提供的，而 FTP 应用程序遵循的是 TCP/IP 协议族中的文件传输协议（File Transfer Protocol，FTP），它允许用户将文件从一台计算机传输到另一台计算机上，并且能保证传输的可靠性。

由于采用 TCP/IP 协议作为 Internet 的基本协议，无论两台 Internet 上的计算机在地理位置上相距多远，只要它们都支持 FTP 协议，它们之间就可以随意相互传送文件。这样做不仅可以节省实时联机的通信费用，而且可以方便地阅读与处理传输过来的文件。

在 Internet 中,许多公司、大学的主机上含有数量众多的各种程序与文件,这是 Internet 巨大与宝贵的信息资源。通过使用 FTP 服务,用户可以方便地访问这些信息资源。

采用 FTP 传输文件时,不需要对文件进行复杂的转换,因此 FTP 服务的效率比较高。使用 FTP 服务后,好比每台连网的计算机都拥有一个容量巨大的备份文件库,这是单台计算机无法比拟的优势。

2. FTP 的工作过程

FTP 服务采用的是典型的客户机/服务器工作模式,提供 FTP 服务的计算机称为 FTP 服务器。它通常是信息服务提供者的计算机,相当于一个大的文件仓库。用户的本地计算机称为客户机。

将文件从 FTP 服务器传输到客户机的过程称为下载,将文件从客户机传输到 FTP 服务器的过程称为上载。

FTP 服务是一种实时的联机服务,用户在访问 FTP 服务器之前必须进行登录,登录时要求用户给出其在 FTP 服务器上的合法账号和口令。只有成功登录的用户才能访问该 FTP 服务器,并对授权的文件进行查阅和传输。

FTP 的这种工作方式限制了 Internet 上一些公用文件及资源的发布。为此,Internet 上的多数 FTP 服务器都提供了一种匿名 FTP 服务。

3. 匿名 FTP 服务

匿名 FTP 服务的实质是: 提供服务的机构在它的 FTP 服务器上建立一个公开账户 (一般为 Anonymous),并赋予该账户访问公共目录的权限,以便提供免费的服务。

如果用户要访问这些提供匿名服务的 FTP 服务器, 一般不需要输入用户名与用户密码。如果需要输入它们, 可以用 "Anonymous" 作为用户名, 用 "Guest" 作为用户密码;

有些 FTP 服务器可能会要求用户用自己的电子邮件地址作为用户密码。提供这类服务的服务器叫做匿名 FTP 服务器。

目前,Internet 用户使用的大多数 FTP 服务都是匿名 FTP 服务。

为了保证 FTP 服务器的安全,几乎所有的匿名 FTP 服务都只允许用户下载文件,而不允许用户向 FTP 服务器上载文件。

4. FTP 客户端程序

传统的 FTP 命令行是最早的 FTP 客户端程序,它在 Windows 中仍然能够使用,但是需要进入 MS-DOS 窗口。FTP 命令行包括了 50 多条命令,对初学者来说是比较难以使用的。

目前的浏览器不但支持 WWW 方式访问,而且还支持 FTP 方式访问,通过它可以直接登录到 FTP 服务器并下载文件。例如, 如果要访问南开大学的 FTP 服务器,只需在 URL 地址栏中输入 "ftp: //ftp. nankai. edu. cn" 即可。

使用 FTP 命令行或浏览器从 FTP 服务器下载文件时,如果在下载过程中网络连接意外中断,那么下载完的那部分文件将会前功尽弃。FTP 下载工具可以解决这个问题，通过断点续传功能可以继续进行剩余部分的传输。

目前，常用的 FTP 下载工具主要有以下几种： FlashFXP、CuteFTP、LeapFTP、AceFTP、Bullet-FTP、WS－FTP。其中，CuteFTP 是较早出现的一种 FTP 下载软件，它的功能比较强大，支持断点续传、文件拖放、上载、标签与自动更名等。FlashFXP 的使用方法很简单，但使用它只能访问 FTP 服务器。CuteFTP 是一种共享软件，可以从很多提供共享软件的站点获得，图 7-16 所示为 FlashFXP 的运行界面。

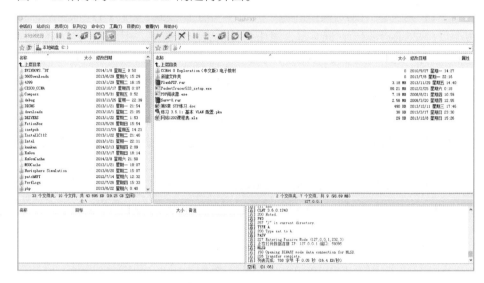

图 7-16　FlashFXP 的运行界面

5. HTTP 下载工具

使用 FTP 服务时，在将文件下载到本地前，无法了解文件的内容。为了克服这个缺点，人们越来越倾向于使用 WWW 浏览器搜索需要的文件，然后再利用 WWW 浏览器支持的下载功能下载文件。

目前，常用的 HTTP 下载工具主要有以下几种：Netants、FlashGet、NetVampire、GoZilla。其中，Netants（网络蚂蚁）是中国人开发的文件下载工具。它的功能很强，下载速度非常快。Netants 支持剪贴板自动监视功能，进一步扩展了断点续传的功能，可同时用 1~5 个连接来下载文件。Netants 适合于与浏览器配合使用：首先用浏览器找到文件的位置，然后用 Netants 来下载文件。Netants 是一种共享软件，可以从很多提供共享软件的站点获得。

7.3.6　Telnet 服务

微课　Telnet 服务

Telnet 的目的是提供远程登录或虚拟终端的能力。换句话说，Telnet 用于访问网络上的其他计算机，取得对远程计算机的控制权。Telnet 这个术语既表示提供这些服务的程序，也表示提供这些服务的协议。

使用 Telnet 可以访问远程计算机,作为远程计算机的用户使用该计算机上授权的应用程序和数据。命令格式如下：

　　telnet　IP 地址（或主机域名）

　　命令执行结果是要求以用户名登录并提供口令。如果系统接受，就可以进行访问。出于安全的考虑，大多数时候 Internet 上的计算机不会对外部用户开放 Telnet 服务。Telnet 服务一般用于技术人员进行远程管理和维护。

7.3.7　网络论坛与博客

1. 网络论坛

　　网络论坛是一个和网络技术有关的网上交流场所。如图 7-17 所示就是一个知名的网络论坛。一般就是大家口中常提的 BBS。BBS 的英文全称是 Bulletin Board System，翻译为中文就是"电子公告板"。BBS 最早是用来公布股市价格等信息的，当时 BBS 连文件传输的功能都没有，而且只能在苹果计算机上运行。因为现在的网络知识流行太快，每个行业都有一个自己在网络中进行交流的一块区域。早期的 BBS 与一般街头和校园内的公告板性质相同，只不过是通过计算机来传播或获得消息而已。一直到个人计算机开始普及之后，有些人尝试将苹果计算机上的 BBS 转移到个人计算机上，BBS 才开始渐渐普及开来。近些年来，由于爱好者们的努力，BBS 的功能得到了很大的扩充。

图 7-17　网络论坛示例

（1）教学型论坛

　　这类论坛通常如同一些教学类的博客。或者是教学网站，中心放在对一种知识的传授和学习，在计算机软件等技术类的行业，这样的论坛发挥着重要的作用，通过在论坛里浏览帖子，发布帖子能迅速地与很多人在网上进行技术性的沟通和学习。

（2）推广型论坛

这类论坛通常不是很受网民的欢迎，因其生来就注定是要作为广告的形式，为某一个企业，或某一种产品进行宣传服务，从 2005 年起，这样形式的论坛很快成立起来，但是往往这样的论坛，很难具有吸引人的性质，单就其宣传推广的性质，很难有大作为，所以这样的论坛寿命经常很短，论坛中的会员也几乎是由受雇佣的人员非自愿地组成。

（3）地方性论坛

地方性论坛是论坛中娱乐性与互动性最强的论坛之一。不论是大型论坛中的地方站，还是专业的地方论坛，都有很热烈的网民反响，如百度长春贴吧、北京贴吧或者是清华大学论坛、汽车公司论坛等，地方性论坛能够更大力度地拉近人与人的沟通，另外由于是地方性的论坛，所以对其中的网民也有了一定的局域限制，论坛中的人或多或少都来自于相同的地方，这样既有那么一点点的真实的安全感，也少不了网络特有的朦胧感，所以这样的论坛常常受到网民的欢迎。

（4）交流性论坛

交流性论坛又是一个广泛的大类，这样的论坛重点在于论坛会员之间的交流和互动，所以内容也较丰富多样，有供求信息、交友信息、线上线下活动信息、新闻等，这样的论坛是将来论坛发展的大趋势。

2. 博客

博客（Blog），又译为网络日志、部落格或部落阁等，是一种通常由个人管理、不定期张贴新的文章的网站。博客上的文章通常根据张贴时间，以倒序方式由新到旧排列。许多博客专注在特定的课题上提供评论或新闻，其他则被作为比较个人的日记。一个典型的博客结合了文字、图像、其他博客或网站的链接及其他与主题相关的媒体，能够让读者以互动的方式留下意见，是许多博客的重要要素。大部分的博客内容以文字为主，仍有一些博客专注在艺术、摄影、视频、音乐、播客等各种主题。博客是社会媒体网络的一部分。比较著名的有新浪、网易、搜狐等博客。

简言之，Blog就是以网络作为载体，简易迅速便捷地发布自己的心得，及时有效轻松地与他人进行交流，再集丰富多彩的个性化展示于一体的综合性平台。不同的博客可能使用不同的编码，所以相互之间也不一定兼容。而且，很多博客都提供丰富多彩的模板等功能，这使得不同的博客各具特色。Blog是继E-mail、BBS、ICQ之后出现的第四种网络交流方式，至今已十分受大家的欢迎，是网络时代的个人"读者文摘"，是以超级链接为武器的网络日记，是代表着新的生活方式和新的工作方式，更代表着新的学习方式。具体说来，博客（Blogger）这个概念解释为使用特定的软件，在网络上出版，发表和张贴个人文章的人。

Blog 是一个网页，通常由简短且经常更新的帖子（Post，作为动词，表示张贴的意思；作为名词，指张贴的文章）构成，这些帖子一般是按照年份和日期倒序排列的。而作为 Blog 的内容，它可以是用户纯粹个人的想法和心得，包括用户对时事新闻、国家大事的个人看法，或者用户对一日三餐、服饰打扮的精心料理等，也可以是在基于某一主题的情况下或是在某一共同领域内由一群人集体创作的内容。它并不等同于"网络日记"。作为网络日记是带有很明显的私人性质的，而 Blog 则是私人性和公共性的有效结合，它绝不仅仅是纯粹个人思想的表达和日常琐事的记录，它所提供的内容可以用来进行交流和为他人提供帮助，是可以包容整个互联网的，具有极高的共享精神和价值。一个 Blog 就是一个网页，它通常是由简短且经常更新的 Post 所构成的；这些张贴的文章都按照年份和日期排列。Blog 的内容和目的有很大的不同，从对其他网站的超级链接和评论，有关公司、个人、构想的新闻到日记、照片、诗歌、散文，甚至科幻小说的发表或张贴都有。许多 Blogs 是个人心中所想之事情的发表，其他 Blogs 则是一群人基于某个特定主题或共同利益领域的集体创作。Blog 好像是对网络传达的实时讯息。撰写这些 Weblog 或 Blog 的人就叫做 Blogger 或 Blog writer。一个 Blog 其实就是一个网页，它通常是由简短且经常更新的帖子所构成，这些张贴的文章都按照年份和日期倒序排列。

随着 Blogging 的快速扩张，它的目的与最初的浏览网页心得已相去甚远。网络上数以千计的 Bloggers 发表和张贴 Blog 的目的有很大的差异。不过，由于该沟通方式比电子邮件、讨论群组更简单和容易，Blog 已成为家庭、公司、部门和团队之间越来越盛行的沟通工具，因为它也逐渐被应用在企业内部网络（Intranet）中。

主要用途可以有以下几个方面：个人自由表达和出版；知识过滤与积累；深度交流沟通的网络新方式；博客营销。博客，之所以公开在网络上，就是因为他不等同于私人日记，博客的概念肯定要比日记大很多，它不仅仅要记录关于自己的点点滴滴，还注重它提供的内容能帮助到别人，也能让更多人知道和了解。

7.3.8 网上即时通信

即时通信系统是跨平台、可定制的 P2P 即时通信系统（集成多人视频会议功能），为各行业门户网站和企事业单位提供"一站式"定制解决方案，打造一个稳定，安全，高效，可扩展的即时通信系统，在用户使用习惯的设计上接近或兼容 MSN、TM、imo、贸易通、淘宝旺旺等即时通信产品。

目前已经发展为功能全面，高性能，高稳定成熟的可定制即时通信系统（集成多人视频会议功能），在国内行业网站应用领域处于领先地位，广泛部署在各行业门户网站（政府和企业），为会员提供优质的个性化的定制服务。

即时通信工具最初虽为聊天而诞生，但其作用早已超出了聊天的范畴，随着企业即时通信工具的出现，即时信息在网络营销中将发挥更大的作用。即时通信（Instant Messenger，IM），是一种基于互联网的即时交流消息的业务，个人级应用的 IM 代表有：百度 Hi、腾讯 QQ、微信、易信、来往、新浪 UC、网易 CC、网易泡泡、Skype、Lync、FastMsg、蚁傲、Active Messenger 等。企业级应用的 IM 代表有：协达软件、点击科技。能够即时发送和接收互联网消息等的业务。1998 年即时通信的功能日益丰富，逐渐集成了电子邮件、博客、音乐、电视、游戏和搜索等多种功能。即时通信不再是一个单纯的聊天工具，它已经发展成集交流、资讯、娱乐、搜索、电子商务、办公协作和企业客户服务等为一体的综合化信息平台。随着移动互联网的发展，互联网即时通信也在向移动化扩张。

微软、腾讯、AOL、Yahoo等重要即时通信提供商都提供通过手机接入互联网即时通信的业务，用户可以通过手机与其他已经安装了相应客户端软件的手机或计算机收发消息。

即时通信是一个终端连往即时通信网络的服务。即时通信不同于电子邮件在于它的交谈是实时的。大部分的即时通信服务提供了状态信息的特性——显示联络人名单，联络人是否在在线与能否与联络人交谈。

在互联网上受欢迎的即时通信服务包含了Windows Live Messenger、AOL Instant Messenger、Skype、WhatsApp、Yahoo! Messenger、.NET Messenger Service、Jabber、ICQ、QQ等。这些服务的许多想法都来源于历史更久的在线聊天协议——IRC。

20 世纪 70 年代早期，一种更早的即时通信形式是柏拉图系统（PLATO system）。之后在 80 年代，UNIX／Linux的交谈实时信息被广泛地使用于工程师与学术界，90 年代即时通信更跨越了互联网交流。1996 年 11 月，ICQ是首个广泛被非 UNIX/Linux 用户用于互联网的即时通信软件。在 ICQ 的介绍之后，同时在许多地方有一定数量的即时通信方式发展，且各式的即时通信程序有独立的协定，无法彼此互通。这引导用户同时运行两个以上的即时通信软件，或者他们可以使用支持多协议的终端软件，如Gaim、Miranda IM、Trillian 或Jabber。

近年来，许多即时通信服务开始提供视频会议的功能，网络电话（VoIP），与网络会议服务开始集成为兼有图像会议与实时信息的功能。于是，这些媒体的分别变得越来越模糊。仅视频会议而言，人们也习惯性地称之为网络视频会议，视频会议和网络会议的概念也变得模糊。光是会议产品就有硬件，软件和网页之分，其中的翘楚更是不乏其人，思科、ppmeet 等在其中较具代表性。

在企业即时通信市场中，腾讯 RTX、微软 LCS（前身为 OCS）、IBM Sametime 等产品占据市场绝大部分份额。其中，腾讯通过多年努力 2008 年企业用户已经超过 10 万家，用户人数接近 600 万，但由于近几年腾讯对 RTX 的支持力度有所减弱，其市场份额有所下降。IBM 是全球范围内较早涉足企业即时通信领域的服务商，国内多数跨国企业、大型集团都在使用其产品。微软 LCS 在 2008 年也在市场取得了一定的进展，在为多种行业提供解决方案。

在企业即时通信市场刚显露出巨大发展潜力时，全球范围的金融危机为这个新兴市场当头泼了一盆冷水。受资本面的影响，许多潜在的需求无法得以有效释放，因此中国企业即时通信市场陷入了缓慢发展的局面。尽管如此，该市场还远未成熟，仍然处于导入期。大厂商都保持观望的态度，而小厂商却无法支撑起整个市场的发展，中游厂商表现较活跃，成为维持市场增长的中流砥柱。从市场的长期发展看，中国企业即时通信市场近两年的年均增幅接近 20%，仍然属于快速发展时期，企业即时通信市场的活跃度将随着金融危机影响的减弱而逐渐增加。

市场的潜力需要有足够的用户需求来体现。从企业用户的需求看，2009年企业即时通信需求比 2008 年有进一步提高，中国大、中型企业为降低企业通信运营成本，并提高业务效率，已经更多地关注企业即时通信市场，全国 500强企业中有 80% 允许即时通信软件成为继电话、邮件后的又一沟通方式，部分企业采购了专业的企业级即时通信解决方案，企业已经成为即时通信工具的重要载体。这部分需求被金融危机放大的同时，又被抑制了，因此一旦经济秩序恢复正常，这部分需求将会爆发出巨大的潜力。

（1）个人即时通信

个人即时通信，主要是以个人（自然）用户使用为主，开放式的会员资料，非盈利目的，方便聊天、交友、娱乐，如 Anychat、YY 语音、IS、QQ、网易 POPO、新浪 UC、百度 HI、盛大圈圈、移动飞信、LAHOO（乐虎）、LASIN（乐信）、FastMsg、蚁傲等。此类软件，以网站为辅、软件为主，免费使用为辅、增值收费为主。

（2）商务即时通信

此处商务泛指买卖关系为主。商务即时通信，以企业平台网的聚友中国，阿里旺旺贸易通、阿里旺旺淘宝版、慧聪 TM、QQ（拍拍网，使 QQ 同时具备商务功能）、MSN、Anychat 为典型代表。

商务即时通信的主要功能，是实现了寻找客户资源或便于商务联系，以低成本实现商务交流或工作交流。此类以中小企业、个人实现买卖为主，外企方便跨地域工作交流为主，借助多方互联的信息手段，把分散在各地的与会者组织起来，通过电话进行业务会议的沟通，利用电话线作为载体来开会的新型会议模式，与传统会议相比较，具有会议安排迅速，没有时间、地域限制，费用低廉等特点。与传统点对点电话业务相比较，从功能上讲，打破通话只能局限于 2 方的界限，可以满足 3 方以上（根据不同提供商的产品，及时、有效、安全地实现多方同时通话）的通话需求，具有电话无法实现的沟通更加顺畅，信息更加真实，范围更加广泛等特点。受到资费的限制多数应用于企业日常工作中。

笔 记

（3）企业即时通信

企业即时通信，一种是以企业内部办公为主，建立员工交流平台，减少运营成本，促进企业办公效率；另一种是以即时通信为基础，整合相关应用，截至目前，企业通信软件被各类企业广泛使用，例如，协达软件与智慧门户整合的 IM、Anychat 即时通信、ActiveMessenger、网络飞鸽、腾讯 RTX、叮当旺业通、微软 Microsoft Lync、大蚂蚁 BigAnt、Anychat、IBMLotus Sametime、互联网办公室.imo、腾讯 EC 营销即时通、中国移动企业飞信、FastMsg、蚁傲、中电智能即时通信软件等。

（4）行业即时通信

主要局限于某些行业或领域使用的即时通信软件，不被大众所知。也包括行业网站所推出的即时通信软件，如化工网或类似网站推出的即时通信软件。行业即时通信软件，主要依赖于购买或定制软件，使用单位一般不具备开发能力。

（5）网页即时通信

在社区、论坛和普通网页中加入即时聊天功能，用户进入网站后可以通过右下角的聊天窗口跟同时访问网站的用户进行即时交流，从而提高了网站用户的活跃度、访问时间、用户黏度。把即时通信功能整合到网站上是未来的一种趋势，这是一个新兴的产业，已逐渐引起各方关注。

（6）泛即时通信

一些软件带有即时通信软件的基本功能，但以其他使用为主，如视频会议。泛即时通信软件对专一的即时通信软件是一大竞争与挑战。

（7）免费即时通信

免费即时通信有个人版和企业即时通信之分，其中个人版如YY 语音、百度 hi、QQ、阿里旺旺、FastMsg、新浪 UC、MSN、LAHOO（乐虎）、LASIN（乐信）、云对讲、蚁傲等。企业即时通信如 Microsoft Lync、ActiveMessenger（80 用户免费）、网络飞鸽（100 用户免费）、Anychat、腾讯 RTX、叮当旺业通、LiveUC、WiseUC、imo、汇讯、Simba、群英 CC、蚁傲、中电智能即时通信软件等。

技能实训

任务 使用 Foxmail 收发邮件

PPT

【实训目的】

① 了解 SMTP、POP 邮件服务器的作用。

② 掌握 Foxmail 的设置方法。

③ 能够使用 Foxmail 收发邮件。

【实训内容】

① 建立 Foxmail 邮箱账号。

② 使用 Foxmail 收发邮件。

③ Foxmail 的其他使用技巧。

【实训设备】

① 计算机 1 台。

② 计算机接入 Internet。

【实训步骤】

Foxmail 是一款优秀的国产电子邮件客户端软件，是中国最著名的软件产品之一，2005 年被腾讯收购。下面以 QQ 邮箱为例，介绍使用 Foxmail 管理邮件的过程。

1. 建立 Foxmail 邮箱账户

① 启用 QQ 邮箱中的"POP3/IMAP/SMTP"服务。首先登录到 QQ 邮箱，单击用户名下方的"设置"按钮，再选择"账户"选项卡，如图 7-18 所示。选中"POP3/SMTP服务"复选框，如图 7-19 所示。这样，QQ 邮箱的设置就完成了，下面可以在 Foxmail 客户端上设置与 QQ 邮箱的关联。

图 7-18　设置 QQ 邮箱

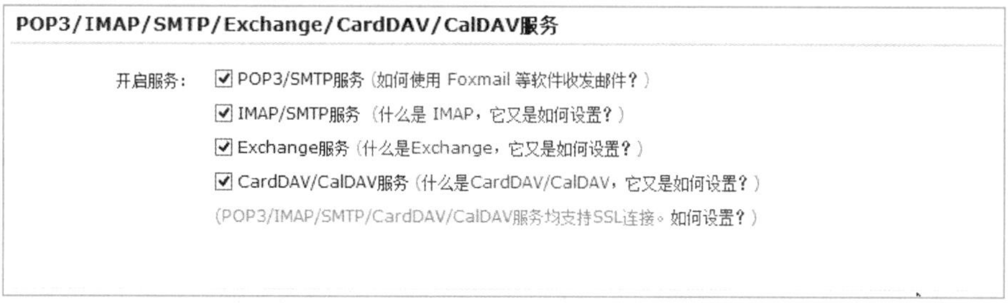

图 7-19　启用邮箱的"POP3/IMAP/SMTP"服务

② 打开 Foxmail 客户端，选择"工具"→"账号管理"菜单命令，打开"账号管理"对话框，在最下方有一个"新建"按钮，单击它来新建账号，如图 7-20 所示。

图 7-20 新建账号

③ 打开"新建账号向导"对话框，输入所要管理的 QQ 邮箱账号，再单击"下一步"按钮，如图 7-21 所示。

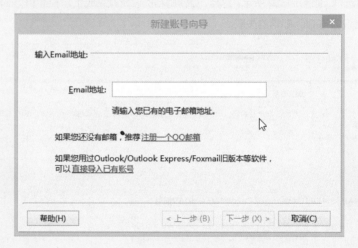

图 7-21 新建账号向导

④ 在"邮箱类型"下拉列表中选择"POP3"，这就是前面为什么要设置 QQ 邮箱的这个服务，"账号描述"是为了方便管理，比如这个账号是干什么用的，如图 7-22 所示。

⑤ 输入密码之后单击"下一步"按钮，就会出现账号测试界面，可以单击"测试"按钮，测试设置有无问题。测试时，若有错误提示，则单击"修改服务器"按钮，可以进行服务器相关设置，直到测试完全通过为止，如图 7-23 所示。

图 7-22　设置邮箱类型和密码

图 7-23　Foxmail 账号测试

2. 使用 Foxmail 收发邮件

① 使用 Foxmail 发送电子邮件。打开 Foxmail，单击"写邮件"按钮，在"写邮件"窗口中，设置收件人、主题、邮件内容、附件等。完成后，单击"发送"按钮。如图 7-24 所示。

② 使用 Foxmail 接收电子邮件。在 Foxmail 窗口中，单击"收取"按钮，可以收取邮箱中的邮件，如图 7-25 所示。

3. Foxmail 的其他使用技巧

（1）设置账户访问口令

在某一邮件账户上右击，选择"设置账户访问口令"，如图 7-26 所示，可以设置该账户在本机 Foxmail 上的访问口令。该功能只能作为最基本的安全保护，并不能真正保护数据安全，非法用户仍然可以通过其他方式取得保存在本机的邮件。

（2）过滤器的使用

过滤器是对来信和现有邮件进行合理归类、合理操作的很好的工具，该功能可以根据一系列条件组合来对信件进行处理，具体操作如下。

笔 记

图 7-24 "写邮件"窗口

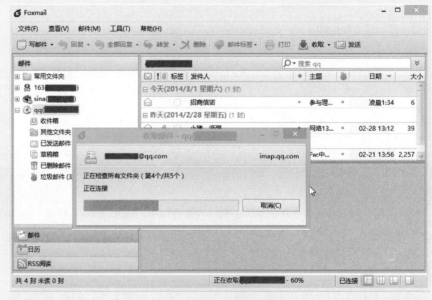

图 7-25 收取邮件

① 右击某一邮件账户,选择"过滤器"命令,如图 7-27 所示。

② 打开"过滤器"对话框,如图 7-28 所示。

③ 单击"新建"按钮,在"新建过滤器规则"对话框中,根据需要建立相应规则即可,如图 7-29 所示。

合理配置过滤器可以很好地归类邮件,提高工作效率,达到事半功倍的效果。

图 7-26　设置账户访问口令　　　　　图 7-27　使用过滤器

图 7-28　管理器管理窗口

图 7-29　新建过滤器规则

（3）搜索邮件

邮件多了重要资料会很难找，这时 Foxmail 强大的搜索功能就派上用场了，搜索框位于邮件列表的上方，如图 7-30 所示。

图 7-30　搜索框

搜索是根据邮件夹来的，如果你要搜索已发邮件，就必须到"已发邮件箱"执行搜索动作，当默认的搜索条件不够时，你还可以通过"添加条件"来增加搜索条件。

（4）清空 Foxmail 邮箱的方法

Foxmail 管理邮件的功能非常强大，但是它有一个小缺点：当信箱中的信件一多时，处理起来异常缓慢，有时甚至会停止。通常解决的方法是进入 Foxmail，然后把信箱中的稿件删除，最后再清空、压缩废件箱。

不过，在清空包含有多封信的信箱时也会引起 Foxmail 的停止反应。其实，有一个非常巧妙的方法可以解决这个问题：运行 Foxmail 安装程序，把它安装到另一个全新文件夹下，然后运行刚刚安装的 Foxmail，顺着向导新建一个用户名，如小张，再进入 Foxmail 下 Mail 文件夹中的用户名文件夹（如 C:/Foxmail/Mail/小张），此时会发现 Account.stg、in.BOX、in.IND、out.BOX、out.IND、sent.BOX、sent.IND、trash.BOX 和 trash.IND 共 9 个文件，选中除 Account.stg 外的 8 个文件，把它们复制到原 Foxmail 下 Mail 文件夹的用户文件夹中（如 G:/Foxmail-Mail/Articles），并覆盖同名文件，即可快速清空相应用户的所有信箱了。

（5）定时接收邮件

在以前使用 Foxmail 收邮件时，一直都是依靠手动的方式来对邮件进行管理，这样不仅操作复杂，还耽误时间。Foxmail 提供了很多自动功能完全能够代替动手才能完成的工作。下面设置让 Foxmail 在固定的时间自动收信。

右击账户，选择"属性"命令，打开"账号管理"对话框，选择"服务器"选项卡，选中"每隔几分钟自动收取新邮件"复选框，再选中"每隔"复选框并在后面的文本框中输入所需的时间即可。该时间间隔可视信件的重要程度而定，对于越重要的信，时间可设得越短，如 15 分钟，如图 7-31 所示。

图 7-31　设置定时接收邮件

【问题与思考】

① SMTP 服务器和 POP 服务器的作用分别是什么？

② IMAP 协议和 POP3 协议有何区别？

③ 还能举例说出其他的邮件管理客户端工具吗？请在课后尝试使用。

笔 记

知识拓展 Intranet 与 Extranet

与 Internet 相比，Intranet 在网络安全方面能提供更加有效的控制措施，克服了 Internet 安全保密方面的不足。Intranet 的信息传输速度一般比 Internet 要快得多。从企业或机构的角度来看，Internet 是面向全球的，而 Intranet 是面向各单位内部的。主要差别在于前者强调其开放性，而后者更注重网络资源的安全性。Internet 和 Intranet 的区别在于 Internet 连接了全球各地的网络，是公用的网络，允许任何人从任何一个站点访问它的资源；而 Intranet 是一种企业内部的计算机信息网络，是专用或私有的网络，对其访问具有一定的权限，其内部信息必须严格加以维护，因此对网络安全性有特别要求，如必须通过防火墙与 Internet 连接。

Intranet 仅适用于企业内部，满足公司内部员工的信息查询，不能满足其他人员，如客户、经销商和供货商对企业内部信息的密切关注。Extranet 弥补了 Intranet 在与外界联系方面的不足，成了 Intranet 的新发展。在操作权限上，Internet 提供的服务基本上对用户没有权限控制或很少控制，而 Intranet 提供的控制是很严格的。在内容上互联网提供信息的页面以静态为主，而内联网提供的信息内容大部分与数据库有关，即内联网提供的信息内容是动态的，随着底层数据库的变化而变化。在服务对象方面互联网服务的对象是全世界用户，而内联网服务的对象是企业员工。

Extranet 可以看作是把 Intranet 网络构筑技术应用到企业与企业之间，是 Intranet 的扩展和延伸。Extranet 位于 Intranet 和 Internet 的中间位置，它不像 Internet 那样为大众提供公用的通信信道，也不同于 Intranet 那样只为企业内部提供服务，不对公众公开，它对一些有选择的合作者开放或有选择地向公众提供服务。

Intranet 只有与 Internet 互连才能真正发挥作用。Extranet 是一个使用 Internet/Intranet 技术使企业与其客户和其他企业相连来完成其共同目标的合作网络。Extranet 可以作为公用的 Internet 和专用的 Intranet 之间的桥梁，也可以被看作是一个能被企业成员访问或与其他企业合作的企业 Intranet 的一部分。Extranet 通常与 Intranet 一样位于防火墙之后，但不像 Internet 为大众提供公共的通信服务和 Intranet 只为企业内部服务和不对公众公开，而是对一些有选择的合作者开放或向公众提供有选择的服务。Extranet 访问是半私有的，用户是由关系紧密的企业结成的小组，信息在信任的圈内共享。Extranet 非常适合于具有时效性的信息共享和企业间完成共有利益目的的活动。

单元小结

本章介绍了如何使用 Internet 的一些资源服务，主要包括浏览器的使用、收发电子邮件、文件的传输与下载、远程登录、新闻讨论组的使用和 Internet 信息资源检索等内容。

思考与练习

一、填空题

1. Internet 的组成部分主要有_____、_____、_____、_____等。

2. _____是 Internet 上唯一确定资源的方法。

3. 网络上的计算机之间通信要采用相同的协议，FTP 是一种常用的_____层协议。

4. 从计算机域名到 IP 地址翻译的过程称为_____。

5. _____是指在因特网或任何一个 TCP/IP 构架的网络中查询域名或 IP 地址的目录服务系统。

6. 因特网中 URL 的中文意思是_____。

二、选择题

1. 最早出现的计算机网络是（　　）。

    A. Internet　　　　　　　　　　B. Bitnet

    C. ARPANET　　　　　　　　　D. Ethernet

2. 因特网 Internet 是基于（　　）协议的互连开放网络。

    A. IPX　　　　　　　　　　　　B. NetBIOS

    C. OSI　　　　　　　　　　　　D. TCP/IP

3. 由于 IP 地址难以记忆，所以人们使用（　　）系统，在主机 IP 和域名之间建立映射关系。

    A. 防火墙　　　　　　　　　　　B. 地址映射

    C. DNS　　　　　　　　　　　　D. IPv6

4. 用于电子邮件的协议是（　　）。

    A. IP　　　　　　　　　　　　　B. TCP

    C. SNMP　　　　　　　　　　　D. SMTP

5. Web 使用（　　）进行信息传递。

    A. HTTP　　　　　　　　　　　B. HTML

    C. FTP　　　　　　　　　　　　D. TELNET

6. 在下面的服务中，（　　）不属于 Internet 标准的应用服务。

    A. WWW 服务　　　　　　　　　B. Email 服务

    C. FTP 服务　　　　　　　　　　D. NetBIOS 服务

7. 下面是某单位的主页的 WEB 地址 URL，其中符合 URL 格式的是（　　）。

    A. http:www.jnu.edu.cn　　　　　B. http// www.jnu.edu.cn

习题库

case

试题库

case

C. http:// www.jnu.edu.cn   D. http:/ www.jnu.edu.cn

8. 电子邮件能传送的信息（   ）。

A. 是压缩的文字和图像信息   B. 只能是文本格式的文件

C. 是标准 ASCII 字符   D. 是文字、声音和图形图像信息

9. 一个用户想使用电子信函（电子邮件）功能，应当（   ）。

A. 向附近的一个邮局申请，办理建立一个自己专用的信箱

B. 把自己的计算机通过网络与附近的一个邮局连起来

C. 通过电话得到一个电子邮局的服务支持

D. 使自己的计算机通过网络得到网上一个 Email 服务器的服务支持

10. FTP 是 Internet 中（   ）。

A. 发送电子邮件的软件   B. 浏览网页的工具

C. 用来传送文件的一种服务   D. 一种聊天工具

11. 互联网上的服务都是基于一种协议，WWW 服务基于（   ）协议。

A. SMIP   B. HTTP

C. SNMP   D. TELNET

12. 文件传输和远程登录都是互联网上的主要功能之一，它们都需要双方计算机之间建立起通信联系，两者的区别是（   ）。

A. 文件传输只能传输计算机上已存有的文件，远程登录则还可以直接在登录的主机上进行建目录、建文件、删除文件等其他操作

B. 文件传输只能传递文件，远程登录则不能传递文件

C. 文件传输不必经过对方计算机的验证许可，远程登录则必须经过对方计算机的验证许可

D. 文件传输只能传输字符文件，不能传输图像、声音文件；而远程登录则可以

13. 使用浏览器访问网站时，第一个被访问的网页称为（   ）。

A. 网页   B. 网站

C. HTML 语言   D. 主页

14. 下列哪个地址是电子邮件地址？（   ）

A. CSSC@263－NET   B. CSSC@263.NET

C. CSSC@263.NET.COM   D. CSSC@263

三、名词解释

1. Internet   2. DNS   3. WWW   4. FTP

5. Telnet   6. SMTP   7. POP3

四、简答题

1. 什么是 URL？说明"http: / /www. sohu. com. cn / news /1657. htm"中各部分的含义。

2. 一个电子邮箱地址为 nhjsj @ 126. com，说明各个部分的含义。

3. 在配置电子邮件客户端软件（如 Foxmail）时，需要配置 SMTP 服务器和 POP3 服务器。说明这两个服务器的作用。

4. 利用搜索引擎整理出一篇关于中国 Internet 骨干网的材料。

五、操作题

1. 在计算机中安装 FlashFXP 或 CuteFTP 软件，并使用该软件访问一个 FTP 网站。

2. 在 IE 地址栏中输入 http://www.baidu.com 或 http://www.google.com，然后利用该搜索工具搜索"计算机网络"，将计算机网络的介绍内容复制到 Word 文档，并保存为 dxp.doc 文件。

3. 在 www.163.com 或 www.sohu.com 上申请一个免费邮箱，然后发一封邮件给你的老师，老师的邮箱地址可向老师询问。邮件主题是：老师你好，我的姓名是×××，邮件附件是上题的 dxp 文件。

4. 从网上下载 Foxmail 软件，安装并完成 Foxmail 中邮件服务器的设置，然后用 Foxmail 重做上题。

单元 **8**

网络安全与
网络管理

 学习目标

【知识目标】

■ 理解网络安全的定义。

■ 掌握常用的网络安全技术。

■ 掌握网络病毒的诊断和防护办法。

■ 理解防火墙的作用和其局限性。

■ 了解网络管理的作用。

■ 掌握网络常见故障的分析和排除方法。

■ 掌握常用网络命令的使用方法。

【技能目标】

■ 具备使用流行的防火墙软件进行网络安全防护的能力。

■ 具备排除网络常见故障的能力。

■ 具备网络常用命令和工具的应用能力。

【素养目标】

■ 通过网络安全法律法规，保护网络用户合法权益，不做任
何违法的网络攻击行为。

■ 培养网络运维日志的收集和整理的习惯。

■ 自我分析问题和解决问题的能力。

引例描述

小凡的计算机最近感染了病毒，有人说是被网络攻击了，小凡不知道到底是安装杀毒软件还是安装防火墙？它们有什么区别？还有，现在经常有朋友说上不了网，要请他帮忙处理，他该如何来排除网络故障呢？

基础知识

8.1 安全防护和病毒检测

以互联网为代表的全球信息化浪潮日益高涨，计算机及信息网络技术的应用层次不断深入，应用领域从传统的小型业务系统逐渐向大型的关键业务系统扩展，典型的有政府部门业务系统、金融业务系统、企业商务系统等。伴随网络的普及，网络安全日益成为影响网络应用的重要问题，而由于网络自身的开放性和自由性特点，在增加应用自由度的同时，对安全提出了更高的要求。如何使网络信息系统免受黑客和商业间谍的侵害，已成为信息化建设健康发展必须考虑的重要问题。

8.1.1 网络安全概述

在计算机和互联网快速发展的同时，数据信息已经是网络中最宝贵的资源，网上失密、泄密、窃密及传播有害信息的事件屡有发生。一旦网络中传输的用户信息被有意窃取、篡改，对于用户和企业本身造成的损失都是不可估量的。无论是对于那些庞大的服务提供商的网络，还是小到一个企业的某一个业务部门的局域网，网络安全的实施均迫在眉睫。

什么是计算机网络安全？

从广义上讲，网络安全是一门涉及计算机科学、网络技术、通信技术、密码技术、信息安全技术、应用数学、数论、信息论等多种学科的综合性科学。ITU-T X.800 标准对"网络安全"进行了逻辑上的定义。

安全攻击：指损害机构所拥有信息的安全的任何行为。

安全机制：指设计用于检测、预防安全攻击或者恢复系统的机制。

安全服务：指采用一种或多种安全机制以抵御安全攻击、提高机构的数据处理系统安全和信息传输安全能力的服务。

在网络安全行业中，计算机网络安全是指保持网络中的硬件系统和软件系统正常运行，使它们不因自然和人为的因素而受到破坏、更改和泄露。网络安全主要包括物理安全、软件安全、信息安全和运行安全 4 个方面的内容。

① 物理安全：包括硬件、存储介质和外部环境的安全。硬件是指网络中的各种设备和通信线路，如主机、路由器、服务器、工作站、交换机、电缆等；存储介质包括磁盘、光盘等；外部环境则主要指计算机设备的安装场地、供电系统等。保障物理安全，就是要保证这些硬件设施能够正常工作而不被损害。

② 软件安全：是指网络软件以及各个主机、服务器、工作站等设备所运行的软件的安全。保障软件安全，就是保证网络中的各种软件能够正常运行而不被修改、破坏和非法使用。

③ 信息安全：是指网络中所存储和传输数据的安全，主要体现在信息隐蔽性和防止修改的能力上。保障信息安全，就是保护网络中的信息不被非法地修改、复制、解密、使用等，也是保障网络安全最根本的目的。

④ 运行安全：指网络中的各个信息系统能够正常运行并能正常地通过网络交流信息。保障运行安全，就是通过对网络系统中的各种设备运行状况进行监测，发现不安全因素时，及时报警并采取相应措施，消除不安全状态，以保障网络系统的正常运行。

根据网络安全的定义，网络安全应具备下面 5 个基本特征：可靠性、可用性、保密性、完整性和不可抵赖性。

① 可靠性。可靠性是网络安全最基本的要求之一，是指系统在规定条件下和规定时间内完成规定功能的概率。如果网络不可靠、经常出问题，这个网络就是不安全的。目前，对于网络可靠性的研究主要偏重于硬件可靠性方面。研制高可靠性硬件设备，采取合理的冗余备份措施是最基本的可靠性对策。但实际上有许多故障和事故，与软件可靠性、人员可靠性和环境可靠性有关。人员可靠性在通信网络可靠性中起着重要作用，有关资料表明，系统失效中很大一部分是由人为因素造成的。

② 可用性。可用性是可被授权实体访问并按需求使用的特性，即当需要时能否存取所需的信息。网络最基本的功能是向用户提供所需的信息和通信服务，而用户的通信要求是随机的、多方面的，有时还要求时效性。网络必须随时满足用户通信的要求。从某种意义上讲，可用性是比可靠性更高的要求，尤其是在重要场合下，特殊用户的可用性显得十分重要。为此，网络需要采用科学合理的网络拓扑结构、必要的冗余、容错和备份措施以及网络自愈技术、分配配置和负荷分担、各种完善的物理安全和应急措施等，从满足用户的需求出发，

保证通信网络的安全。网络环境下拒绝服务、破坏网络和有关系统的正常运行等都属于对可用性的攻击。

③ 保密性。保密性指信息不被泄露给非授权用户、实体或过程，信息只能被授权用户使用。保密性是对信息的安全要求，它是在可靠性和可用性的基础上，保障网络中信息安全的重要手段。对于敏感用户信息的保密，是人们研究最多的领域。由于网络信息会成为黑客、计算机犯罪、病毒甚至信息战的攻击目标，所以保密性显得尤为重要。

④ 完整性。完整性也是面向信息的安全要求。它是指信息不会被偶然或蓄意地删除、修改、伪造、乱序、重放、插入等操作破坏的特性。它与保密性不同，保密性是防止信息泄露给非授权的用户，而完整性则要求信息的内容和顺序都不受破坏和修改。用户信息和网络信息都要求完整性，例如涉及金融的用户信息，如果用户账目被修改、伪造或删除，将带来巨大的经济损失。一旦网络中的网络信息受到破坏，严重的还会造成通信网络的瘫痪。

⑤ 不可抵赖性。不可抵赖性也称作不可否认性，是面向通信双方（人、实体或进程）信息真实的安全要求。它包括收发双方均不可抵赖。随着通信业务的不断扩大，电子贸易、电子金融、电子商务和办公自动化等许多信息处理过程都需要通信双方对信息内容的真实性进行认同，为此，应采用数字签名、认证、数据完备、鉴别等有效措施，以实现信息的不可抵赖性。

网络的安全不仅仅是防范窃密活动，其可靠性、可用性、完整性和不可抵赖性应作为与保密性同等重要的安全目标加以实现。我们应从观念上、政策上做出必要的调整，全面规划和实施网络信息的安全。

8.1.2 网络安全的威胁与对策

计算机网络，不论是有线网络还是无线网络，都已迅速成为人们日常活动中不可或缺的一部分。个人与组织依靠计算机和网络来处理电子邮件、财务、组织和管理文件之类的工作。而网络入侵者的行为可能导致网络的中断和工作成果的丢失。网络攻击的破坏性，可能造成重要信息的损坏、资产的损失，在时间和金钱方面产生负面的影响。

入侵者可通过软件漏洞、硬件攻击甚至一些科技含量很低的方法（如猜测某人的用户名和密码）来获得对网络的访问权。通过修改或利用软件漏洞来获取访问权的入侵者通常被称为黑客（Hacker）。

一旦黑客取得网络的访问权，就可能给网络带来以下 4 种威胁。

① 信息盗窃：指的是入侵计算机系统盗取机密信息，然后从不同的目的出发对信息加以利用，如盗窃公司的正在研发的专利技术信息。

② 身份窃取：是一种通过冒用他人合法身份，来窃取个人信息的网络攻击方式。通过身份窃取，黑客可以非法获取文件、植入后门或者进行未经授权的在线购物。现如今，身份窃取案件日渐增多，每年造成的损失多达数十亿。

③ 数据丢失/操纵：指的是通过入侵计算机系统，进行数据记录的删除或修改，如发送可格式化计算机硬盘的病毒，或者更改电子商务网站的商品价格。

④ 拒绝服务：指的是阻止合法用户访问其有权使用的服务。

1. 网络威胁的分类

网络入侵者造成的安全威胁可能来自网络外部和内部两个源头。

（1）外部威胁

外部威胁是由网络外部活动的个人引起的，他们没有访问单位计算机系统或网络的权限。外部攻击者主要通过 Internet、无线连接或远程访问服务器进入网络。

（2）内部威胁

内部威胁是由具备网络授权账户的个人，或能够实际接触网络设备的人员导致的。内部攻击者了解内部的政策和人员，他们往往清楚地知道什么信息有价值而且易受攻击，以及如何获得该信息。

然而，并不是所有内部攻击都是蓄意的。在某些情况下，一个受信任的员工在公司外部工作时可能会感染上病毒，然后在不知情的情况下将它带到内部网络中，从而造成内部威胁。

许多公司在防御外部攻击上花费了大量资源，但大多数威胁其实来自内部。据美国 FBI 调查显示，在报告的安全入侵事件中，约有 70% 都是因内部访问和计算机系统账户使用不当造成的。

对于内外两个源头的入侵者而言，要想获得访问权，最简单的一种方法就是利用人类行为的弱点。

2. 社会工程攻击

利用人类弱点的常见方法之一便是"社会工程"（Social Engineering）。

"社会工程"一般指某事或某人影响某个人群的行为的能力。在计算机和网络安全方面，社会工程代表用来欺骗内部用户执行特定操作或暴露机密信息的一种技术。

通过采用这些技术，攻击者可利用没有设防的合法用户来获取内部资源和私密信息（如银行账户或密码）的访问权。

用户通常被认为是安全体系中最薄弱的环节之一，社会工程攻击正是利用了这一点。社会工程攻击者可能位于组织内部或外部，但通常不会与受害者面对面打交道。

社会工程中最常用的三种技术为假托、网络钓鱼和语音/电话钓鱼。

（1）假托

假托（Pretexting）是一种通过欺诈获得不知情者信息的社会工程攻击方式，攻击者对受害人编造虚假情景，使受害人泄露信息或执行某种操作。通常假托攻击多被用于金融欺诈。要使假托起作用，攻击者必须能够与目标人员或受害人建立合理联系。为此，攻击者一般需要预先进行一些了解或研究。例如，如果攻击者知道攻击目标的社会保险号码，他们就会使用该信息来获取攻击目标的信任。那么攻击目标便很有可能进一步泄露信息。

（2）网络钓鱼

网络钓鱼是一种社会工程方式，网络钓鱼者将自己伪装为外部机构的合法人员。他们通常通过电子邮件联系攻击目标个人（网络钓鱼受害者）。网络钓鱼

笔 记

者可能会声称，为了避免某些负面的影响，要求攻击目标提供确认信息（例如密码或用户名）。

（3）语音钓鱼/电话钓鱼

一种使用 IP 语音（VoIP）的新式社会工程被称为"语音钓鱼"。在语音钓鱼攻击中，用户会收到一封语音邮件，邮件中指示他们拨打一个看上去像是正规的电话银行客服号码。随后，没有设防的用户在拨打该号码时，通话会被窃贼截听。为了进行确认而通过电话输入的银行账户号码或密码便被攻击者窃取。

3. 病毒、蠕虫和特洛伊木马

除了社会工程外，还存在一些其他类型的攻击，这些攻击借助计算机软件的漏洞来执行。此类攻击技术包括：病毒、蠕虫和特洛伊木马。这些都是通过恶意软件侵入主机，损坏系统、破坏数据以及拒绝对网络、系统或服务的访问。它们还可将数据和个人详细信息从没有设防的计算机用户转发到犯罪者手中。在许多情况下，它们会自身复制，然后传播至连接到网络的其他主机。

有时，这些技术会结合社会工程使用，以欺骗没有设防的用户执行攻击。

微课　计算机病毒

笔记

（1）病毒

病毒是通过修改其他程序或文件来运行和传播的一种程序。病毒无法自行启动，需要受到激活。有的病毒一旦激活，便会迅速自我复制并四处传播，但不会执行其他操作。这类病毒虽然很简单，但仍然非常危险，因为它们会迅速占用所有可用内存，导致系统停机。编写的更为恶毒的病毒可能会在传播前删除或破坏特定的文件。病毒可通过电子邮件附件、下载的文件、即时消息或磁盘、光盘或 USB 设备传输。

（2）蠕虫

蠕虫类似于病毒，与病毒不同的是它无须将自身附加到现有的程序中。蠕虫使用网络将自己的副本发送到任何所连接的主机中。蠕虫可独立运行并迅速传播，它并不一定需要激活或人类干预才会发作。自我传播的网络蠕虫所造成的影响可能比单个病毒更为严重，而且可迅速造成 Internet 大面积感染。

（3）特洛伊木马

特洛伊木马是一种非自体复制型程序，它以合法程序的面貌出现，但实质上却是一种攻击工具。特洛伊木马依赖于其合法的外表来欺骗受害人启动该程序。它的危害性可能相对较低，但也可能包含可损坏计算机存储内容的代码。特洛伊木马还可为系统创建后门，从而使黑客获得访问权。

4. DoS（拒绝服务）攻击

有时，攻击者的目的是停止网络的正常运行。此类攻击的目的通常是中断某单位网络的运作。

DoS 攻击是针对单个计算机或一组计算机执行的一种侵略性攻击，目的是拒绝为特定用户提供服务。DoS 攻击可针对终端系统、服务器、路由器和网络连接发起。

一般而言，DoS 攻击的意图如下。

① 使用通信量淹没系统或网络，以阻止正常网络通信量通行。

② 中断客户端与服务器之间的连接，以阻止对服务器的访问。

DoS 攻击包括多种类型。安全管理员需要对可能发生的 DoS 攻击类型保持警惕，确保网络受到严密保护。下面简单介绍两种常见的 DoS 技术。

"SYN Flood"攻击：向服务器发送大量请求客户端连接的数据包。这些数据包中包含无效的源 IP 地址。服务器会因为试图响应这些虚假请求而变得极为忙碌，导致无法响应合法请求。

"Ping to Death"攻击：向设备发送超过 IP 所允许的最大大小（65535 字节）的数据包。这可导致接收系统崩溃。

DDoS 攻击是在传统的 DoS 攻击基础之上产生的一类攻击方式。单一的 DoS 攻击一般是采用一对一方式的，当攻击目标 CPU 速度低、内存小或者网络带宽小等各项指标不高时，它的效果是明显的。随着计算机与网络技术的发展，计算机的处理能力迅速增长，内存大大增加，同时也出现了千兆级别的网络，这使得 DoS 攻击的困难程度加大——目标对恶意攻击包的"消化能力"加强了，例如，攻击软件每秒钟可以发送 3000 个攻击包，但用户的主机与网络带宽每秒钟可以处理 10000 个攻击包，这样一来攻击就不会产生什么效果。

分布式拒绝服务（DDoS：Distributed Denial of Service）攻击指借助于客户/服务器技术，将多个计算机联合起来作为攻击平台，对一个或多个目标发动 DoS 攻击，从而成倍地提高拒绝服务攻击的威力。通常，攻击者使用一个偷窃账号将 DDoS 主控程序安装在一个计算机上，在一个设定的时间主控程序将与大量代理程序通信，代理程序已经被安装在 Internet 上的许多计算机上。代理程序收到指令时就发动攻击。利用客户/服务器技术，主控程序能在几秒钟内激活成百上千次代理程序的运行。

暴力攻击是另一种可能造成拒绝服务的攻击。在暴力攻击中，攻击者使用运行速度很快的计算机来尝试猜测密码或破解加密密钥。攻击者会在短时间内尝试大量可能的密码来获得密钥、获取访问权限。暴力攻击可引发针对特定资源的泛洪通信，造成用户账户锁定，从而导致拒绝服务。

5. 其他网络威胁

除社会工程、病毒、蠕虫、特洛伊木马和 DoS 攻击之外，常见的网络威胁还包括间谍软件、跟踪 Cookies、弹出广告和垃圾邮件等。

（1）间谍软件

间谍软件是一种程序，用于在未得到用户许可或用户不知情的情况下从计算机中收集个人信息。然后，这些个人信息会发送至 Internet 上的广告商或第三方，其中可能包含密码和账户号码。

间谍软件通常是在下载文件、安装其他程序或单击弹出广告时暗中安装。它会降低计算机速度，更改内部设置，导致更多的漏洞暴露给其他威胁。此外，间谍软件也难以删除。

（2）跟踪 Cookies

Cookies 指某些网站为了辨别用户身份、进行 session 会话跟踪而储存在用户本地终端上的数据（通常经过加密）。最新的标准是 RFC6265。

网站可以利用 Cookies 跟踪统计用户访问该网站的习惯，如什么时间访问、访问了哪些页面、在每个网页的停留时间等。利用这些信息，一方面是可以为用户提供个性化的服务，另一方面，也可以作为了解用户行为的工具，对于网站经营策略的改进有一定参考价值。目前 Cookies 最广泛的应用是记录用户登录信息，下次访问时可以不需要输入自己的用户名、密码——当然这种便利也存在用户信息泄密的问题。

在历年的央视 3·15 晚会中，互联网个人隐私问题被重点曝光，不法公司即是利用 Cookies 跟踪技术采集用户的个人信息，并将其转卖给网络广告商，形成了一条窃取用户信息的灰色产业链。这严重干扰了用户的正常网络应用，侵害了个人的隐私和利益。

（3）广告软件

广告软件是另一种形式的间谍软件，它通过用户访问的网站收集用户信息。这些信息之后会被利用进行针对性的广告宣传。广告软件一般是作为用户使用"免费"产品的交换条件而安装的。用户打开浏览器窗口时，广告软件会启动新的浏览器实例，以借助用户的网络冲浪行为推销产品或服务。这个用户不希望看到的浏览器窗口会重复打开，使得在 Internet 上冲浪变得非常不便，在 Internet 连接速度慢时尤其如此。广告软件一般难以卸载。

（4）弹出广告和背投广告

弹出广告和背投广告是用户在浏览网站时显示的附加广告宣传窗口。与广告软件不同，弹出广告和背投广告并不收集关于用户的信息，而且通常只与所访问的网站关联。其中，在当前浏览器窗口前端打开的是弹出广告，而背投广告一般在当前浏览器窗口的后端打开。这些广告影响了网络用户的正常网络应用，非常招人反感。

（5）垃圾邮件

人们对电子通信方式的依赖程度日益上升，这一现象造成了大量烦人的电子邮件四处传播。有时，商人不想费时间细分目标用户进行营销，他们的打算是向尽可能多的最终用户发送电子邮件，期待其中某些人会对他们的产品或服务感兴趣。这种通过 Internet 大量散发的营销邮件称为垃圾邮件。

垃圾邮件是非常严重的网络威胁，可导致 ISP、电子邮件服务器和最终用户系统不堪重负。发送垃圾邮件的个人或组织称为垃圾邮件发送者。垃圾邮件发送者通常利用未受安全保护的电子邮件服务器来转发电子邮件。垃圾邮件发送者可能使用黑客技术（如病毒、蠕虫和特洛伊木马）来控制个人计算机。受控的这些计算机就会被用来在主人毫不知情的情况下发送垃圾邮件。垃圾邮件可通过电子邮件发送，如今它们还可通过即时消息软件发送。

据估计，Internet 上的每个用户每年收到的垃圾电子邮件超过 3000 封。垃圾邮件消耗了大量的 Internet 带宽，此问题的严重性已引起了许多国家的重视，各国纷纷出台法律管制垃圾邮件的使用。

6. 网络防护策略

安全威胁无法彻底消除或预防。要将风险降至最低，人们必须认识到一点：没有任何一件产品可为个人或单位提供绝对的安全保护。要获得真正的网络安全，需要结合应用多种产品和服务、制定彻底的安全策略并严格实施。

安全策略是对防护规则的正式声明，用户在访问网络资源时必须遵守这些规则。它可能像办公室日常管理条款一样简单，也可能长达数百页，对用户使用网络的每个方面都做了详细规定。在考虑如何保护、监控、测试和改进网络等涉及网络安全的时候，制定安全策略应成为工作内容的核心。尽管大多数个人用户没有使用安全策略的习惯，但随着网络的规模和范围不断扩张，为所有用户定义一份适当的安全策略变得日益重要。安全策略中应包含以下内容：网络身份验证策略、密码策略、制定白名单、远程访问策略、网络维护策略和事件处理规范等。

① 网络身份验证策略：指定合法用户对网络资源进行授权使用，并可验证用户程序的授权。另外，还包括对配线间和重要网络资源（如服务器、交换机、路由器和接入点）的访问控制。

② 密码策略：确保密码符合复杂度要求，并定期更换密码。

③ 制定白名单：确定可以接受的网络应用程序和会话。

④ 远程访问策略：明确远程用户访问网络的方式，以及通过远程连接可以访问的内容。

⑤ 网络维护策略：指定网络操作系统和用户终端程序的更新规范。

⑥ 事件处理规范：描述处理安全事件的方法。

制定安全策略后，网络中的所有用户都必须支持和遵守该策略。这样，安全策略才能真正发挥作用。

8.1.3 常用网络安全技术

安全策略通过安全规程实施，这些规程定义了主机和网络设备的配置、登录、审计和维护过程，还包括使用预防性措施来降低风险，以及采用主动措施来处理已知安全威胁。安全规程的形式多样，包括从简单的维持软件版本最新到实施复杂的防火墙和入侵检测系统等。

常用的网络安全防护工具和应用程序包括：软件补丁更新、反病毒软件、反垃圾邮件软件、反间谍软件、弹出广告拦截器、防火墙等。

1. 软件补丁更新

黑客用来获取主机和（或）网络访问的常见方法之一便是利用软件漏洞，因而及时对软件应用程序应用更新安全补丁以阻止威胁极为重要。补丁是修复特定问题的一小段代码。更新程序则可能包含要添加到软件包中的附加功能以及针对特定问题的补丁。

操作系统（如 Linux、Windows）和应用程序厂商会不断提供更新和安全补丁，以修补软件中已知的漏洞。此外，厂商通常还会发布补丁和更新的集合，称为服务包。通常大多数操作系统和安全软件都具有自动更新功能，可通过网络自行下载和安装操作系统与应用程序更新。

2. 反病毒软件

操作系统和应用程序即使应用了所有最新的补丁和更新，仍然容易遭到攻击。任何连接到网络的设备都可能会感染上病毒、蠕虫和特洛伊木马。这些攻击可破坏操作系统文件、影响计算机性能、更改用户程序、毁坏数据。

感染病毒、蠕虫或特洛伊木马后，计算机可能出现如下症状。

- 计算机行为开始变得不正常。
- 程序不响应鼠标和键盘操作。
- 程序自行启动或关闭。
- 电子邮件程序开始外发送大量电子邮件。
- CPU 使用率非常高。
- 有陌生的或大量进程运行。
- 计算机速度显著下降或时常崩溃。

为了保护计算机和网络的安全，降低病毒、蠕虫、特洛伊木马对用户数据的影响，反病毒软件通常通过三种技术来执行反病毒的功能：计算机病毒的预防技术、病毒检测技术及病毒清除技术。

（1）计算机病毒的预防技术

计算机病毒的预防技术就是通过一定的技术手段防止计算机病毒对系统的传染和破坏。实际上这是一种动态判定技术，即一种行为规则判定技术。也就是说，计算机病毒的预防是采用对病毒的规则进行分类处理，而后在程序运作中凡有类似的规则出现则认定是计算机病毒。具体来说，计算机病毒的预防是通过阻止计算机病毒进入系统内存或阻止计算机病毒对磁盘的操作，尤其是写操作。

预防病毒技术包括：磁盘引导区保护、加密可执行程序、读写控制技术、系统监控技术等。例如，大家所熟悉的防病毒卡，其主要功能是对磁盘提供写保护，监视在计算机和驱动器之间产生的信号，以及可能造成危害的写命令，并且判断磁盘当前所处的状态：哪一个磁盘将要进行写操作，是否正在进行写操作，磁盘是否处于写保护等，来确定病毒是否将要发作。计算机病毒的预防应用包括对已知病毒的预防和对未知病毒的预防两个部分。目前，对已知病毒的预防可以采用特征判定技术或静态判定技术，而对未知病毒的预防则是一种行为规则的判定技术，即动态判定技术。

（2）病毒检测技术

计算机病毒的检测技术是指通过一定的技术手段判定出特定计算机病毒的一种技术。它有两种：一种是根据计算机病毒的关键字、特征程序段内容、病毒特征及传染方式、文件长度的变化，在特征分类的基础上建立的病毒检测技术；另一种是不针对具体病毒程序的自身校验技术，即对某个文件或数据段进行检验和计算并保存其结果，以后定期或不定期地以保存的结果对该文件或数据段进行检验，若出现差异，即表示该文件或数据段完整性已遭到破坏，感染上了病毒，从而检测到病毒的存在。

（3）病毒清除技术

计算机病毒的清除技术是计算机病毒检测技术发展的必然结果，是计算机病毒传染程序的一种逆过程。目前，清除病毒大都是在某种病毒出现后，通过对其进行分析研究而研制出来的具有相应解毒功能的软件。这类软件技术发展往往是被动的，带有滞后性。而且由于计算机软件所要求的精确性，杀毒软件有其局限性，对有些变种病毒的清除无能为力。

目前市场上流行的卡巴斯基、诺顿、趋势杀毒、avast、McAfee，我国的360 杀毒、baidu 杀毒、瑞星、金山毒霸、江民等反病毒产品均包括上述的三种反病毒技术，即防毒、查毒和杀毒。

为了保护系统的安全、增强用户体验，反病毒软件还具有以下功能。

● 电子邮件检查：扫描传入和传出电子邮件，识别可疑的附件。

● 常驻内存数据的动态扫描：在访问可执行文件和文档时，对它们进行检查。

● 计划扫描：可根据计划按固定的间隔运行病毒扫描以及检查特定的驱动器或整个计算机。

● 自动更新：检查和下载已知的病毒特征码和样式，并可设为定期检查更新。

在使用反病毒软件清除病毒之前，需要了解病毒的特征情况，以便准确地将病毒杀除。由此可见，查毒的准确与否，将直接影响杀毒的结果。为了更好地识别病毒，避免误杀合法的文件，反病毒软件通过病毒代码扫描法、软件模拟扫描法和启发式扫描法来识别病毒。

1）病毒代码扫描法

将新发现的病毒加以分析后根据其特征编成病毒代码，加入病毒特征库中。每当执行杀毒程序时，便立刻扫描程序文件，并与病毒代码比对，便能检测到是否有病毒。病毒代码扫描法速度快、效率高。使用特征码技术需要实现一些补充功能，如近来的压缩包、压缩可执行文件自动查杀技术。大多数防毒软件均采用这种方式，但是无法检测到未知的新病毒以及变种病毒。

2）软件模拟扫描法

它专门用来对付千面人病毒。千面人病毒在每次传染时，都以不同的随机数加密于每个中毒的文件中，传统病毒代码比对的方式根本就无法找到这种病毒。软件模拟技术则成功地模拟 CPU 执行，在其设计的 DOS 虚拟机器（Virtual Machine）下模拟执行病毒的变体引擎解码程序，将多型体病毒解开，使其显露原来的面目，再加以扫描。目前虚拟机的处理对象主要是文件型病毒。对于引导型病毒、Word/Excel 宏病毒、木马程序在理论上都是可以通过虚拟机来处理的，但目前的实现水平仍相距甚远。就像病毒编码变形使得传统特征值方法失效一样，针对虚拟机的新病毒可以轻易地使虚拟机失效。虽然虚拟机也会在实践中不断发展，但是 PC 的计算能力有限，反病毒软件的制造成本也有限，而病毒的发展可以说是无限的。让虚拟技术获得更加实际的功效，甚至要以此为基础来清除未知病毒，其难度相当大。

3）启发式扫描法

它是继软件模拟技术后的又一大突破。既然软件模拟可以建立一个保护模式下的 DOS 虚拟机器，模拟 CPU 动作并模拟执行程序以解开变体引擎病毒，那么类似的技术也可以用来分析一般程序，检查可疑的病毒代码。因此，工程师使用启发式扫描来判断程序是否有病毒代码存在，然后分析归纳成专家系统知识库，再利用软件工程的模拟技术虚拟执行新的病毒，就可分析出新病毒代

笔 记

码以对付以后的病毒。该技术是专门针对于未知的计算机病毒所设计的，利用这种技术可以直接模拟 CPU 的动作来侦测出某些变种病毒的活动情况，并且研制出该病毒的病毒码。由于该技术较其他解毒技术严谨，对于比较复杂的程序在病毒代码比对上会耗费比较多的时间，所以该技术的发展一度陷入执行速度的瓶颈。

2008 年 5 月，趋势科技正式推出了"云安全"技术。病毒查杀效率的问题得到了有效的解决。"云安全（Cloud Security）"是网络时代信息安全的最新体现，它融合了并行处理、网格计算、未知病毒行为判断等新兴技术和概念，通过网状的大量客户端对网络中软件行为的异常进行监测，获取互联网中木马、恶意程序的最新信息，传送到 Server 端进行自动分析和处理，再把病毒和木马的解决方案分发到每一个客户端。"云安全"的概念在早期曾经引起过不小争议，现已被普遍接受。值得一提的是，中国网络安全企业在"云安全"的技术应用上走在了世界前列。

除反病毒软件查杀之外，网络管理员也可将新的威胁实例报告给处理安全问题的相应安全公司和机构。如瑞星、金山毒霸、Nod 32、冠群金辰等安全公司针对新病毒开发反病毒措施，并将升级提供给反病毒软件病毒库。

3. 反垃圾邮件软件

垃圾邮件不仅惹人讨厌，还可能造成电子邮件服务器过载，有时还携带有病毒和其他安全威胁。垃圾邮件发送者还可以通过在主机上植入病毒或特洛伊木马代码来控制主机。让受控主机在用户毫不知情的情况下发送垃圾邮件。受到这种形式感染的计算机称为"垃圾邮件工厂"。

反垃圾邮件软件可识别垃圾邮件并执行相应操作（如将其放置到垃圾邮件文件夹或删除），从而为主机提供保护。此类软件可在本地加载，也可在电子邮件服务器上加载。此外，许多网络提供商 ISP 也提供垃圾邮件过滤器。反垃圾邮件软件无法识别所有的垃圾邮件，因此打开电子邮件时仍须非常谨慎。有时，有用的电子邮件也会被错误地当作垃圾邮件处理了。

除了使用垃圾邮件拦截器以外，还可使用如下预防措施来防止垃圾邮件传播。

- 及时更新现有的操作系统和应用程序。
- 定期运行反病毒程序，并保持最新版本。
- 不要转发可疑的电子邮件。
- 不要打开电子邮件附件，尤其是来自陌生人的邮件附件。
- 设置电子邮件规则，删除绕过反垃圾邮件软件的垃圾邮件。
- 标识垃圾邮件来源，并将其报告给网络管理员以便阻隔该来源。
- 将事件报告给处理垃圾邮件的机构。

在转发的垃圾邮件中，最常见的类型之一便是病毒警告。尽管某些通过电子邮件发送的病毒警告是真实的，其中仍有大量是编造的，实际并不存在。由于人们会相互转告迫在眉睫的威胁，此类垃圾邮件便会在电子邮件系统中泛滥成灾，从而造成严重后果。此外，网络管理员也可能反应过度，将时间浪费在调查子虚乌有的问题上。最后，许多此类电子邮件还可能实际造成病毒、蠕虫和特洛伊木马的传播。所以，在转发病毒警告电子邮件之前，请再认真检查该病毒是否属实。

4. 反间谍软件和广告软件

间谍软件和广告软件也会导致类似病毒的症状。除了收集未经授权的信息外，它们还会占用宝贵的计算机资源并影响性能。反间谍软件可检测和删除间谍软件应用程序，并防止这些程序将来再度安装。许多反间谍软件应用程序还包括 Cookie 及广告软件的检测和删除功能。某些反病毒软件也具有反间谍软件功能。

5. 弹出广告拦截器

可安装弹出广告拦截器软件来阻止弹出广告和背投广告。许多 Web 浏览器默认启用弹出广告拦截器的功能。需要注意，某些程序或网页会生成必要和有用的弹出窗口。因此，大多数弹出广告拦截器都具有忽略功能（即允许某些弹出窗口）。

6. 防火墙

除了保护连接到网络的各计算机和服务器以外，控制网络中进出的通信量也非常重要。

微课　防火墙

防火墙是保护内部网络用户远离外部威胁的最为有效的安全工具之一。防火墙驻留在两个或多个网络之间，控制其间的通信量并帮助阻止未授权的访问。防火墙产品使用多种技术来区分应禁止和应允许的网络访问。

- 数据包过滤：根据 IP 或 MAC 地址阻止或允许访问。
- 应用程序/网站过滤：根据应用程序来阻止或允许访问，网站过滤则通过指定网站 URL 地址或关键字来实现。
- 状态封包侦测：传入数据包必须是对内部主机所发出请求的合法响应。除非得到特别允许，否则未经请求的数据包会被阻隔。状态封包侦测还可具有识别和过滤特定攻击（如 DoS）的能力。

防火墙可支持一种或多种过滤功能。此外，防火墙通常会执行网络地址转换（NAT）。网络地址转换将一个内部地址或一组地址转换为一个公共的外网地址，该地址会通过网络传递，从而实现了对外部用户隐藏内部 IP 地址的目的。

按照功能和作用设备的不同，可以把防火墙产品分成下面几种类型。

- 基于设备的防火墙：此类防火墙内置在专用的硬件设备（称为安全设备）中。
- 基于服务器的防火墙：此类防火墙是在网络操作系统（NOS，如 UNIX、Windows、Novell）上运行的防火墙应用程序。
- 集成防火墙：此类防火墙通过对现有设备（如路由器）添加防火墙功能来实现。
- 个人防火墙：此类防火墙常驻在主机内存中，它可以由操作系统默认提供，也可以由第三方厂商提供安装。

通过在内部网络和 Internet 之间设置防火墙作为边界设备，所有往来 Internet 的通信量都会被监视和控制。如此一来，便在内部和外部网络之间划分了一条清晰的防御界线。然而，可能会有一些外部客户需要访问内部资源。为此，可配置一个非军事区（DMZ）。

术语"非军事区"借用自军事用语，它代表两股势力之间的一个指定区域，在该区域内不允许执行任何军事活动。在计算机网络中，非军事区代表内部和外部用户都可访问的网络区域，其安全性高于外部网络，低于内部网络。它是由一个或多个防火墙创建的，这些防火墙起到分隔内部、非军事区和外部网络的作用。通常公开访问的 Web 服务器位于非军事区中。

（1）单防火墙配置

单个防火墙包含三个区域，分别用于外部网络、内部网络和非军事区。来自外部网络的所有通信量都被发送到防火墙。然后防火墙会监控通信量，决定哪些通信量应传送到非军事区，哪些应传送到内部，以及哪些应予以拒绝。

（2）双防火墙配置

在双防火墙配置中，防火墙分为内部防火墙和外部防火墙，其间则是非军事区。外部防火墙限制较少，允许 Internet 用户访问非军事区中的服务，而且允许任何内部用户请求的通信量通过。内部防火墙限制较多，用于保护内部网络免遭未授权的访问。

单一防火墙配置适用于规模较小、通信量较少的网络。双防火墙配置更适合处理通信量较大的大型复杂网络。

许多家庭网络设备（如集成路由器）往往包含多功能防火墙软件，如图 8-1 所示的 TP-LINK 无线路由器产品就包含防火墙技术。该防火墙一般具有网络地址转换（NAT）、状态封包侦测和 IP、应用程序及网站过滤功能，同时还支持非军事区。

图 8-1　集成防火墙的小型路由器

在集成路由器中，可设置简单的非军事区来允许外部主机访问内部服务器。为此，必须在非军事区配置中为服务器指定静态 IP 地址。集成路由器会隔离以指定 IP 地址为目的地址的通信量。然后，该通信量会（且仅会）转发到服务器连接到的交换端口。所有其他主机仍受到防火墙保护。

启用非军事区时，以其最简单的形式为例，外部主机可访问服务器上的所有功能端口，如 80（HTTP）、21（FTP）、110（POP3）等。

使用端口转发功能还可设置更具限制性的非军事区。利用端口转发功能，服务器上所有可访问的端口都经过特别指定。在此情况下，只有发送至这些端口的通信量才获允许，其他通信量则被排除。

集成路由器内的无线接入点被视为内部网络的一部分。了解无线接入点是否受到安全保护非常重要，任何连接到该点的用户都位于内部网络中受到保护的部分，而且处于防火墙后面。黑客可能利用这一点来获取内部网络的访问权，从而绕过任何安全措施。

7. 漏洞分析

漏洞分析工具可用来测试主机和网络安全性。它们被称为安全扫描工具，帮助用户识别可能发生攻击的区域，并指导用户应采取哪些措施。尽管漏洞分析工具的具体功能随制造商的不同而有所不同，但它们有如下一些共同的功能。

- 确定网络中可用主机的数目。
- 确定主机提供的服务。
- 确定主机上的操作系统和版本。
- 确定所使用的数据包过滤器和防火墙。

8. 最佳安全防护办法

为缓解计算机和网络面对的风险，推荐采取以下措施。

- 定义安全策略。
- 为服务器和网络设备提供物理防护。
- 设置登录和文件访问权限。
- 更新操作系统和应用程序。
- 更改许可的默认设置。
- 运行反病毒软件和反间谍软件。
- 更新反病毒软件程序和病毒库。
- 激活浏览器工具：弹出广告拦截器、反网络钓鱼软件、插件监控器。
- 使用防火墙。

保护网络的第一步是了解传输数据通过网络的方式，以及存在的各种威胁和漏洞。实施安全措施后，必须进行监控才能使网络真正受到保护。需要对安全规程和工具进行检查，从而应对不断发展和演变的威胁。

8.2 网络管理与故障排除

8.2.1 网络管理简介

按照国际标准化组织（ISO）的定义，网络管理是指规划、监督、控制网络资源的使用和网络的各种活动，以使网络的性能达到最优。网络管理的目的在于提供对计算机网络进行规划、设计、操作运行、管理、监视、分析、控制、评估和扩展的手段，从而合理地组织和利用系统资源，提供安全、可靠、有效和友好的服务。

简单地讲，网络管理就是通过某种方式对网络状态进行调整，使网络能正常、高效地运行。其目的很明确，就是使网络中的各种资源得到更加高效的利用，当网络出现故障时，能及时做出报告和处理，并协调、保持网络的高效运行。

网络管理主要需要实现哪些功能呢？

根据国际标准化组织的定义，网络管理有 5 大功能：性能管理、配置管理、安全管理、计费管理和故障管理。

（1）网络性能管理

鉴于网络资源的有限性，最理想的情况是在占用最少的网络资源和支出最少通信费用的前提下，网络提供持续、可靠的通信能力，并使网络资源得到最有效的利用。这主要考察网络运行状态的好坏。网络性能管理使网络管理员能够监视网络运行的参数，如吞吐量、响应时间及网络的可用性等。

（2）网络配置管理

一个实际中使用的计算机网络通常是由多个厂家提供的产品、设备相互连接而成的，因此各设备需要相互了解和适应与其发生联系的其他设备的参数、状态等信息，否则就不能有效甚至正常地工作。尤其是网络系统常常是动态变化的，如网络系统本身要随着用户的增减、设备的维修或更新来调整网络配置，因此需要有足够的技术手段支持这种调整或改变，使网络能更有效地工作。另外，要掌握和控制网络的状态，包括网络内各个设备的状态及其连接关系。网络配置管理的典型方法是用逻辑图来描绘所有网络设备及其逻辑关系，并将网络的确切物理布局以适当的比例映射到这个逻辑图上；还要用精心设计的图标来表示各种网络对象，图标涂上不同颜色表示设备的不同状态。

（3）网络安全管理

计算机网络系统的特点决定了网络安全固有的脆弱性，要确保网络资源不被非法使用，确保网络管理系统本身不被未经授权的访问，保持网络管理信息的机密性和完整性。网络安全管理是对网络资源及其重要信息访问的约束和控制，包括验证网络用户的访问权限和优先级，检查和记录未授权用户企图进行的非授权的操作。

（4）网络计费管理

在有偿使用计算机网络系统中的信息资源的情况下，需要能够记录和统计哪些用户利用哪条通信线路传输了多少信息，以及完成什么工作等。在非商业化的网络上，仍然需要统计各条线路工作的繁闲情况和不同资源的利用情况，以供决策参考。计费管理提供了计算一个特定网络或网段的运行成本的手段，以度量各个用户和应用程序对网络资源的使用情况。

（5）网络故障管理

计算机网络出现意外故障是常有的事情，在很多情况下，故障的发生可能对网络的使用者带来难以估价的损失。由于发生失效故障时，往往不能迅速、有效地确定故障所在的准确位置，而需要相关技术的支持，因此，需要有一个故障管理系统来检测、定位和排除网络硬件和软件中的故障。当出现故障时，该功能可以确认并记录故障，找出其位置并尽可能排除它，保证网络能提供持续、可靠的服务。

通常网络操作系统都集成有网络管理的功能。以微软的 Windows 2003 Server 为例，其自带的网络监视器、性能监视器以及以 Ping、Netstat 等常用的网络测试命令就可以实现性能管理、配置管理以及故障管理的功能。下面，我们通过网络监视器的配置，简答说明网络管理工具的使用方法。

Windows 2003 Server 的网络监视器是基于 Microsoft 提供的 Microsoft Systems Management Server（SMS）收集网络信息，并获得网络流量和网络上传数据信息的。

使用网络监视器的步骤如下。

① 选择"开始→管理工具→网络监视器"菜单命令，出现"网络监视器"窗口。如果出现如图 8-2 所示的提示，在默认情况下选择要从中捕获数据的本地网络。

② 在"网络监视器"窗口中，选择"捕获→缓冲区设置"菜单命令，出现如图 8-3 所示的"捕获缓冲区设置"对话框。在相应的文本框中设置缓冲区和数据帧的大小，再单击"确定"按钮返回。

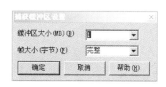

图 8-2　启动网络监视器　　　　　　　　　图 8-3　设置捕获缓冲区

③ 选择"捕获→开始"菜单命令，开始捕获，如图 8-4 所示。如果要临时中断数据捕获，选择"捕获→暂停"菜单命令。

④ 选择"捕获→停止并查看"菜单命令，出现如图 8-5 所示的窗口。可查看源 MAC 地址、目标 MAC 地址、协议和描述等信息。

⑤ 选择"文件→另存为"菜单命令，打开要保存文件的文件夹，并在"文件名"文本框中输入文件名。留存的数据包一般用于性能、配置方面的对比分析。

8.2.2　常见的网络故障诊断工具

随着计算机网络的高速发展，网络在人们工作、学习、生活中的重要性和

笔 记

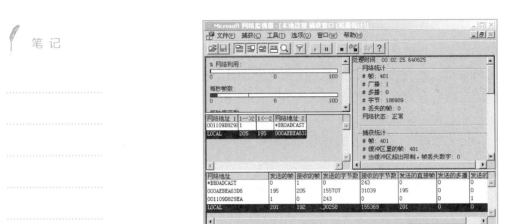

图 8-4 网络监视器的使用

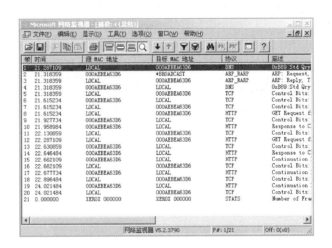

图 8-5 网络监视器数据捕获

关键性越来越突出。计算机网络的使用不可避免地会产生一些故障，由此网络的维护和故障诊断就变得越来越重要。

1. 网络故障的主要现象和原因

网络故障总的来讲就是硬件故障和软件故障，即网络连接故障、配置文件和选项故障、网络协议问题及网络服务问题等。

（1）网络连接

网络连接是故障发生后首先应当考虑的原因。连接的问题通常是由网卡、跳线、信息点插座、网线、交换机等设备和通信介质引起的。其中，任何一台设备的损坏，都会导致网络连接的中断。例如，当一台计算机不能浏览 Web 页面时，首先想到的就是网络链路的问题。到底是不是这个原因，需要通过测试进行验证。FTP 可以登录吗？看得到网上邻居吗？可以收发电子邮件吗？ping 得到网络内同一网段的其他计算机吗？只要其中一项回答为"Yes"，那就不是连接问题。当然，即使回答为"No"，也不一定说明连接一定有问题，而是可能有问题，因为计算机协议的配置出了问题也会导致上述现象的发生。另外，我们还可以观察网卡和交换机的指示灯是否闪烁以及闪烁是否正常。

如果排除了计算机网络协议配置不当导致故障的可能性，下面的工作将会比较复杂，包括查看网卡的物理状态，测量网线是否正常，检查交换机的安全配置和 VLAN 配置，直至最后找到影响网络连接故障的原因。

（2）配置文件和选项

交换机和路由器设备通过配置文件来保存设置，而服务器和计算机通过配置选项来设置功能，其中任何一台设备的配置文件和配置选项设置不当，都会导致网络故障。例如，路由器的访问控制列表配置不当，会导致 Internet 连接故障；交换机的 VLAN 设置不当，会导致 VLAN 间的通信故障，彼此之间无法访问；服务器权限设置不当，会导致资源无法共享或者无法获得足够的权限；计算机网卡配置不当，会导致无法连接等。因此，在排除了硬件故障之后，就需要重点检查配置文件和选项的故障。例如，某台计算机无法接入网络，或者无法同连接至同一交换机的其他计算机通信时，应当检查接入层交换机的配置；某台接入层交换机无法连接至外部网络时，应当检查交换机的级联端口，以及汇聚层交换机的配置；同一 VLAN 或几个 VLAN 内的交换机无法访问时，应检查接入层、汇聚层或核心层交换机的配置；当所有交换机都无法访问 Internet 时，应当检查路由器或代理服务器的配置；个别服务无法实现时，应检查提供该服务的服务器的配置。

（3）网络协议

网络协议，就是在计算机网络中网络设备"交谈"所使用的语言。如果没有网络协议，计算机和网络设备之间就无法进行通信。因此，网络协议的配置在网络中处于举足轻重的作用，决定网络能否正常运行。网络协议的范围非常广泛，既包括交换机和路由器中的网络协议，也包括服务器、工作站的网络协议。其中任何协议的配置不当，或者没有正常工作，都可能导致网络瘫痪，或导致某些服务终止，从而引发网络故障。

（4）网络服务故障

网络服务故障主要包括三个方面，即服务器硬件故障、网络操作系统故障和网络服务故障。所有的网络服务必须进行严格的配置或授权，否则，就会导致网络服务故障。例如，服务器权限的设置不当，会导致资源无法访问的故障；主目录或者默认文件名指定错误，会导致 Web 网站发布错误；端口映射错误，会导致无法提供某种服务等。因此，当排除硬件故障、配置文件和选项的故障之后，就应当检查网络设备的配置，尤其是连接网络服务器的交换机的配置；如果只有个别服务无法实现，则应当检查相应网络服务的相关配置。

2. 常用的网络故障诊断工具

网络故障的诊断和排除是一项实践性和技巧性很强的工作，如果适当借助一些工具，往往能达到事半功倍的效果。网络测试工具为防止网络故障的发生

微课 常见的网络故障诊断工具

及查找故障点提供了有效手段。下面介绍常用的故障诊断工具。

（1）万用表

万用表是检测网络传输介质是否正常导通的基本工具，也是最常用的工具。利用万用表的欧姆挡，能测试网络中单个导线（一条芯线的两端）是否连通（读到的欧姆值较小且接近 0，表明测量的两端导通；读到的欧姆值较大且接近无穷大，表明测量的两端不导通，同一根线的两端应该是导通的），可以得知导线一端接头的几号引脚与另一端接头的几号引脚相对应，但此方法不能测出信号经过导线的衰减情况。

（2）LAN 测线仪

测线仪是一种比较经济的专用网络测试工具（图 8-6），普通价格在百元上下。通常测线仪由两个部分组成：一个是主机，另一个是子机，主机或子机上有一组指示灯（有的测线仪主机和子机各有一组指示灯）、RJ-45 接头的插口、BNC 接头的插口。检测时将 LAN 线缆两端的接头插入对应的插口中，打开测线仪电源，当网络传输介质电缆导通正常时，主机或子机上的对应指示灯发亮，表明 LAN 电缆导通正常，如果主机或子机上的对应指示灯有不发亮的灯，则表明 LAN 电缆导通有问题。电缆测试器的部分功能也可以用万用表来模拟，但在检测 LAN 网线时，电缆测试器比万用表更方便。

图 8-6　LAN 测线仪

（3）ping 指令检测

在网络管理中，ping 是最常使用的命令之一，ping 指令主要用于检查网络的连接和相应速度。ping 指令支持两种网络协议：IP 协议和 IPX 协议，学会使用 ping 来判断 TCP/IP 网络故障是一个网络用户应具备的技能。ping 指令是一个外部命令，在 Windows 下有 Ping.exe 与之相应。

通过 ping 命令检测网络故障的典型次序如下。

① ping 127.0.0.1。

127.0.0.1 是本地回环测试地址，如果能 ping 通此地址，证明 TCP/IP 协议正常；如果该地址无法 ping 通，表明本机 TCP/IP 协议不能正常工作。

出现故障的解决方法：在网络属性对话框中，删除已安装网络组件中的"TCP/IP 协议"，然后再重新添加"TCP/IP 协议"，可解决 TCP/IP 协议不能正常工作而产生的问题。

② ping 本机 IP。

使用 ipconfig 命令或网络连接的"状态"按钮可以查看本机的 IP 地址。ping 本机的 IP 地址，如果 ping 通，表明网络适配器工作正常，可以进入下一个步骤继续诊断；反之则是网络适配器出现故障。

出现故障的解决方法：一般网络适配器上有两个指示灯，其中一个是连接指示灯，如果该指示灯亮（通常为绿色），则表明网络适配器连通正常；如果该指示灯不亮，则表明网络适配器连通不正常。产生网络适配器连通异常的原因通常有两个：一是网络适配器正常，问题是网络适配器与信息面板插槽的接触不良所致，那么更换网线或固定网线即可解决问题；二是网络适配器已损坏，那么只有更换新的网络适配器来解决问题。另一个是数据传输指示灯，如果该指示灯亮（通常为绿色），则表明网络适配器的数据传输工作正常；如果该指示灯不亮，则表明网络适配器的数据传输不正常。产生网络适配器的数据传输工作不正常的原因通常有两个：一是网络适配器的驱动程序有问题，更换与操作系统相匹配的稳定版本的网络适配器驱动程序可解决问题；二是网络适配器配置有问题，该问题通常是网络适配器自身配置有问题或与其他设备在操作系统的资源分配上有冲突。通过调整操作系统对网络适配器或与网络适配器产生冲突的硬件设备的资源分配，可以解决此问题。

③ ping 同一网段的其他计算机的 IP 地址。

ping 一台同网段的其他计算机的 IP 地址，如果不通，则表明网络连接出现了问题、网卡配置出错或者子网掩码配置不正确。如果是网络物理连接有故障，则解决方法一是更换正常的网线；二是检查连接中的断点，使用排除替换法找出出现故障的网络连接设备（如交换机）；如果子网掩码配置有误，则应按照网络中其他设备的子网掩码对本机进行设置。

④ ping 网关 IP。

如果这个命令应答正确，表示局域网中的本地网关路由器运行正常。如果 ping 不通，则需排查路由器的故障。

⑤ ping 远程 IP。

对于专线上网的用户来讲，如果可以正确得到返回数据，则说明能够成功访问 Internet，但不排除 ISP 的 DNS 出现问题。

⑥ ping 远程服务器的 DNS 域名。

如果要检测的是一个连接 Internet 的网络环境，则 ping 通了目标计算机的 IP 地址后，仍然需要测试 ping 一台远程服务器的 DNS 域名，如 ping www.sict.edu.cn，正常情况下会出现该网络所指向的 IP 地址，这表明本计算机的 DNS 设置正确而且 DNS 服务器工作正常，反之就可能是其中之一出现了故障。

笔 记

笔 记

如有故障解决方法：检查本地计算机的 DNS 设置是否正确；ping DNS 服务器 IP 地址，检查本计算机与 DNS 服务器的通信是否正常；检查 DNS 服务器工作是否正常，检查 DNS 服务器上的 DNS 服务是否正常，若有问题则需重新安装 DNS 服务或还原 DNS 数据库。

除了 ping 命令之外，计算机网络常用的网络诊断命令还有 ipconfig、traceroute、netstat、nslookup、arp 等。我们还可以将这些命令中的大多数用于路由器等网络设备的测试工作，或者在网络设备上面找到类似的测试工具。

3. 其他网络诊断工具

网络的故障诊断过程可以选用的测试工具是相当丰富的。选择的关键是要从网络故障排除的实际需要出发，挑选最合适的工具。比方说，Internet Anywhere Toolkit 可以用于测试的综合管理，IxChariot 可以用于负载测试等，除此之外，像 Ethereal、Sniffer 为代表的协议分析软件和 IBM Netview 为代表的网络管理软件也可以应用于网络故障的诊断过程。图 8-7 所示为网络测试工具 Sniffer 的界面。

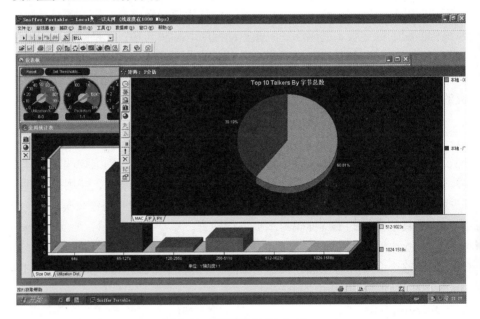

图 8-7　网络测试工具 Sniffer

微课　常见的网络故障

8.2.3　常见的网络故障

1. 局域网内不能相互 ping 通

（1）故障原因

在局域网内，不能 ping 通的原因很多，主要可以从以下几个方面来进行排查。

① 对方计算机禁止 ping 操作。

② 物理连接有问题。

③ 网络协议设置有问题。

（2）解决方法

① 如果计算机禁止了 ICMP(Internet 控制协议)或者安装了防火墙软件，会造成 ping 操作超时。建议禁用对方计算机的网络防火墙，然后再使用 ping 命令进行测试。

② 计算机之间在物理上不可互访，可能是网卡没有安装好、网络设备有故障、网线有问题。在这种情况下使用 ping 命令时会提示超时。尝试 ping 局域网中的其他计算机，查看与其他计算机是否能够正常通信，以确定故障是发生在本地计算机上还是发生在远程计算机上。

③ 查看本地计算机和远程计算机的网络参数信息，尤其是计算比较两台计算机的网络地址是否一致，如果不一致，则无法直接访问，需要修改 IP 地址和子网掩码信息。另外如果局域网内有设置 VLAN 的话，处于不同 VLAN 的计算机也无法直接 ping 通。

2. 用户接入网络时常掉线

（1）故障原因

局域网采用路由器、交换机进行连接，不能正常连接网络，经排查后，发现各项网络参数设置均正确，判断网络设备是导致故障的原因。

（2）解决方法

① ADSL Modem 故障。经常掉线的原因可能是因为并发访问量太大导致 ADSL Modem 超负荷运转。建议停止用户使用迅雷下载等容易产生较大数据流量的上网操作。另外，也要检查网络中所有计算机中是否有中毒现象（如蠕虫病毒、ARP 病毒），这类病毒也极有可能使网络访问的速度变得极慢，建议对 ADSL Modem 重新启动一下以排除故障。

② 交换机故障。如果计算机与交换机某接口连接的时间超过了 10s 仍无响应，那么就已经超过了交换机端口的正常反应时间。这时如果采用重启交换机的方法能解决这种端口无响应问题，就说明是交换机端口临时出现了无响应的现象。不过如果该问题经常出现而且限定在特定的端口，这个端口可能已经损坏或存在跳线问题，建议更换至闲置端口或更换跳线、更换交换机。

③ 路由器故障。路由器故障常见的有物理和设置故障，建议按照以下步骤排查：重新启动路由器观察故障是否已被解决；检查计算机与路由器的连接是否采用直通线，虽然路由器支持智能翻转功能，但是使用不规范的跳线往往会导致一些问题的发生；更改为使用代理服务器方式上网。

3. 上网误点页面，导致浏览器反应缓慢

（1）故障原因

由于互联网的特殊环境，未做安全防范的计算机上网比较容易感染浏览器插件型的流氓软件。

（2）解决方法

① 提高浏览器的安全等级，禁用 ActiveX 脚本，将不安全的网址加入受限站点。

② 选择优秀的杀毒软件，扫描、查杀病毒，定期备份重要的数据。

③ 上网使用浏览器时，注意启用安全防护软件的病毒、木马监控功能。

④ 关闭网络中可能产生安全隐患的服务，对连网计算机做好安全设置。

⑤ 增强网络安全意识，不轻易接收不明邮件、软件，主动采取安全防范措施。

4. 无线网络无法连接或无线网络速度减慢

（1）故障原因

无线连接出现问题，或者是无线接入点出现了故障。

（2）解决方法

如果无线网络无法连接，可以先 ping 一下无线接入点的 IP 地址。如果无法 ping 到无线接入点，则证明无线接入点本身工作异常。此时可以将其重新启动，等待大约 5 min 后再通过有线方式将无线接入点和无线客户端连接，使用 ping 命令来查看是否能连通。如果两种方式 ping 无线接入点都没有反应，则证明无线接入点已经损坏或者配置有误。这个时候可以将可能已损坏了的无线接入点通过一根正常的网线连接到一个正常运行的网络中，检查它的网络参数配置。最后，如果无线接入点依然无法工作，则表示无线接入点已经损坏，应立即更换新的无线接入点。

如果无线网络反应迟缓，则应查看实际接入无线访问点 AP 的客户端数量。通常一台 AP 的最佳接入用户数在 30 左右，虽然理论上可以支持到 70 多个客户，但是随着接入无线客户端数量的增加，网络的传输速度会快速降低。为了达到满意的传输性能，根据网络的实际需要，建议额外增加一台或多台 AP，并将它们彼此连接在一起。

5. 计算机出现 "网上邻居" 中找不到其他连网计算机的故障

（1）故障原因

"网上邻居" 是按工作组显示计算机的。如果计算机没有设置工作组名称，打开 "网上邻居" 时就可能看不到其他计算机。

（2）解决方法

单击 "开始" 按钮，选择 "设置" → "控制面板" 菜单命令，再双击 "网络" 图标，然后再单击 "标识" 选项卡。将局域网中所有计算机 "工作组" 中的名称设置一致，然后单击 "确定" 按钮重启计算机。

此外，如果 "网上邻居" 中未出现 "整个网络" 图标，可能是在 Windows 中没有安装必要的网络组件。与网络上的其他计算机连接，"网络连接" 必须安装以下组件：Microsoft 网络客户端、至少一种网络协议（如 IPX/SPX、TCP/IP）。可打开 "网络连接属性" 对话框，检查 "配置" 上的项目列表，确保已安装了必需的网络组件。如有缺失，可重新安装缺少的组件。

技能实训

任务 1　使用防火墙保护个人计算机

实训报告

PPT 课件

PPT

笔 记

【实训目的】

① 了解防火墙在网络安全防护中的作用。
② 通过调整机房计算机的安全配置，了解设置 Windows 7 防火墙的方法。

【实训内容】

① 了解设置防火墙功能的方法。
② 通过配置 Windows 7 防火墙，掌握设置防火墙的方法。

【实训设备】

学校计算机机房、安装 Windows 7 旗舰版操作系统。

【实训步骤】

（1）Windows 7 防火墙的启动

在 Windows 7 桌面上，选择"开始"→"设置"→"控制面板"菜单命令，然后
找到"Windows 防火墙"功能。Windows 7 防火墙的界面如图 8-8 所示。

图 8-8　Windows 7 防火墙界面

（2）Windows 7 防火墙的基本设置

防火墙如果设置不好，不仅不能阻止网络恶意攻击，还可能会阻挡用户正常访问互联网，Windows 之前版本的很多计算机用户都不会去手动设置防火墙。Windows 7 系统的防火墙设置相对简单很多，普通计算机用户也可独立进行相关的基本设置。单击进入"打开或关闭 Windows 防火墙"设置窗口，单击"启用 Windows 防火墙"按钮即可开启 Windows 7 的防火墙。

Windows 7 新手用户也可以放心大胆地去设置，就算失误也没关系，因为 Windows 7 系统提供的防火墙还原默认设置功能马上可以把防火墙恢复到初始状态。

Windows 7 提供了三种网络类型供用户选择使用：公共网络、家庭网络和工作网络，如图 8-9 所示。后两者都被 Windows 7 系统看作私人网络。对所有网络类型，Windows 7 都允许手动调整配置。另外，Windows 7 系统中为每一项设置都提供了详细的说明文字，通常用户在动手设置前如有不明白的地方，先浏览一遍说明文字即可。

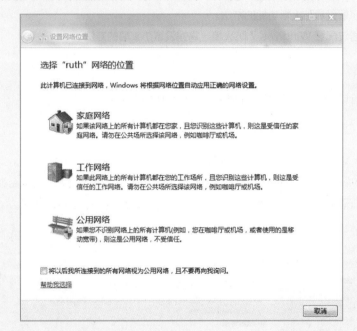

图 8-9　Windows 7 防火墙的网络类型

（3）Windows 7 防火墙的高级设置

对于 Windows 7 旗舰版的高级用户来说，想要把防火墙设置的更全面详细，Windows 7 的防火墙还提供了高级设置控制台，在这里可以为不同网络类型的配置文件进行设置，包括出站规则、入站规则、连接安全规则等，如图 8-10 所示。

如此一来，Windows 7 的防火墙设置就完成了。目前国内很多计算机用户由于缺乏计算机安全知识同时又没有安装专业可靠的安全软件，仅仅一些免费的杀毒软件是不提供防火墙保护功能的，而 Windows 7 系统自带的防火墙可以为用户的系统增加一层保护，有效抵御网络威胁。

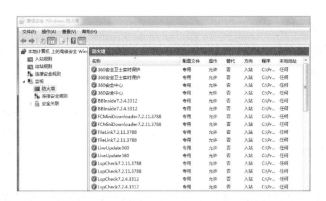

图 8-10　Windows 7 防火墙的规则设置

【问题与思考】

① 如果想禁用 QQ 的网络入站访问，该如何设置防火墙？

② 在网络安全防护方面，防火墙有哪些局限性？

③ 举例说明，除防火墙软件以外，还有哪些防火墙产品可以保护网络的安全。

任务 2　排除简单网络故障

【实训目的】

① 掌握简单网络故障的排除流程。

② 培养学生独立分析、排除网络故障的能力。

【实训内容】

① 了解网络故障排除的步骤。

② 在预先设计的网络场景中，发现、分析并排除网络故障。

【实训设备】

学校计算机机房、安装 Windows 2003 Server 操作系统。

【实训步骤】

网络出现问题时，了解网络故障的诊断流程对解决网络故障有很大的帮助。下面介绍排除网络简单故障的基本步骤。

（1）重现网络故障

当出现故障时，首先应该重现故障，与此同时应该尽可能全面地收集故障信息，这是获取故障信息的最好办法。在重现故障的过程中还要注重收集以下方面的故障信息。

① 网络故障的影响及范围。

② 故障的类型。

③ 每次操作都会让该网络故障发生的步骤或过程。

④ 多次操作中故障是偶然才发生的步骤或过程。

⑤ 故障是在特定的操作环境下发生的步骤或过程。

重现故障时，还需要网管人员对网络故障具有比较好的判断能力，并做好适当的准备工作。有些故障在重现时，可能会导致网络崩溃，因此在决定进行网络故障重现时要注意这些方面的问题。

（2）网络故障分析与定位

重现故障后，可以根据收集的资料对故障现象进行分析。根据网络故障的分析结果确定故障的类型并初步定位故障范围。并对故障进行隔离。从故障现象出发，以网络诊断工具为手段获取诊断信息，确定网络故障点，查找问题的根源。

OSI 模型的层次结构为管理员分析和排除故障原因提供了非常好的组织方式。由于各层相对独立，按层排查能够有效地发现和隔离故障，因而一般使用逐层分析和排查的方法。通常有两种逐层排查方式，一种是从低层开始排查，适用于物理网络不够成熟稳定的情况，如组建新的网络、重新调整网络线缆、增加新的网络设备；另一种是从高层开始排查，适用于物理网络相对成熟稳定的情况，如硬件设备没有变动。无论哪种方式，最终都能达到目标，只是解决问题的效率有所差别。

具体采用哪种方式，可根据具体情况来选择。例如，遇到某客户端不能访问 Web 服务的情况，如果首先去检查网络的连接线缆，就显得太草率了，除非明确知道网络线路有所变动。比较好的选择是直接从应用层着手，可以这样来排查：首先检查客户端 Web 浏览器的配置是否正确，可尝试使用浏览器访问另一个 Web 服务器；如果 Web 浏览器没有问题，可在 Web 服务器上测试 Web 服务器是否正常运行；如果 Web 服务器没有问题，再测试网络的连通性。即使是 Web 服务器问题，从底层开始逐层排查也能最终解决问题，只是花费的时间太多了。如果碰巧是线路问题，从高层开始逐层排查也要浪费时间。

网络故障检测可以使用多种工具：路由器诊断命令、网络管理工具和包括局域网或广域网分析仪在内的其他故障诊断工具。查看路由表，是开始查找网络故障的好办法。基于 ICMP 的 ping、tracert 命令和 Cisco 的 show 命令、debug 命令是获取故障诊断有用信息的网络工具。在路由器上，利用 show interface 命令可以非常容易地获得待检查的每个接口的信息；show buffer 命令提供定期显示缓冲区大小、用途及使用状况；show proc 命令和 show proc mem 命令可用于跟踪处理器和内存的使用情况。定期收集这些数据，在故障出现时可以用于诊断参考。

对故障现象进行分析之后，就可以根据分析结果来定位故障的范围。要限定故障的范围是否仅出现在特定的计算机、某一地区的机构或某一时间段。由于一些本质不同的故障其现象却非常相似，因此仅通过表面现象，往往无法非常准确地将故障归类、定位。

一旦确认局域网出现故障，应立即收集所有可用的信息并进行分析。对所有可能导致错误的原因逐一进行测试，将故障的范围缩小到一个网段或节点。在测试时，不能根据一次的结果就断定问题的所在，而不再继续进行测试。因为故障存在的原因可能不只一处，使用尽可能的方法，并对所有的可能性进行测试，然后做出分析报告，剔除非故障因素，缩小故障发生的范围。另外，在故障的诊断过程中，一定要采用科学的诊断方法，以便提高工作效率，尽快排除故障。在定位故障时，应遵循"先硬后软"的原则，即先确定硬件是否有故障，再考虑软件方面。

（3）网络故障的排除

确定网络故障原因后，要采取一定的措施来隔离和排除故障。

如果故障影响整个网段，那么就通过减少可能的故障源来隔离故障。例如，将可能的故障源仅与一个网络中的节点相连，除这两个节点外，断开其他所有网络节点。如果这两个网络节点能正常进行网络通信，可以再增加其他节点。如果这两个节点不能进行通信，就要逐步对物理层的有关部分进行检查。

如果故障能被隔离至一个节点，可以更换网卡，重新安装相应的驱动程序，或是用一条新的双绞线与网络相连。如果网络的连接没有问题，那么检查一下是否只是某一个应用程序有问题，使用相同的驱动器或文件系统运行其他应用程序，与其他节点比较配置情况，试用该应用程序。如果只是一名用户出现使用问题，检查涉及该节点的网络安全系统。检查是否对网络的安全系统进行了改变以致影响该用户。

一旦确定了故障源，那么识别故障类型是比较容易的。对于硬件故障来说，最方便的措施就是简单的更换，对损坏部分的维修可以以后再进行。对于软件故障来说，解决办法则是重新安装有问题的软件，删除可能有问题的文件并且确保拥有全部所需的文件。如果问题是单一用户的问题，通常最简单的方法是整个删除该用户，然后从头开始或是重复必要的步骤，使该用户重新获得原来有问题的应用。这比无目标地进行检查、逻辑有序地执行这些步骤可以更快速地找到问题。

（4）网络安全的检查

在网络故障被排除之后，还应该记录故障并存档，并且再次验证故障是否真正被排除。对于网络安全故障，在排除后还要详细分析产生的原因并对系统进行全面的安全检查，确保系统的安全。

对于 Windows 2003 网络系统的安全检查内容如下。

① 物理安全。

② 停掉 Guest 账号。

③ 限制不必要的用户数量。

④ 创建两个管理员账号。

⑤ 把系统 Administrator 账号改名。

⑥ 把共享文件的权限从"everyone"组改成"授权用户"。

⑦ 使用安全密码。

⑧ 设置屏幕保护密码。

⑨ 使用 NTFS 格式分区。

⑩ 必要时运行防毒软件。

⑪ 保障备份盘的安全。

⑫ 利用 Windows 2003 的安全配置工具来配置策略。

⑬ 关闭不必要的服务。

⑭ 关闭不必要的端口。

⑮ 打开审核策略。

⑯ 开启密码策略。

⑰ 开启账户策略。

⑱ 设定安全记录的访问权限。

⑲ 把重要敏感文件存放在另外的文件服务器中。

⑳ 不让系统显示上次登录的用户名。

㉑ 禁止建立空连接。

㉒ 到微软网站下载最新的补丁程序。

㉓ 必要的时候使用文件加密系统 EFS。

㉔ 加密 temp 文件夹。

㉕ 锁住注册表。

㉖ 关机时清除掉页面文件。

㉗ 禁止从优盘和 CD-ROM 启动系统。

㉘ 考虑使用 IPSec。

【问题与思考】

① 如何培养良好的使用计算机网络的习惯，减少计算机网络出现故障的概率？

② 日常生活中使用网络出现了问题，我们该如何利用手边的工具排除故障？

③ 如何分析计算机网络故障，找到故障的根源，以求"治标治本"？

 知识拓展 **网络安全立法**

网络安全不仅仅是一个纯技术问题，单凭技术因素确保网络安全是不可能的。保障网络安全无论对一个国家而言还是对一个组织而言都是一个复杂的系统工程，需要多管齐下，综合治理。网络安全技术、网络安全标准和网络安全立法共同支撑网络的安全保护。

所谓网络安全立法，即针对网络安全的需求，国家、地方以及相关部门制定与网络安全相关的法律法规，从法律层面上来规范人们的行为，使网络安全工作有法可依，使相关违法犯罪能得到处罚，促使组织和个人依法制作、发布、传播和使用网络，从而达到保障网络安全的目的。目前，我国已建立起基本的网络安全法律法规体系，随着网络安全形势的发展，网络安全立法还将进一步完善。

目前网络安全方面的法规已经写入《中华人民共和国宪法》，于 1982 年写入《中华人民共和国商标法》，于 1984 年写入《中华人民共和国专利法》，于 1988 年写入《中华人民共和国保守国家秘密法》，于 1993 年写入《中华人民共和国反不正当竞争法》。为了加强对计算机犯罪的打击力度，在 1997 年对《中华人民共和国刑法》进行重新修订时，加入了关于计算机犯罪的如下三个条款。

第 285 条 违反国家规定，侵入国家事务、国防建设、尖端科学技术领域的计算机信息系统的，处三年以下有期徒刑或者拘役。

第 286 条 违反国家规定，对计算机信息系统功能进行删除、修改、增加、干扰，造成计算机信息系统不能正常运行，后果严重的，处五年以下有期徒刑或者拘役；后果特别严重的，处五年以上有期徒刑。违反国家规定，对计算机信息系统中存储、处理或者传输的数据和应用程序进行删除、修改、增加的操作，后果严重的，依照前款的规定处罚。故意制作、传播计算机病毒等破坏性程序，影响计算机系统正常运行，后果严重的，依照第一款的规定处罚。

第 287 条 利用计算机实施金融诈骗、盗窃、贪污、挪用公款、窃取国家秘密或者其他犯罪的，依照本法有关规定定罪处罚。

我国信息安全保障体系的建设中，法律环境的建设是必不可少的一环，也可以说是至关重要的一环。信息安全的基本原则和基本制度、信息安全保障体系的建设、信息安全相关行为的规范、信息安全中各方权利义务的明确、违反信息安全行为的处罚，等等，都是通过相关法律法规予以明确的。有了一个完善的信息安全法律体系，有了相应的严格司法、执法的保障环境，有了广大机关、企事业单位及个人对法律规定的遵守及对应尽义务的履行，安全的信息环境才可能创造出来，保障国家经济建设和信息化事业的安全。

目前我国现行法律法规及规章制度中，与信息安全有关的已有近百部。它们涉及网络与信息系统安全、信息内容安全、信息安全系统与产品、保密及密码管理、计算机病毒与危害性程序防治、金融等特定领域的信息安全、信息安全犯罪制裁等多个领域。其文件形式，有法律、有关法律问题的决定、司法解释及相关文件、行政法规、法规性文件、部门规章及相关文件、地方性法规与地方政府规章及相关文件多个层次，初步形成了我国信息安全的法律体系。

计算机网络安全方面现有的法律法规包括 1991 年《计算机软件保护条例》， 1994 年《中华人民共和国计算机信息系统安全保护条例》，1997 年《计算机信息网络国际联网安全保护管理办法》，1999 年《商用密码管理条例》，2000 年《互联网信息服务管理办法》、《中华人民共和国电信条例》、《全国人大常委会关于网络安全和信息安全的决定》，2004 年《中国互联网行业自律公约》等。

案例 1：我国第一例计算机黑客刑事案件。

1998 年 6 月 16 日，上海某信息网的工作人员在例行检查时，发现网络遭到不速之客的袭击。7 月 13 日，犯罪嫌疑人杨某被逮捕。这是我国第一例计算机黑客事件。

经调查，此黑客先后侵入网络中的 8 台服务器，破译了网络大部分工作人员和 500 多个合法用户的账号和密码，其中包括两台服务器上超级用户的账号和密码。

22 岁的杨某是国内某著名高校数学研究所计算数学专业的研究生，具有国家计算机软件高级程序员资格证书，具有相当高的计算机技术能力。据犯罪嫌疑人供述，他进行计算机犯罪的历史可追溯到 1996 年。当时，杨某借助某高校校园网攻击了某科技网并获得成功。此后，杨某又利用为一计算机公司工作的机会，进入上海某信息网络，其间仅非法使用时间就达 2000 多小时，造成这一网络直接经济损失人民币 1.6 万元。

笔 记

据悉，杨某是以"破坏计算机信息系统"的罪名被逮捕的。据考证，这是刑法修订后，我国第一次以该罪名实施侦查批捕的刑事犯罪案件。

案例2："熊猫烧香"病毒案。

湖北省公安厅于 2007 年 2 月 12 日宣布，制作传播计算机"熊猫烧香"病毒的 6 名犯罪嫌疑人被抓获。这是我国破获的首例制作计算机病毒大案。根据统一部署，湖北省网监在浙江、山东、广西、天津、广东、四川、江西、云南、新疆、河南等地公安机关的配合下，侦破了制作传播"熊猫烧香"病毒案，抓获李某（男，25 岁，武汉新洲区人）、雷某（男，25 岁，武汉新洲区人）等 6 名犯罪嫌疑人。

2006 年年底，中国互联网上大规模爆发"熊猫烧香"病毒及其变种，该病毒通过多种方式进行传播，并将感染的所有程序文件改成熊猫举着三根香的模样。该病毒还具有盗取用户游戏账号、QQ 账号等功能。"熊猫烧香"病毒传播速度快，危害范围广，截至案发为止，已有上百万个人用户、网吧及企业局域网用户遭受感染和破坏，引起社会各界高度关注。在《2006 年度中国大陆地区电脑病毒疫情和互联网安全报告》的十大病毒排行中，"熊猫烧香"病毒成为"毒王"。2007 年 1 月中旬，湖北省网监部门根据公安部公共信息网络安全监察局的部署，对"熊猫烧香"病毒的制作者进行调查。

经查，"熊猫烧香"病毒的制作者为湖北省武汉市的李某，据李某交代，其于 2006 年 10 月 16 日编写了"熊猫烧香"病毒并在网上广泛传播，并且还以自己出售和由他人代卖的方式，在网络上将该病毒销售给 120 余人，非法获利 10 万余元。经病毒购买者进一步传播，该病毒的各种变种在网上大面积传播，对互联网用户计算机安全造成了严重破坏。李某还于 2003 年编写了"武汉男生"病毒、2005 年编写了"武汉男生 2005"病毒及"QQ 尾巴"病毒。

2007 年 9 月 24 日，湖北省仙桃市人民法院公开开庭审理了此案。被告人李某犯破坏计算机信息系统罪，判处有期徒刑四年；被告人王某犯破坏计算机信息系统罪，判处有期徒刑两年零六个月；被告人张某犯破坏计算机信息系统罪，判处有期徒刑两年；被告人雷某犯破坏计算机信息系统罪，判处有期徒刑一年。

目前，我国的网络安全法律体系还很不完善，尤其是缺乏一部信息安全的基本法，在一些信息化的具体应用领域，还缺乏可操作的规范，这些都还有待于国家通过进一步的立法来解决。

单元小结

本单元主要学习了网络安全、网络管理和网络故障排除的基本知识，并详细介绍了网络安全的定义和特征，网络安全的常见威胁和针对网络安全问题的防火技术，网络管理的五大功能和 Windows 的网络监视器，网络故障的主要原因、现象和常见诊断工具，以及网络故障排除示例。通过本单元的学习，要求掌握通过反病毒软件、防火墙保障网络安全，通过常用的网络故障诊断工具排除简单的网络故障。

单元最后的技能实训介绍了防火墙的使用方法和网络故障的一般诊断流程。以

Windows 7 自带的防火墙为代表，让读者可以直观地了解网络防护技术，并应用防火墙保护网络的日常访问。以简单的故障排查流程，给读者提供一个分析问题、解决问题的思路。

思考与练习

一、填空题

1. 计算机网络安全是指保持网络中的硬件、软件系统正常运行，使它们不因各种因素受到_____、_____和_____。

2. 网络安全主要包括_____、_____、_____和运行安全 4 个方面。

3. 一个安全的网络具有 5 个特征：_____、_____、_____、_____、_____。

4. 网络测试命令中，_____可以显示主机上的 IP 地址，_____可以显示网络连接，_____测试与其他 IP 主机的连接，_____显示为到达目的地而采用的路径，_____要求域名服务器提供有关目的域的信息。

5. ipconfig 命令可以显示的网络信息有_____、子网掩码和_____。

6. _____是一种通过推测解决问题而得出故障原因的方法。

二、选择题

1. 保护计算机网络设备免受环境事故的影响属于信息安全中的（　　）。

    A. 人员安全　　　　B. 物理安全　　　　C. 数据安全　　　　D. 操作安全

2. 保证数据的完整性就是（　　）。

    A. 保证网络上传送的数据信息不被第三方监视

    B. 保证网络上传送的数据信息不被篡改

    C. 保证电子商务交易各方的真实身份

    D. 保证发送方不抵赖曾经发送过某数据信息

3. 某种网络安全威胁是通过非法手段取得对数据的使用权，并对数据进行恶意地添加和修改，这种安全威胁属于（　　）。

    A. 窃听数据　　　　　　　　　　B. 破坏数据完整性

    C. 拒绝服务　　　　　　　　　　D. 物理安全威胁

4. 在网络安全中，捏造是指未授权的实体向系统中插入伪造的对象，这是对（　　）的攻击。

    A. 可用性　　　　　　　　　　　B. 保密性

    C. 完整性　　　　　　　　　　　D. 不可抵赖性

5. 下列措施中，（　　）不是减少病毒传染和造成损失的办法。

    A. 重要的文件要及时、定期备份，使备份能反映出系统的最新状态

    B. 外来的文件要经过病毒检测才能使用，不要使用盗版软件

    C. 不与外界进行任何交流，所有软件都自行开发

    D. 定期用杀毒软件对系统进行查毒、杀毒

6. 驻留在多台网络设备上的程序在短时间内同时产生大量的请求消息冲击某 Web 服

务器，导致该服务器不堪重负，无法正常响应其他合法用户的请求，这属于（　　）攻击。

  A. 特洛伊木马   B. Ping to Death

  C. DDoS   D. MAC

7. 对网络运行状况进行监控的软件是（　　）。

  A. 网络操作系统 B. 网络通信协议 C. 网管软件 D. 网络安全软件

8. 网络管理工作于（　　）。

  A. 应用层   B. 表示层   C. 会话层 D. 传输层

9. 若网络链路不通，要诊断出故障点的位置，可用的诊断工具是（　　）。

  A. Ping   B. Tracert   C. Netstat D. Nslookup

10. 如果一台主机能 ping 通自己的 IP 地址，网关地址已设置，但无法 ping 通子机的网关地址，则最有可能的原因是（　　）。

  A. 网卡工作异常   B. IP 地址和网关地址设置错误

  C. 用户主机与交换机之间的线路不通 D. 计算机无网卡

三、简答题

1. 什么是网络安全？网络安全包括哪些方面？

2. 网络面临的威胁有哪些？

3. 常用的网络安全技术有哪些？

4. 如何通过 ping 命令来诊断网络连接故障？

5. 网络中常见的故障原因有哪些？

6. 常用网络测试诊断工具有哪些，主要的作用是什么？

7. 按照国际标准化组织的定义，网络管理应实现哪些功能？

四、操作与思考题

1. 结合实际谈谈你对网络故障排除的思路和方案规划。

2. 使用 Sniffer 抓取主机到虚拟机或者到其他计算机的数据包，并做简要的分析。

3. 如何用 ARP 命令解决局域网中 IP 地址盗用问题，并举例说明。

参 考 文 献

［1］谢希仁. 计算机网络［M］. 5 版. 北京：电子工业出版社，2008.

［2］戴伊,麦克唐纳,鲁菲. 思科网络技术学院教程 CCNA Exploration: 网络基础知识[M]. 思科系统公司，译. 北京：人民邮电出版社，2009.

［3］周舸. 计算机网络技术基础［M］. 3 版. 北京：人民邮电出版社，2012.

［4］谢昌荣. 计算机网络技术［M］. 北京：清华大学出版社，2011.

［5］施晓秋. 计算机网络技术［M］. 北京：高等教育出版社，2006.

［6］吴功宜,吴英. 计算机网络应用技术教程［M］. 3 版. 北京：清华大学出版社，2013.